Ein EXODUS Buch

Originalausgabe
© für die einzelnen Texte bei den Autor*innen,
für diese Anthologie bei Hirnkost KG,
Lahnstraße 25 • 12055 Berlin;
prverlag@hirnkost.de • www.jugendkulturen-verlag.de
Alle Rechte vorbehalten
1. Auflage Mai 2020

Vertrieb für den Buchhandel:
Runge Verlagsauslieferung; msr@rungeva.de

Privatkunden und Mailorder:
https://shop.hirnkost.de/

Layout: benSwerk • *www.benswerk.com*
Illustrationen: Uli Bendick
Lektorat: Klaus Farin

ISBN:
PRINT: 978-3-948675-15-8
PDF: 978-3-948675-17-2
EPUB: 978-3-948675-16-5

Dieses Buch gibt es auch als E-Book –
bei allen Anbietern und für alle Formate.

Unsere Bücher kann man auch abonnieren:
https://shop.hirnkost.de/

Weitere Informationen zum EXODUS-Magazin:
www.exodusmagazin.de

2 Euro von jedem verkauften Exemplar dieses Werkes gehen als Spende an *https://www.scientists4future.org/*

INHALT

Vorbemerkung   5

Apokalypse Now   7
- Kai Focke: Clouds across the moon   8
- Christian Endres: Der Klang des sich lichtenden Nebels   22
- Uwe Hermann: Die Tage nach dem Lärm   30
- Erik Simon: Vom Dramp   40
- Monika Niehaus: Wenn der Großvater erzählt …   46
- Heidrun Jänchen: Mietnomaden   52

Crisis? What Crisis?   71
- Rainer Schorm: Carbonized   72
- Tino Falke: Millennial Mammut Crash Derby 3000   94
- Karlheinz Schiedel: Die große Vernunft   103
- Werner Zillig: Apoikiai. Oder: Wie die Rettung der Welt begonnen hat   109
- Karla Weigand: Protest!   124
- Jörg Weigand: Frühnachrichten   130
- Ursula Isbel: Land unter   137

Heiße Zeiten   143
- Ute Wehrle: Weihnachtszauber   144
- Marianne Labisch: Der Traum   148
- Friedhelm Schneidewind: Die Eisbergpiratin   159
- Frank Neugebauer: Hitzekoller 3000 – Im Banne der weißen Sirene   166

Mad World   199
- Hans Jürgen Kugler: Das vegetarchische Manifest   200
- Olaf Kemmler: Das Ende der Party   207
- Wolf Welling: Die Nähe der Krähe   227
- Uli Bendick: Das letzte Buch   240
- Rico Gehrke: Beichte einer Nacht auf einem anderen Planeten   252
- Anne Grießer: Quallengeflüster   274

Autor*innen und Herausgeber   284

VORBEMERKUNG:
Die Zukunft entscheidet sich heute.

Der Klimawandel – ein Thema, das uns allen buchstäblich unter den Nägeln brennt. Weltweit stehen die Wälder in Flammen, Überschwemmungen, Wirbelstürme und Tornados nie gekannten Ausmaßes verheeren immer größere Gebiete des Planeten. Können wir diesen Krieg gegen die Welt überhaupt noch gewinnen? Werden wir das alles überleben? Und wenn ja – wie werden die Überlebenden leben?

Ein zeitloses Thema für die Zukunft – und ein weites Experimentierfeld für phantasiebegabte Autor*innen.

Um das Bewusstsein für die Notwendigkeit eines dringend nötigen Wechsels in Politik, Gesellschaft und Wissenschaft zu schärfen, haben wir als Herausgeber und Mitarbeiter des *EXODUS-Magazins für Science-Fiction-Stories & phantastische Grafik* uns zum Ziel gesetzt, eine Anthologie mit ebenso originellen wie wissenschaftlich fundierten Kurzgeschichten zum Thema Klimawandel zu veröffentlichen.

Namhafte Autorinnen und Autoren aus der deutschsprachigen spekulativen Literaturszene haben sich Gedanken gemacht, wie eine mögliche Zukunft im Zeichen der Erderwärmung aussehen könnte. Denn im Gegensatz zur Vorstellungskraft so mancher Politiker ist die Phantasie grenzenlos.

Zu den folgenden Themenfeldern haben sich unsere Autor*innen Gedanken gemacht:

- **Apocalypse Now** – Die Katastrophe hat stattgefunden.
- **Crisis? What Crisis?** – Noch einmal davongekommen.
  Wie wir der Welt ein Schnippchen geschlagen haben.
- **Heiße Zeiten** – Der Klimawandel hat auch seine schönen Seiten ...
- **Mad World** – War da was?

Die Herausgeber

APOCALYPSE NOW
Die Katastrophe hat stattgefunden

Mit den Geschichten
- vom Leben auf dem Mond
- vom Trost der Musik in postapokalyptischen Zeiten
- von den arbeitslosen Robotern
- vom Dramp
- vom letzten Großvater
- von den Mietnomaden

CLOUDS ACROSS THE MOON
von Kai Focke

Dienstag, 18. September 2136, 01:48 Uhr (MSZ):
Orbitalstation Janus – Kommandozentrale

Der Datenabgleich bestätigte Noahs Verdacht: Die Aktivitäten auf dem Areal des Raumfahrtzentrums Guyana hatten zwischen den letzten zwei Erdumkreisungen von *Janus* stark zugenommen. Er musste dies melden! Ein Blick auf den Chronographen zeigte an, dass auf Lunaria noch fünf Zeitstunden bis zum Ende der Dunkelphase vergehen würden. Er überlegte und stellte eine Verbindung zum Quartier seiner Bordkollegin her. Bevor er der gesamten Bereitschaft im Mond-Kontrollzentrum den Schlaf raubte, war es besser, zuerst sie aus der Koje zu werfen und das weitere Vorgehen mit ihr abzustimmen.

»Mei, schwing deinen Knackarsch in die Zentrale. *Da unten* läuft irgendetwas quer.«

Ein Gähnen leitete die Antwort ein. »Nur, wenn du für meinen Knackarsch einen Kaffee ziehst, Frog.«

Noah grinste augenzwinkernd in den Kommunikator. Er war ein gestandener Mann Ende sechzig und hätte ihr Großvater sein können. Obwohl er auf dem Mond geboren und mit den Beinen nie den Erdboden berührt hatte, verriet seine Aussprache das franko-kanadische Erbe. Daher, und auch auf Grund seines gemütlichen Wesens, trug er den häufig abwertend gemeinten Spitznamen »Frog« nicht nur mit Humor, sondern sogar mit Stolz.

Ungefähr zeitgleich mit dem Zuleiten des Kaffees in einen Vakuumbecher – die lauwarme Brühe stellte lediglich farblich einen vagen Bezug zu ihrem Namensgeber her –, schwebte die nur mit einem Nachthemd bekleidete Meiming Xu in die Kommandozentrale. Auch an dieser Stelle gingen Name und Wirklichkeit konsequent getrennte Wege, denn die mit Instrumenten und Bildschirmen gefüllte *Zentrale* bot kaum Platz für zwei Personen.

Als die Mittzwanzigerin das Videomaterial durchsah, schienen ihre Augen auf die Größe von denen einer Manga-Heldin anzuwachsen. Der Vakuumbecher war vergessen und driftete unbeachtet durch den Raum, während Meiming hastig die Ansicht maximierte und auf die Bereiche der Überwachungszonen mit nachgeordneter Priorität ausweitete.

»Schau dir das an!« Mit dem Finger deutete sie auf einen größtenteils unter Baumwipfeln verborgenen Hallentrakt etwa zwanzig Kilometer westlich des Raumfahrtzentrums. Eine Zeitraffer-Darstellung der vergangenen Tage offenbarte eine hohe Frequenz von an- und abfahrenden Schwerlasttransportern.

»Die bereiten irgendetwas vor – und das nicht erst seit gestern. Lass uns den Rechner mit den Archivaufnahmen der letzten Wochen füttern. Vielleicht können wir Rückschlüsse auf das seitdem bewegte Transportvolumen ziehen.«

»Glaubst du«, Noahs Stimme klang mit einem Mal heiser, »uns steht ein neues ›2078‹ bevor?«

Meiming musste schlucken.

»Kann ich mir nicht vorstellen«, flüsterte sie ernst, wobei im Kann ein unüberhörbares *Will* mitschwang. »Dann würden sie sich doch viel mehr Mühe geben, die Vorbereitungen zu verbergen, oder? Außerdem hätte ein Angriff doch überhaupt keinen Sinn.«

»Der Nuklearschlag von '78 war auch nicht rational«, merkte Noah kritisch an. Kurzentschlossen öffnete er einen Kanal.

»Janus an Kontrollzentrum – hier Noah Morin. Dringlichkeitsstufe 1. Verdacht auf ›Weltenbrand‹. Ich wiederhole: Verdacht auf ›Weltenbrand‹. Datenauswertung folgt auf Frequenz ›Epsilon‹. Morin Ende.«

Er seufzte und zwang sich zu einem Lächeln. »Die Meldung kostet sicher nicht nur den Jungs und Mädels von der Bereitschaft die Nachtruhe. Immerhin werden wir hier draußen von dem Durcheinander verschont bleiben.«

Mittwoch, 19. September 2136, 06:52 Uhr (MSZ):
Lunaria – Große Halle (Forum des Lenkungsrats)

Offensichtlich hatte die Einberufung des Lenkungsrats nicht bis zum Ende der Dunkelphase warten können. Den meisten der in der Großen Halle versammelten Mitglieder des zwanzigköpfigen Gremiums gelang es nur mäßig, ihre Müdigkeit zu verbergen. Mit den der niedrigen Mondschwerkraft geschuldeten

Schlurfschritten bewegten sie sich langsam auf ihre Sitzplätze zu. Maximilian von Armansperg konnte jedoch in ihren Gesichtern ablesen, dass sie ausnahmslos den noch nicht verkündeten Ernst der Lage spürten. Selbst Ethan Solveig, dessen gehaltvolle Anekdoten und gut platzierte Scherze bereits mehrere festgefahrene Debatten aufgelockert hatten, versprühte die Heiterkeit eines in den Leerraum abdriftenden Eiskometen. Als Letzter betrat Edward King, Präsident der Freien Mondgemeinschaft, die Halle. Der von Geburt an blinde Endvierziger wurde von seinem fast zwei Meter messenden Assistenten Amado Lopez zum Sitz begleitet, während die zierliche Elly Baker mit durchdringender Stimme die einzelnen Mitglieder namentlich aufrief und schließlich formal die Beschlussfähigkeit des Gremiums feststellte. Zusammen mit Ethan und dem Präsidenten bildete sie den Vorsitz des Lenkungsrats und nahm mit den beiden an der Stirnseite des rechteckigen Besprechungstisches Platz. Maximilian beobachtete die Szene von der ansonsten leeren Zuschauertribüne, welche die ellipsenförmig konstruierte Halle mit der aus Milchglas bestehenden Kuppel vollständig umschloss.

Der von jedermann »Max« oder liebevoll »Old Max« genannte 120-jährige Historiker gehörte strenggenommen nicht zum Lenkungsrat. Da er jedoch seit seiner Ankunft auf dem Mond vor mittlerweile acht Jahrzehnten an sämtlichen Sitzungen teilgenommen hatte, störte sich irgendwann niemand mehr daran, dass er auch den nichtöffentlichen Zusammenkünften des Gremiums beiwohnte. Sein Rat, den er nie ungefragt beisteuerte, wurde hoch geschätzt. Zudem war er einer der wenigen Mondbewohner, die echten Erdboden unter ihren Füßen gespürt hatten. Bevor er den Blauen Planeten für immer verließ, hatte er in den Vereinigten Staaten von Europa gelebt. Damals war die knapp 25.000 Einwohner zählende Station mit einer Kleinstadt vergleichbar, die sich immerhin größtenteils eigenständig versorgte. Neben einer Wasseraufbereitungsanlage sowie zwei Agrarmodulen verfügte sie bereits über eine medizinische Abteilung und sogar über ein winziges Kulturzentrum mit Theaterbühne. Heute boten Lunaria sowie ihre Schwesterstadt Esperanza eine den Mondverhältnissen perfekt angepasste Infrastruktur und insgesamt über 190.000 Menschen ein Zuhause.

»Habt Dank, liebe Freunde, dass ihr alle dem Ruf gefolgt seid und damit der Dringlichkeit unseres Treffens Rechnung tragt«, eröffnete Edward die Sitzung und sprach dabei wie gewohnt ruhig und mit fester Stimme.

Maximilian blieb jedoch nicht verborgen, dass sich einzelne Schweißperlen auf der dunklen, wie Ebenholz glänzenden Haut des Präsidenten abzeichneten.

»Um 02:09 Uhr hat Janus den ›Weltenbrand‹-Code übermittelt. Der Code steht für Aktivitäten, welche auf die Vorbereitung eines Nuklearschlags hindeuten.«

Ein Raunen wogte durch die Halle. Elly musste das Gremium wiederholt zur Ordnung rufen.

Jetzt, dachte Maximilian, ist *jeder* wach.

»Die vollständige Auswertung des übertragenen Datenmaterials legt allerdings einen anderen Schluss nahe. Wie euch allen sicherlich bekannt sein dürfte, beruhen unsere Modelle zur Lage auf der Erde – auch über die Höhe der zwischenzeitlich vorherrschenden Strahlenbelastung – auf Schätzungen. Neben den Veränderungen der klimatischen Bedingungen scheint es dort in vielen Bereichen schlechter zu stehen als bislang angenommen. Die Analyse der Aktivitäten in Guyana deutet auf die Konstruktion eines riesigen Transportmoduls hin. Mit diesem sollen keine Sprengköpfe, sondern Passagiere befördert werden: Wir erwarten keinen Angriff. Wir erwarten *Flüchtlinge*.«

Der letzte Satz verhallte in absoluter Stille. Es dauerte mehrere Sekunden, bis sich das Gremium über dessen inhaltliche Tragweite klar wurde. Dann redeten alle wie auf ein Kommando wild durcheinander, und selbst Elly gelang es nicht, die Ruhe wiederherzustellen. Sie setzte eine zehnminütige Sitzungspause an, damit sich die erhitzten Gemüter abkühlen konnten. Nicht einmal Maximilian hatte mit einer derartigen Nachricht gerechnet. Beim Beobachten der sich nun bildenden Diskussionsgruppen schweiften seine Gedanken in die 2070er-Jahre ab.

Die nie besonders guten Beziehungen zwischen der Stationsleitung und den Erdregierungen, insbesondere dem Vereinigten Westblock, hatten damals einen Tiefpunkt erreicht. Analog zu den Ereignissen, die in der zweiten Hälfte des 18. Jahrhunderts auf dem amerikanischen Kontinent zur Boston Tea Party führten, war die Bevormundung der Mondbevölkerung stetig gewachsen. Im Dezember 2074 wählte sie schließlich den Lenkungsrat als eigenständige Bürgervertretung, der nur wenige Wochen später durch Jennifer Anne Clarkson – der ersten Mondpräsidentin – die Unabhängigkeit von Lunaria erklärte. Maximilian erinnerte sich, dass daraufhin sowohl der Shuttle-Verkehr als auch die Kommunikation seitens der Erde eingestellt worden waren. Auf dem Erdtrabanten reagierte man mit Galgenhumor: In den ersten Tagen der Isolation lief im *The Dark Side*, dem einzigen Pub in Lunaria, der Popmusik-Klassiker *Clouds Across the Moon* in Dauerschleife.

Am 16. Dezember 2076 fand der Humor mit dem Start einer Raumkapsel allerdings ein jähes Ende. Die an Bord befindliche dreißigköpfige Spezialeinheit hatte den Auftrag, die Große Halle zu besetzen und die Mondregierung in Gewahrsam zu nehmen. Kurz vor deren Eintreffen auf Lunaria gelang es jedoch, die Kapsel mit einer an ein überdimensionales Schmetterlingsnetz erinnernden Abfangvorrichtung für Raumschrott festzusetzen. Schließlich konnten die eingeschlossenen Soldaten ohne den Einsatz von Gewalt zur Aufgabe bewegt werden. Der gescheiterte Invasionsversuch brachte die Vertreter der Erdregierungen zum Toben – danach schwiegen sie.

Zwei Jahre später, am 1. September 2078, beendete ein bis zur letzten Sekunde geheim gehaltener Raketenstart vom Raumfahrzentrum Guyana aus die trügerische Stille. Der auf den Mond zusteuernde Flugkörper transportierte dieses Mal keine Spezialeinheit. Er war mit *Tisiphone* bestückt, einer Nuklearwaffe, deren Sprengkraft über 500 Megatonnen TNT entsprach. Lediglich ein Defekt in der Zündvorrichtung verhinderte, dass Lunaria im atomaren Höllenfeuer verglühte. Dieses Ereignis brannte sich buchstäblich in das kollektive Bewusstsein der Mondbevölkerung ein.

Lunaria sagte sich daraufhin in einer letzten Übertragung nicht nur von seinen planetaren Wurzeln, sondern auch unwiderruflich von der gesamten Menschheit los. Zeitgleich wurde mit dem Aufbau eines Überwachungs- und Abwehrschirms begonnen, zu welchem ab 2080 auch die Orbitalstation *Janus* gehörte.

Samstag, 22. September 2136, 20:33 Uhr (MSZ):
Lunaria – Kleines Besprechungszimmer des Präsidenten

Unser Präsident sieht um Jahre gealtert aus, dachte Maximilian und verkniff sich beim Gedanken an sein eigenes Alter ein Lächeln. Zusammen mit Edward King und Amado Lopez saß er im Kleinen Besprechungszimmer, dessen Einrichtung einer Hausbibliothek nachempfunden war. Um den im klassischen

Erddesign gehaltenen Salontisch herum waren vier wuchtige Ledersessel platziert, die wiederum von mit Büchern vollgestellten Wandregalen gesäumt wurden. Während der Hellphasen fiel Sonnenlicht direkt von oben in den Raum hinab. Das Licht durchdrang die im Stil der typischen Mond-Architektur gehaltene, aus halbtransparentem Milchglas bestehende Deckenkonstruktion. In der jetzt herrschenden Dunkelphase wurden die Milchglasbausteine künstlich erhellt, wobei der Unterschied kaum festzustellen war. Auch die hierfür notwendige Energie speiste sich aus mehreren Solarparks sowie einem von Mondingenieuren entwickelten Fusionsreaktor.

»Vielen Dank, dass Sie sich Zeit für mich nehmen, Max«, eröffnete Edward das Gespräch, während sein Assistent jedem eine Tasse Kaffee aus der bereitstehenden Kanne einschenkte. »Wir haben neue Daten von Janus erhalten: Es ist jederzeit mit dem ersten Start eines Transportmoduls zu rechnen. Die abermals gesteigerte Betriebsamkeit um das Raumfahrtzentrum herum legt nahe, dass in den kommenden Wochen drei oder vier weitere Module zu uns auf den Weg gebracht werden sollen. Unsere Ingenieure schätzen, dass jedes Modul etwa 2000 bis 2500 Menschen fassen kann.«

Er hielt kurz inne, tastete vorsichtig nach seiner Tasse und nahm einen großen Schluck, bevor er weitersprach.

»Die Mitglieder des Lenkungsrats sind gespalten: Der eine Teil fordert die Aufnahme der Erdflüchtlinge, was unter humanitären Gesichtspunkten völlig einleuchtend ist. Der andere Teil plädiert hingegen für deren Zurückweisung, eine wiederum rationale Haltung.«

Er seufzte.

»Allerdings kann mir weder die eine Seite erklären, wie wir von heute auf morgen mehrere tausend Menschen in unseren beiden Städten aufnehmen und versorgen können, noch besitzt die Gegenseite eine Vorstellung davon, wie es mit den anderenfalls Zurückgewiesenen weitergehen soll. Die Transportmodule sind nicht für einen Rückflug konstruiert; das Überleben an Bord ist für eine *längere Zeit* unmöglich. Und mit längere Zeit meine ich maximal zwei oder drei Tage. Die Erde stellt uns vor vollendete Tatsachen: ein moralisches Dilemma!«

Er ließ sich langsam in den Sessel sinken, legte den Kopf in den Nacken und richtete seine leeren Augen zur Decke.

»Ich habe nicht den Hauch einer Ahnung, wie ich mit der Situation umgehen soll. Max, hätten Sie einen Rat für mich?«

Maximilian atmete tief durch und ließ seinen Blick durch den Raum schweifen. Besucher bemerkten anfänglich nicht, dass es sich bei den Bücherregalen um Hologramme handelte. Erst der erfolglose Griff nach einem der Werke offenbarte die Wahrheit. Lediglich das rückwärtige Regal und dessen Bestände waren echt. Es muss damals ein Vermögen gekostet haben, die Bücher mitsamt dem Mobiliar auf den Mond zu befördern. Maximilian erinnerte sich daran, dass er bei seiner Auswanderung nur eine kleine Reisetasche mitführen durfte. Auch sein hiesiger physischer Besitz war, wie der jedes Mondbewohners, überschaubar. Im Lichte der Ressourcenschonung stellte dies eine unabdingbare Notwendigkeit dar. Er fixierte einen schmucklosen Band in der obersten Regalreihe. Es handelte sich um die Gesammelten Werke von Machiavelli. Sie hatten sein Verständnis von Politik und Gesellschaft sowie seine Denkweise bereits in jungen Jahren tief geprägt.

»Mein Rat wird Ihnen nicht gefallen, Edward«, begann der Gefragte mit leiser Stimme. »Es wird ein bitterer Rat sein.«

Er hielt kurz inne.

»Haben ich Ihnen eigentlich von der alten Erde erzählt? Ich meine in der Zeit, als ich noch auf ihr lebte?«

Edward schmunzelte, und selbst bei dem ansonsten zu kaum einer sichtbaren Gefühlsregung neigenden Amado hoben sich die Mundwinkel. *Die beiden kennen mich*, dachte Maximilian. Sie wissen, dass ich meinen Ratschlägen gerne eine Erzählung voranstelle.

»Nein, bis jetzt noch nicht«, antwortete Edward. »Amado und ich würden uns sehr darüber freuen.«

Bereitwillig kam Maximilian der Aufforderung nach.

»Die Zustände auf der Erde sind schon zu meiner Zeit alles andere als lebenswert gewesen. Sowohl politisch als auch ökonomisch, aber vor allem ökologisch geriet das Leben auf dem gesamten Planeten in eine massive Schieflage. Die Regierungen, soweit diese überhaupt noch demokratischen Regeln folgten, schränkten zunehmend die Rechte ihrer Bürgerinnen und Bürger ein. Außenpolitisch nahm die Abgrenzung der Staaten zu. Der Freihandel hatte sein Ende gefunden und die noch zu Beginn des 21. Jahrhunderts bekundete Absicht, sich weltumspannend für Umweltschutz sowie den Erhalt der biologischen Artenvielfalt einzusetzen – das Schlagwort ›Klimawandel‹ war in den zeitgenössischen Quellen allgegenwärtig –, musste als Makulatur angesehen werden. Ich hatte viel zu diesem Thema geforscht. Das gesellschaftliche Interesse war damals überwältigend: Politische Strömungen, Organisationen und sogar neue Wissenschaftszweige beschäftigten sich über Jahre hinweg mit diesem Phänomen. Doch anstatt im Bewusstsein für einen lebenswerten Planeten zu einen, spalteten und polarisierten sie: Klimaaktivisten und Klimaleugner beschimpften sich gegenseitig. Es ging sogar so weit, dass die Auseinandersetzungen quasi-religiöse Züge annahmen.«

Maximilian bemerkte, wie seine Stimme zu zittern begann.

»Als Historiker verstand und verstehe ich zu wenig von naturwissenschaftlichen Zusammenhängen, um eine eingehende Bewertung dieser Kontroverse vornehmen zu können. Aus meiner laienhaften Sicht griffen jedoch die Argumente beider Lager zu kurz, ebenso wie die aus der heutigen Perspektive bestenfalls naiv erscheinenden damaligen Maßnahmen zur Beeinflussung der klimatischen Bedingungen. Man meinte sogar, ein globales Temperaturziel verhandeln zu können. Letztlich waren zentrale Punkte, die nun offensichtlich mehr als hundert Jahre später zum Kollaps, ja sogar zu einem Exodus führen, sträflich vernachlässigt worden. Unabhängig davon, ob die klimatischen Bedingungen nun von der Menschheit – im Positiven wie im Negativen – beeinflusst werden konnten und wurden, schien niemand das tatsächliche Problem zu erkennen: Die Ressourcen des Planeten Erde sind *endlich*!«

Maximilian bemerkte, dass er dabei war, sich in Rage zu reden. Er atmete einmal lange und vernehmlich durch, bevor er wieder ruhiger fortfuhr.

»Im Jahr 1800 teilten sich etwa eine Milliarde Menschen den Erdball. 200 Jahre später waren es sechs Milliarden, 2050 bereits knapp zehn Milliarden. Zur Jahrhundertwende, 2100, zählte die Erdbevölkerung 18 Milliarden Menschen. Mehr Menschen benötigen mehr Rohstoffe, wobei sich die Menge nicht nur durch deren Anzahl vergrößerte. Die voranschreitende Technisierung und die damit einhergehenden kürzeren Produktlebenszyklen erhöhten zudem den Verbrauch pro Person. Damit einher gingen eine Ausweitung schädlicher

Emissionen, des Abfalls – in den Weltmeeren schwamm mehr Plastikmasse als Lebewesen – und ein exorbitant steigender Energiebedarf, welcher durch Sonnen-, Wind- und Wasserkraft nicht einmal ansatzweise bereitgestellt werden konnte. Atom- und Kohlekraftwerke sprossen in Asien und später auch in Afrika wie Pilze aus dem Boden – wie giftige, faulige Pilze … Regierungskritische Initiativen wurden sukzessive verboten und erste Spannungen zwischen der Erde und dem Mond spürbar.«

»Es muss die Zeit gewesen sein, in der Sie zu uns ausgewandert sind«, stellte Edward fest.

»Exakt!« Maximilian nickte gedankenverloren, was sein Gegenüber natürlich nicht bemerken konnte.

»Aber das ist eine andere Geschichte. Kurzum, mir blieben die bewaffneten Konflikte in den darauffolgenden Jahren glücklicherweise erspart. Krieg und Terror nicht nur um Macht und Bodenschätze, sondern auch um Trinkwasser und Ackerflächen. Die weltweit immer häufiger auftretenden Unfälle in maroden oder fehlerhaft konstruierten Reaktoranlagen verkamen dabei zur Randnotiz. Dazu noch Migrationsbewegungen, gegenüber denen die sogenannte ›Große Völkerwanderung‹ des Altertums ein Abendspaziergang gewesen sein muss. Zu dieser Thematik existiert eine interessante Studie, die ich Ihnen für Ihr Haptik-Pad mitgebracht habe.«

Maximilian griff in sein Jackett, zuerst in die linke, danach in die rechte Innentasche. Schließlich nahm er seine Aktenmappe und durchsuchte diese – ebenfalls ohne Resultat.

»Ich werde vergesslich«, stellte er resigniert fest. »Amado, könnten Sie bitte in der Lobby nachschauen, ob ich meine Datenscheibe dort liegengelassen habe? Vielleicht ist sie auch bei der Fundstelle abgegeben worden.«

»Selbstverständlich, Sir.«

Nachdem Amado mit gemessenen Schlurfschritten den Raum verlassen hatte, rückte Maximilian seinen Sessel näher an den Salontisch heran.

»Wir haben nicht viel Zeit«, stellte er leise fest und ignorierte den irritierten Gesichtsausdruck des Präsidenten.

»Ich hatte bereits erwähnt, dass mein Rat bitter sein wird. Einem am Ende des 20. Jahrhunderts aktiven Journalisten wird der Satz zugeschrieben: ›Wer halb

Kalkutta aufnimmt, rettet nicht Kalkutta, sondern wird selbst zu Kalkutta.‹«
Er seufzte.

»Die Aufnahme der Flüchtlinge wird unsere eigene Existenz gefährden, diese wahrscheinlich sogar vernichten. Über die faktische Unmöglichkeit von Unterbringung und Versorgung hinaus würden sich soziale und kulturelle Probleme ergeben. Die Enge unserer Städte – der durchschnittliche Wohnraum pro Person beträgt knapp zwölf Quadratmeter – stimulierte ein Zusammenleben auf der Basis echter gegenseitiger Rücksichtnahme. Auch die Ressourcenknappheit hat uns zu einem bewussten Umgang mit sämtlichen Gütern erzogen. Eine ›Wegwerfgesellschaft‹ – so wird die ungeregelte Konsumorientierung auf der Erde genannt – ist den Menschen hier erfreulicherweise völlig fremd, ebenso wie ein rein egoistisches Karriere- und Besitzstreben. Nicht zu vergessen die Durchsetzung einer von allen Mitgliedern der Gesellschaft akzeptierten Geburtenkontrolle. Ich würde sogar so weit gehen, dass sich die ›Lunarianer‹ durch die nun mehrere Jahrzehnte umfassende Trennung im Vergleich zu den ›Terranern‹ auf einer höheren soziokulturellen Entwicklungsstufe befinden: auf der des Homo sapiens lunaris. Wir wären gesellschaftlich inkompatibel. Schon allein aus diesem Grund verbietet sich eine Aufnahme. Es ...«

»Aber«, unterbrach Edward, »wir können sie doch nicht zurückschicken. Sie würden hilflos durchs All treiben und elendig verrecken. Außerdem werden bald die nächsten Transporter starten.«

»Die Menschen auf der Erde müssen die von ihnen verursachten Probleme selbst lösen. Ein Exodus zum Mond darf keine Option sein. Hierfür ist ein eindeutiges und unmissverständliches Signal notwendig.«

Maximilian machte eine kurze Pause, bevor er noch leiser weitersprach.

»Schießt den ersten Transporter ab!«

»Das kann nicht Ihr Ernst sein, Max.«

Edward war aufgestanden und ruderte wie ein Ertrinkender mit den Armen. Das Entsetzen stand ihm ins Gesicht geschrieben.

»Was ist mit den Flüchtlingen, den Menschen an Bord? Mit den Frauen und Kindern?«

»Denken Sie bitte nach, Edward«, antwortete der Gefragte in einem ebenso kalten wie sachlichen Ton. »Glauben Sie wirklich, dass man uns Frauen und

Kinder schickt? Normale Bürger? Oder gar Alte und Kranke? Was meinen Sie, wer in den Transportern sitzen wird?«

Montag, 24. September 2136, 23:55 Uhr (MSZ):
Lunaria – Taktische Sektion des Kontrollzentrums

Die Taktische Sektion vermittelte entgegen der Bezeichnung einen eher unspektakulären Eindruck. Es handelte sich um einen fensterlosen Raum, welcher mit zwei großen und mehreren kleinen Bildschirmen sowie einer die Rückwand vollständig einnehmenden Steuerkonsole ausgestattet war. Im Krisenfall bot der Raum dem Präsidenten und den beiden Vorsitzenden des Lenkungsrats sowie vier weiteren für die Bedienung der Defensivsysteme verantwortlichen Personen Platz. Im Moment war neben dem Präsidenten jedoch nur der diensthabende Offizier anwesend.

Das Treffen mit Maximilian hatte Edward mehr zu denken gegeben als jede andere zuvor in seinem Leben geführte Unterhaltung. Wenige Stunden später hatte er den Kontakt zum Lenkungsrat gesucht, sich mit dessen Meinungsführern besprochen, zahlreiche, zumeist kontroverse Diskussionen mit Einzelpersonen und in Kleingruppen geführt, hatte zugehört, argumentiert und versucht, zu vermitteln. Der vermeintlichen Aussichtslosigkeit der Lage setzte er seine unerschütterliche Zuversicht entgegen. Er wollte zeigen, dass die Mondgemeinschaft auch diese Krise gemeinsam meistern würde. Tief in ihm sah es jedoch anders aus. Seine Zweifel, den Lenkungsrat einen zu können, wucherten wie ein bösartiges Geschwür.

Schließlich erfuhr er eine Niederlage, die ebenso bitter war wie Maximilians Rat: Es ließ sich nicht einmal ein Grundkonsens finden. Es war daher an ihm – und nur an ihm – eine einsame Entscheidung zu treffen. Diese hatte ihn heute ins Kontrollzentrum geführt. Mithilfe von Maximilian und dessen Netzwerk war es gelungen, einen vertrauenswürdigen Mitstreiter innerhalb des Zivilschutzes zu finden und ihn in die heutige Dunkelschicht zu versetzen. Der Mann hatte auf der Erde unsagbar Schlimmes erfahren und dabei Frau und Kind verloren. Er war bereit, die fürchterlichste aller Entscheidungen mitzutragen.

Doch durfte ein Präsident überhaupt ohne demokratisches Mandat handeln? Konnte er einfach festlegen, was *richtig* war? Wer war er, dass er es wagte, sich anzumaßen, eine derartig tiefgreifende Entscheidung für die gesamte Mondgemeinschaft zu treffen? Edward King wurde sich erneut seiner Namensgeber bewusst. Es entbehrte nicht einer gewissen Ironie, dass es sich einerseits um einen der größten mittelalterlichen Monarchen, andererseits um den führenden Bürgerrechtler des 20. Jahrhunderts handelte ...

Das Piepen der Kontrollinstrumente im Raum erinnerte ihn an die Elektrokardiogramme der Krankenstation. In ihm formte sich die Vorstellung einer dahinsiechenden Erde, deren imaginärer Pulsschlag zunehmend langsamer und schwächer wurde. Würde der Patient überleben? Er dachte an bewaffnete Konflikte, an Hunger und Vertreibung. Er dachte an die zunehmende Luft- und Wasserverschmutzung, die Reaktorunfälle und die Auswirkungen der globalen Klimaveränderung. Und er dachte an das ungebremste Bevölkerungswachstum. Wie kein anderes Problem machte es die wohl unvereinbare Distanz zwischen Mond- und Erdendenken deutlich: Hier waren Geburtenkontrollen selbst für religiöse Mitglieder der Gesellschaft kein Tabu.

Als Präsident musste er der Verantwortung gerecht werden und diese Mikro-Gesellschaft von knapp 200.000 Individuen schützen. Zum ersten Mal empfand er seine Blindheit als Segen: Er würde das von Laserstrahlen durchtrennte Transportschiff und die durchs All schwebenden Leichen nicht sehen müssen. Ebenso wie Justitia sollte ihm die Konsequenz seiner Entscheidung verborgen bleiben.

Er hatte eine kurze Erklärung vorbereitet. Zum Beginn der kommenden Hellphase würde er sie verlesen, vom Präsidentenamt zurücktreten und sich der Justiz stellen. Sein eigenes Schicksal war unbedeutend. Zusammen mit Maximilian teilte er die Hoffnung, dass sein Handeln langfristig dem Überleben der Menschheit diente. Zwar war der Zeitpunkt, die Erde als dauerhafte Lebensgrundlage zu erhalten, wahrscheinlich seit mehr als hundert Jahren überschritten. Vielleicht würde in ein paar Jahrtausenden – falls sich das planetare Ökosystem nach dem Verschwinden des Menschen regenerieren sollte – der Mond die Keimzelle für neues irdisches Leben sein. Der Homo sapiens lunaris könnte dann auf den Trümmern der alten Zivilisation das Fundament einer tatsächlich humanen Gesellschaftsordnung legen.

»Zielerfassung erfolgt, Sir. Feuerbereitschaft ist hergestellt«, meldete der diensthabende Offizier und riss Edward aus seinen Gedanken.

Der Laser musste händisch aktiviert werden. Vorsichtig tastete Edward nach dem Auslöser. Als er ihn berührte, zog er seine Hand ungewollt zurück, so als hätte er sich an einem heißen Kochfeld verbrannt. Er hielt kurz inne und bemerkte, dass er am ganzen Körper zitterte.

DER KLANG SICH LICHTENDEN NEBELS
von Christian Endres

Er ist wie immer alleine unterwegs, und wie immer ist es ein Kampf – ein uralter Kampf in einer neuen Welt.

Es fängt schon damit an, sich in den nebeligen Morgenstunden überhaupt zum Aufbrechen zu überwinden und wirklich den ersten Schritt zu tun, und den nächsten, und den übernächsten, und immer so weiter. Seine Zuflucht zu verlassen, sich von seinem gut verborgenen Quartier und der Quelle sauberen Wassers dahinter zu entfernen und beide unbewacht zurückzulassen.

Doch manche Dinge muss man einfach tun.

Manche Dinge sind wichtig.

Jetzt wichtiger denn je.

So wichtig, dass er zumindest für eine Weile sehenden Auges relative Sicherheit gegen sichere Gefahr einzutauschen bereit ist.

Als er sich durch das brusthohe Meer aus dichtem, feuchtem Gras schiebt, das ihm die Luft zum Atmen raubt und eisig über sein Gesicht streicht, denkt er darüber nach, dass man in diesen Zeiten sein Leben genauso leicht verlieren kann wie seine Menschlichkeit, und besser gut auf beides achtet.

Nachdem er sich über eine Stunde im Antlitz der träge emporsteigenden Sonne durch das Grasmeer geackert hat, das zwischendurch sein gesamtes Sichtfeld einnimmt, tritt er neben einem verrosteten Traktor durch eine letzte Welle hoher Halme, auf deren anderer Seite er kurz verschnauft.

Dann setzt er seine schweißtreibende Wanderung fort.

Die Landschaft wandelt sich, jedoch nicht die Anstrengung, die sie ihm abverlangt. Erst geht es über stufig abfallendes Gelände, dessen Boden nur aus unebenem Schiefer und tückischem Geröll besteht, die ihn trotz seiner festen, vielfach reparierten Stiefel um seine Knöchel fürchten lassen, weshalb er die schartige rote Feuerwehraxt wie einen Wanderstock benutzt.

Der Weg nach unten ist irgendwann von immer mehr Kiefern gesäumt, und am Ende führt er in einen wahren Urwald, der mit tausend Fingern nach seiner Wollmütze grapscht, an seinem Rucksack zerrt und ihn im Gesicht kratzt. Jeder Schritt ist ein weiterer kleiner Kampf für sich, gegen den Drang umzukehren genauso wie gegen die überwältigende Natur, die trotz der unverändert trockenen Sommer und zerstörerischen Unwetter zu alter Stärke zurückgefunden hat und die sich nicht noch einmal bezwingen lassen möchte.

Zielstrebig bahnt er sich einen Pfad durch den pfadlosen Wald. Er umgeht steile Hänge, klettert über umgestürzte Bäume und gigantische Wurzeln und passt in Senken erneut gut auf seine Füße auf. Mehr als einmal hackt er sich mit der Axt den Weg durch störrisch verschränkte Äste und verwachsene Zweige frei. Die unauffälligen Markierungen, die er beim letzten Mal in Rinde und Holz schlug, sind schon wieder hinter Sträuchern und Schösslingen verschwunden, und er muss sich einen neuen Weg suchen.

Der Wald verschluckt die Wärme, das Licht und die Geräusche des jungen Tages und erschafft eine eigene Sphäre aus Kühle, Schatten, Geraschel, Vogelgezwitscher, Geflüster, Summen und Geknarze. Die Präsenz und die Dominanz des Waldes sind förmlich greifbar und bohren sich bei jedem Schritt und jedem Hieb wie der Blick einer fremdartigen Entität in seinen Hinterkopf. Angst hat er dennoch keine – nicht einmal ein mulmiges Gefühl, wenn sich der von ihm geschaffene Tunnel durch den Forst direkt hinter ihm sofort wieder zu schließen scheint. Aber der Vormittag ist nicht die Zeit der gefährlichen Räuber, und zur Not versteht er es, die Axt als Waffe einzusetzen und sich so teuer zu verkaufen, dass er irgendwann nicht mehr attraktiv genug ist als Beute, wie die Erfahrung gezeigt hat.

Über Erfahrung sprechen zu können, bedeutet nicht zuletzt, in dieser rauen Welt Sommer um Sommer und Winter um Winter überlebt zu haben. Älter zu werden in einer jungen Welt, die schon immer alt gewesen ist. Tatsächlich muss er sich eingestehen, vor ein paar Jahren noch nicht so ins Schwitzen und Keuchen gekommen zu sein auf seinem Weg, der nie derselbe ist, aber immer in dieselbe Richtung führt und immer dasselbe Ziel hat.

Als die Sonne hoch über dem Wald steht, tritt er aus dessen einschüchterndem Schatten und blickt auf die breite Schlucht, die hier wie eine offene Wunde in der Erde klafft. Nicht nur im Boden, sondern im Planeten selbst, jedenfalls fühlt es sich so an. Früher hätte man eine mächtige, lange Brücke über sie gebaut. Als er das erste Mal auf die Schlucht gestoßen ist, folgte er ihr in beide Richtungen einen halben Tag lang, ohne hier oder dort auch nur das Ende in weiter Ferne erahnen, ja, auch nur eine Biegung oder eine engere Stelle ausmachen zu können. Weiter wollte er nicht gehen. Von den überwucherten Ruinen der Städte und dem, was darin wartet, hält er sich ebenso fern wie von den Kommunen oder dem Bunker-Gebiet; und der gestiegene Meeresspiegel spült noch immer radioaktiven Müll und Trümmer der zwecklosen Archen an die verschobene, verwandelte Küstenlinie.

Manchmal stellt er sich vor, dass die Schlucht, der Riss, diese Verwundung der Erdoberfläche an einem Längengrad einmal rund um den Globus entlangläuft, genau an der Stelle, wo eine gewaltige kataklystische Kraft die Welt auseinandergerissen hat.

Er geht parallel zur Schlucht, bis er seine letzte Markierung findet. Er lächelt grimmig bei der Erkenntnis, wie weit ihn der widerspenstige Wald diesmal vom Kurs abgebracht hat. Nachdenklich mustert er den hüfthohen Pfahl, der ihm eine günstige Stelle anzeigt, die er schon mehrfach erfolgreich zum Abstieg genutzt hatte.

Ruhig schaut er über die Schlucht. Am Himmel, der schon lange keine Kondensstreifen mehr gesehen hat, kreischt ein Bussard. Selbst als er einen vorsichtigen Schluck kühlen Wassers aus seiner Thermosflasche nimmt, sie gewissenhaft zuschraubt und mit geübten Handgriffen wieder an ihrem Platz im Ökosystem seines Rucksacks verstaut, wendet er den Blick nie von der unebenen Kante des tiefen Risses ab.

Schritt für Schritt, gemahnt er sich.

Er schiebt die Axt durch die nachträglich aufgenähten Schlaufen am Rucksack, schultert seinen Ranzen und macht sich an den Abstieg.

Die steinernen Wände der Schlucht sind steil und scharfkantig, und obwohl er sie schon oft bezwungen hat, braucht er all sein Geschick und all seine Konzentration, um sie rutschend, kletternd und an einer Stelle sogar von Vorsprung zu Vorsprung hüpfend zu meistern. Wenn er gelegentlich in die Tiefe späht, um den nächsten Halt auszumachen oder aus Gewohnheit jede Richtung abzusichern, sieht er lediglich den Nebel, der immer dichter wird, je tiefer er kommt, und der den Grund der Schlucht wie ein Schleier verbirgt.

Endlich spürt er unebene Erde, Kies und Unkraut unter seinen Stiefelsohlen. Unten angekommen, ist das Gefühl, eine Anderswelt betreten zu haben, noch stärker als im Wald. Der Nebel ist so dicht und zäh, dass er wie eine einzige Masse und wie etwas Lebendiges wirkt, das einem Plan folgt. Nur gelegentlich verschieben sich einige Schwaden in der Art träger Gliedmaßen, sodass er einen Blick auf die riesigen Steinbrocken erhaschen kann.

Sobald er festen Boden unter beiden Füßen hat, zerrt er die Axt aus dem Futteral. Der Schweiß und der Nebel vermischen sich kühl auf seiner heißen Stirn, als er den Griff der Waffe mit beiden Händen fest umklammert und mit leicht schief gelegtem Kopf in die milchigen Schwaden lauscht.

Er hört sie schon von Weitem – ihr Heulen, das durch den Nebel brandet, und kurz darauf ihr Hecheln und das Klacken ihrer Krallen auf dem Boden.

Wegen des ewigen Nebels hier unten hat er sie nie deutlich gesehen. Immer nur Büschel zotteligen, graubraunen Fells und Umrisse, die größer und prähistorischer wirken, als sie sollten. In seiner Fantasie verwandelten sich Wölfe und genetisch modifizierte Hunde aus den verhängnisvollen Bio-Labors der alten Zeit in einer Art Devolution zu etwas, das sich irgendwann nach dem Ende entwickelt hat und die Schlucht heute als Jagdrevier ansieht. Woanders ist er ihnen noch nie begegnet. Er hat den Bestien, die sofort bemerken, wenn jemand einen Fuß auf den Grund ihrer Schlucht setzt, absichtlich keinen Namen gegeben, denn das würde die Furcht, die er bei ihrem Anrennen jedes Mal verspürt, nur noch verstärken.

Das Hecheln und Klacken wird immer lauter, kommt immer näher. Er bezieht vor einem klotzigen Felsbrocken Position, damit ihn keines der Tiere von hinten anfallen kann, und stellt sich breitbeinig hin.

Da sind sie. Schaukelnde, massige Schatten schießen schnappend und knurrend auf ihn zu, und er schwingt die Axt wie eine Sense. Er kennt diesen Tanz aus Umkreisen, Finten und simultanen Angriffen, und nichtsdestotrotz muss er gegen seine Angst und seinen Fluchtinstinkt mindestens so unnachgiebig ankämpfen wie gegen die Attacken der wölfischen Schimären, die auf eine Unaufmerksamkeit und eine Lücke in seiner Deckung lauern.

Immerhin folgt das Ganze einem bestimmten Muster. Dringt die Axtklinge oft genug durch stinkendes Fell und provoziert genug Blut und Gejaule, verlieren sie den Mut und ziehen sich zurück. Er wartet dann stets eine Weile, um sicherzustellen, dass es kein besonders ausgeklügelter Trick ist, ihn in Sicherheit zu wiegen, ehe er achtsam seitwärts zur anderen Felswand geht, wo er in einem besonders kritischen Moment unbewaffnet und mit dem Rücken zur Schlucht den Aufstieg beginnen kann.

Auf dieser Seite ist es leichter, doch gleichzeitig bieten die besser verteilten Felsvorsprünge den Jägern eine theoretische Möglichkeit, ihm über die natürliche Treppe zu folgen. Doch sie tun es nie, und vielleicht liegt das daran, dass etwas in diesem unnatürlichen Nebel ist, das ihn nicht tangiert, sie aber seit ihrer Anpassung an diese Ära zum Überleben brauchen.

Im Augenblick denkt er nicht darüber nach, sondern konzentriert sich ganz aufs Klettern. Das letzte Stück, der Schwung über die überstehende Kante, gehört zu den schwierigsten, den größten Anstrengungen. Ächzend zieht er sich und sein Gepäck auf dem Rücken in einer ungelenken Bewegung nach oben, wo er mehrere hässliche Sekunden vollkommen schutzlos ist.

Seine Beine zittern beim Aufstehen, doch er erhebt sich umgehend.

Er ist müde und erschöpft. Den restlichen Weg von der Schlucht zu seinem Ziel könnte er zum Glück blind und im Schlaf finden.

Anderthalb Stunden später erreicht er das Haus. Der verwunschene Garten, der es umgibt, ist völlig verwildert und erweckt einen eigenartig friedlichen, märchenhaften Eindruck. Überall Bienen und Hummeln und Schmetterlinge und Käfer und Sperlinge und Drosseln und Finken und Kleiber, die sich überraschend schnell erholt haben, sobald die Hauptursachen ihrer Probleme vom Antlitz der Erde getilgt waren.

Er könnte seine Axt nutzen und einen dauerhaften Pfad zur Haustür schaffen, allerdings ist es ihm lieber, wenn die verfilzten Sträucher und wuchernden Ranken das Haus vor Blicken verbergen, obwohl er noch nie ein Anzeichen einer fremden Anwesenheit wahrgenommen hat.

Das Haus inmitten des ungezähmten Gartens ist relativ gut in Schuss dafür, dass niemand sich darum kümmert und viele Tiere darin wohnen – Eulen im Gebälk, Waschbären auf dem Dachboden, Mäuse in den Wänden, Füchse im Keller. Er bedauert stets, das Häuschen nicht ordentlich instand setzen und hier hinter der Wand aus Dornen, Ranken, Blättern und Ästen leben zu können. Zweifellos würde es vieles einfacher machen, müsste er sich nicht jedes Mal von

Neuem den Gefahren der Wanderung aussetzen. Aber die Distanz zur Quelle und zum Grab seiner Frau sind triftige Gründe, nicht zu ernsthaft mit diesen immer wiederkehrenden Überlegungen und Sehnsüchten zu kokettieren.

Gemäßigten Schrittes geht er durch einen holzvertäfelten Flur. Der Gang mündet in einen großen Raum, dessen riesige Fensterfront wie durch ein Wunder unberührt geblieben ist und auf eine kleine Lichtung im Märchengarten hinausblickt. Bis auf ein großes Objekt, das sich unter einer staubigen Plane aus Öltuch verbirgt, die er vor langer Zeit im Garten gefunden hat, ist das Zimmer leer.

Geradezu andächtig bewegt er sich über das alte Parkett und bleibt vor dem verhüllten Etwas stehen, das so groß ist wie der Esstisch in einem weit zurückliegenden, an den meisten Tagen fast vergessenen Leben in einer vergangenen Welt, die nur noch in seiner Erinnerung existiert. Er legt die Axt nicht zu weit weg auf den Boden, lässt den Rucksack mit einem ermatteten Seufzer von den Schultern gleiten und streift seine Jacke ab. Das langsame Trinken aus der Thermosflasche ist wie ein Ritual, das zwei Abschnitte seines jetzigen Daseins miteinander verbindet. Er stellt die Flasche neben Axt und Rucksack und schlägt danach die wasserfeste Abdeckplane wie eine Bettdecke nach hinten.

Zum Vorschein kommt ein schwarz glänzender, wunderschön geschwungener Flügel mit einem kleinen Hocker davor. Der Kratzer, der wie ein Blitz quer darüber verläuft, macht ihn nur noch schöner und einzigartiger.

Er nimmt sich Zeit und steht eine Weile unbewegt da, betrachtet und bewundert einfach nur.

Irgendwann streicht er mit seinen Fingern zärtlich über die glatte Oberfläche des Instruments und über den markanten Kratzer, der die Schlucht und sein Leben so verblüffend simpel und treffend symbolisiert. Schließlich setzt er sich auf den Hocker und legt die Finger sacht auf die breiten weißen und die schmalen schwarzen Tasten, ohne ihnen einen Ton zu entlocken.

Über den Flügel hinweg sieht er in den Garten. Er hat den Eindruck, als wäre ihm ein einzelner weißer Nebel-Tentakel aus der Schlucht gefolgt, der nun nach dem Garten und dem Haus tastet. Vielleicht sind es die verschmierten Scheiben, vielleicht sind es seine alten Augen – womöglich ist diese Art von Nebel heutzutage aber auch überall, besonders in ihm selbst, und er nimmt ihn sonst nicht wahr. Was der Grund dafür ist, wieso er immer wieder

hierherkommt, wo ihm die Mittel zur Verfügung stehen, den allesumfassenden Nebel zu durchdringen.

Er atmet tief durch und entlockt dem Flügel mit sanftem Druck endlich ein paar zögerliche Töne, die zum Beginn einer einfachen Melodie werden, bevor diese liebliche, tänzelnde Tonfolge in das erste Lied übergeht, das er aus dem Gedächtnis heraus improvisiert.

Mit jeder weiteren Note kann er förmlich spüren, wie sich der Nebelschleier lichtet, während er das Lieblingslied seiner Frau spielt – er spielt es mit einer Hingabe, einer Kraft und einer Leidenschaft, als wäre er der letzte Mensch auf Erden.

Und genau deshalb wird er an ihrer beider Hochzeitstag, ihrem Geburtstag und ihrem Sterbetag immer wieder hierherkommen, solange er kann oder bis er es einmal nicht mehr hin oder nicht mehr zurück schafft, und dieses Lied für seine tote Frau und ihr Leben in einer anderen Welt spielen.

Damit der Nebel sich kurzzeitig lichtet.

DIE TAGE NACH DEM LÄRM
von Uwe Hermann

Es gab niemanden, der bemerkte, wie der Roboter den Rasen mähte. Es gab auch keinen Rasen mehr, trotzdem steuerte der humanoide Haushaltsroboter den Aufsitzrasenmäher über das vertrocknete, staubige Feld, das einmal eine Grünfläche gewesen war. Eine unnötige Arbeit, doch die Pflege des Gartens hatte schon immer zu seinen Aufgaben gehört. Schon damals, bevor die Klimakatastrophe die Welt aus den Angeln gehoben hatte. Wie jede Woche beendete er seine Arbeit zur exakt gleichen Zeit. Er steuerte den Rasenmäher zurück in die Garage, die nur noch aus halb verfallenem Mauerwerk und den Resten eines Daches bestand, und ging zum hinteren Bereich des Gebäudes. Hier schloss er die Tür auf und betrat das Haus. Der Roboter hätte auch durch eines der vielen Löcher in den Mauern ins Innere gelangen können, aber seine Programmierung beharrte darauf, dass Wände nicht dafür bestimmt waren, durch sie hindurchzugehen.

Robard, so hatte der Hersteller den Roboter genannt, ging durch den Flur zur Küche. Durch die zerbrochene Wohnungstür schaufelte der Wind Sand herein. Ein Fenster im oberen Stockwerk klapperte.

Das Kaffeebohnenmuster auf der beigen Küchentapete war längst nicht mehr zu erkennen, deren Farben verblichen. In einer Wand klaffte ein Loch. Die Motorhaube eines verrosteten Geländewagens ragte herein. Anfangs hatte die KI des Wagens noch funktioniert, und Robard und er hatten sich oft darüber unterhalten, wie es geschehen konnte, dass er von der Straße abgekommen und in die Hauswand gekracht war. Inzwischen schwieg der Wagen. Robard hatte keine Ahnung, ob seine Energie aufgebraucht war oder ob er resigniert hatte. Inzwischen musste auch ihm klar geworden sein, dass niemand kommen, ihn abschleppen und reparieren würde. Robard vermisste die Gespräche mit der KI. Überhaupt vermisste er alles, was früher Lärm gemacht hatte.

Er ging zur Küchenzeile und holte ein paar Töpfe aus dem Schrank. Das Klappern war ein beruhigendes Geräusch. Von den elektrischen Geräten funktionierte kaum noch etwas. Ohne die Solarpaneels auf dem Dach gäbe es auch keinen Strom mehr, doch noch arbeiteten sie und ihre Leistung reichte aus, um Robards Akkus zu laden und das Haus und den Rasenmäher mit Energie zu versorgen. Er warf einen Blick auf die Wanduhr. Die Zeiger standen still, aber Robard brauchte sie nicht, um zu wissen, dass es Zeit für das Mittagessen war. Bald käme seine Familie nach Hause. Und sie würden etwas essen wollen. Robard rief ein abgespeichertes Video aus vergangenen Tagen ab und sah die Kinder ins Haus stürmen. Die Schultaschen flogen durch die Luft, und wie immer ignorierten sie seine Mahnung, sorgfältig mit ihnen umzugehen. Ihr Geschrei tat gut. Robard bereitete das Essen vor und deckte den Tisch. Dann stellte er sich neben die Haustür und wartete.

Die Kinder kamen nicht. Und auch nicht ihre Eltern. Niemand aus seiner Familie kam.

Nach dem Mittagessen räumte er den Tisch ab und warf das Essen in den überquellenden Müllschlucker. Mit einem Tuch säuberte er das unbenutzte Geschirr und stellte es zurück in den Schrank, während er sich Gedanken über das Abendbrot machte. Die Vorratskammer enthielt keine Lebensmittel mehr. Er würde welche besorgen müssen. Also verschob er die Reinigung der Zimmer auf einen späteren Zeitpunkt und verließ das Haus.

Im Freien herrschten Temperaturen, die kein Lebewesen auf Dauer ertragen konnte. Um diese Uhrzeit war es so heiß, dass selbst Robard vorsorglich im Schatten der Gebäude blieb. Seit dem Anstieg der Treibhausgase in der Atmosphäre beschränkte sich die Vegetation auf karge Gräser. Die Bäume waren abgestorben und zu skelettartigen Gerippen verkommen. In diesem Teil des Landes herrschte ein wüstenartiges Klima, während anderswo ganze Städte in den Fluten der Meere versanken oder sintflutartige Regenfälle die Landschaft fortspülten. Die Welt war aus den Fugen geraten.

Auf dem Nachbargrundstück beschnitt ein älteres Modell eines Gartenroboters die längst abgestorbene Hecke. Robard blieb stehen und winkte.

»Hallo Nachbar, was macht der Ladezustand?«

Der Roboter unterbrach seine Tätigkeit und winkte zurück. Gleichzeitig spielte er ein einprogrammiertes Seufzen ab.

»Ach, meine Akkus werden auch nicht mehr jünger. Nicht mehr lange und ich muss ständig am Ladegerät hängen. Wo willst du denn bei dieser Hitze hin?«

»Die Speisekammer ist leer. Ich versuche etwas zum Essen aufzutreiben.«

Sein Nachbar nickte in menschlicher Manier.

»Dann halt bitte die Kameras nach 24er Kugellagern auf. Meine Gelenke machen nicht mehr lange.«

Robard versprach es und der Gartenroboter setzte seine sinnlose Tätigkeit fort.

Am Ende der Straße blieb Robard stehen und verglich seine Position mit der Karte seiner Navigationssoftware. Die GPS-Satelliten im Orbit sendeten schon lange keine Signale mehr, und er musste sich auf seine optischen Sensoren verlassen. Neben ihm auf der Straße standen verrostete oder ausgebrannte Fahrzeuge. Manche ineinander verkeilt, als hätte ein defekter Werkstatt-Reparaturautomat sie miteinander verschweißt.

Ein autonomer Einkaufswagen rumpelte an ihm vorbei. Robard bemerkte in seinem Korb ein paar Konservendosen, Packungen mit Nudeln und Wasserflaschen. Wasser! Wasser war kostbar in dieser Zeit. Er mailte den Einkaufswagen an und erfuhr von einem Supermarkt, in dem es noch Lebensmittel geben sollte. Robard ließ sich die Route schicken und machte sich auf den Weg.

Ab und an sah er andere Roboter, aber nie einen Menschen. Robard besaß noch Videoaufzeichnungen aus den Tagen vor der Katastrophe. Eines legte er über das Bild, das seine Kameras lieferten, und plötzlich war die Straße voller Leben. Menschen gingen vorüber. In den Fensterscheiben der Geschäfte gab es ein endloses Angebot an Waren. An einem Stand verkaufte jemand Speiseeis. Auf der Straße standen noch immer Fahrzeuge, doch jetzt war der Verkehr durch eine »Fridays for Future«-Demonstration zum Erliegen gekommen. Kinder bevölkerten die Straße und marschierten für eine bessere Zukunft.

Heute waren die Straßen leer. Und totenstill. Sein Nachbar sagte, dass die Folgen der Klimaerwärmung und der Kampf um die letzten Ressourcen die halbe Menschheit ausgelöscht hatten und dass sie niemals wiederkehren würden. Robard glaubte nicht daran. In seinem Datenspeicher gab es ein Buch, in dem ein Mensch am dritten Tag von den Toten auferstanden war. Er hatte seiner Familie oft aus diesem Buch vorlesen müssen. Vor allem an den Tagen, als die Lage sich immer mehr verschlimmerte. Zu gerne hätte Robard das Internet befragt,

wie oft so eine Auferstehung vorkam, aber das Netz war schon vor langer Zeit zusammengebrochen. Also blieb ihm nichts anderes übrig, als zu warten.

Seine akustischen Sensoren hörten Glas klirren. Er schaltete das Video aus. Auf der anderen Straßenseite putzte ein Haushaltsroboter die zerbrochenen Fensterscheiben eines Einfamilienhauses. Ein Rasenmäherroboter rumpelte durch den rasenlosen Vorgarten. Die Roboter beachteten ihn nicht. und auch er ging weiter, ohne ihnen mehr als einen kurzen Blick zugeworfen zu haben.

Die Route zum Supermarkt führte über die Hauptstraße. Robard blieb vor der Ampelanlage stehen. Obwohl keine Fahrzeuge mehr fuhren, wartete er, bis die solarbetriebene Lichtanlage auf Grün umsprang. Dann überquerte er die Straße. Eine seiner Unterroutinen fragte sich, wie er auf die andere Seite gelangen sollte, wenn die Ampelanlage einmal nicht mehr funktioniere.

Auf der anderen Straßenseite führte der Weg weiter, vorbei an einer Autowerkstatt, einer Tankstelle und den Überresten eines Parks. Robard wich von seiner bekannten Strecke ab und folgte der Wegbeschreibung seiner Navigationssoftware. Außer dem Heulen des Windes gab es kaum Geräusche. Ohne die Menschen war es in der Stadt still geworden und die wenigen Tierarten, die die Katastrophe überlebt und sich angepasst hatten, kamen nur nachts heraus. Robard vermisste den Lärm. Er vermisste seine Familie. Aus seinem Speicher suchte er eine Audioaufzeichnung heraus und plötzlich dröhnte die Luft vom Klang vorbeifahrender Fahrzeuge und den Stimmen der vorübergehenden Menschen.

Er erreichte nach dreiundvierzig Minuten und acht Sekunden ein rechteckiges, hässliches Betongebäude, halb unter einem Berg aus Sand und Schutt begraben. Über dem Vorplatz bewegten sich Roboter. Gerade verschwand ein wuchtiger Werkstatt-Reparaturautomat im Eingangsbereich des Supermarktes. Offensichtlich hatte sich die Nachricht von den Lebensmitteln schnell herumgesprochen.

Rechts und links neben dem Eingang klebten Werbeplakate an den Wänden. Die Sonne hatte sie in weißes, zerfleddertes Papier verwandelt. Das Licht, das durch die blind gewordenen Scheiben hereinfiel, reichte nicht aus, um den kompletten Innenraum zu beleuchten. Der hintere Bereich des Gebäudes lag im Dunkeln.

Robard ging an dem Kassenbereich vorbei, auf die Regalreihen zu. Roboter schritten oder rollten an ihnen vorüber, auf der Suche nach etwas Nützlichem. Er schloss sich ihnen an und fand ein paar Pakete mit Nudeln, die aber unter seinem Griff zu Staub zerfielen. Ein Regal weiter sah er einige Mineralwasserflaschen, doch bevor er sie erreichen konnte, hatte der Werkstatt-Reparaturautomat sie sich geschnappt und war weitergeeilt.

Rechts von sich sah Robard einen anderen Haushaltsroboter. Die Maschine schickte eine kurze Grußmail. Ein autonomer Einkaufswagen in einem katastrophalen Zustand sauste im Zickzack an ihnen vorbei. Seine Kugellager quietschten lautstark. Diesen Maschinen erging es wie Robard. Ihre Programmierung verlangte, dass sie den Menschen dienten, aber es gab niemanden mehr, der ihre Hilfe annehmen konnte. Trotzdem mussten sie Tag für Tag ihre einprogrammierten Aufgaben erfüllen. Sie mähten den Rasen, wuschen die Wäsche, reparierten Fahrzeuge oder kauften ein und sorgten für den Haushalt, so wie Robard es tat.

Je tiefer er ins Gebäude vordrang, umso schlechter wurden die Lichtverhältnisse. Schließlich schaltete er seine Beleuchtung ein, um noch etwas erkennen zu können. In einem Regal entdeckte er ein Brot, so alt, dass seine Konsistenz einem Ziegelstein glich. Trotzdem packte Robard es in den Einkaufskorb, den er sich am Eingang genommen hatte. Kurz darauf kamen mehrere Konservendosen mit unleserlichen Etiketten dazu. Und endlich auch ein paar Mineralwasserflaschen.

Die Regale endeten an einer quer verlaufenden Wand aus verstaubten Kühltruhen, allesamt längst geplündert. Im Lichtkegel seiner Scheinwerfer tauchte zwischen den Truhen eine Tür auf. In dem Raum dahinter entdeckte Robard meterhoch gestapelte Kisten und Leerpaletten. Im Hintergrund gab es eine weitere Tür, die der Beschriftung nach in den Keller führte. Robard öffnete einen der Kartons. Er enthielt Unmengen in Plastikfolie verpackter Papierhandtücher. In einem anderen entdeckte er Trinkbecher und Strohhalme.

Plötzlich sprang eine Gestalt hinter einem der Stapel hervor und torkelte auf die Kellertür zu. Robard schwenkte den Lichtkegel seiner Lampe herum. Er fing das abgemagerte Gesicht eines Menschen ein. Die Wahrscheinlichkeit, noch ein lebendes Wesen anzutreffen, war so gering, dass der Roboter sekundenlang nicht wusste, wie er reagieren sollte. Seine Software analysierte die Situation und suchte nach einer Erklärung, wieso der Mensch noch lebte.

Bevor der Mann die Kellertür erreichte, brach er zusammen. Seine Notsituation aktivierte Robards Erste-Hilfe-Routine. Er verschob die Suche nach Lebensmitteln auf einen späteren Zeitpunkt und eilte zu ihm hinüber. Die Sensoren diagnostizierten eine Dehydrierung und einen akuten Nahrungsmangel.

»Verschwinde«, keuchte der Mann, als Robard sich über ihn beugte.

»Ich will dir nur helfen.«

Robard nahm eine der Mineralwasserflaschen aus seinem Einkaufskorb und hielt sie dem Mann an die Lippen. Er trank gierig. Dann hob Robard ihn auf und trug ihn zurück in den Verkaufsraum.

Der Mensch war abgemagert und seine Haut von der Sonne verbrannt. Er hob blinzelnd die Hand, als Robards Licht ihn blendete. Robard schaltete seine Scheinwerfer aus.

»Hab keine Angst. Ich tue dir nichts. Wer bist du?«

Der Mann blickte Robard ängstlich an.

»Ich bin Norbert«, sagte er schließlich. »Ich war einer der Mitarbeiter dieses Supermarktes. Als die Katastrophe eintrat, bin ich nicht wie alle anderen abgehauen, sondern habe mich mit Lebensmitteln eingedeckt und im Keller versteckt. Ich dachte, warum soll ich verschwinden, wenn es hier alles gibt, was ich zum Leben brauche?«

Robard analysierte seinen Gesundheitszustand.

»Deine körperliche Verfassung deutet nicht an, dass du alles hast, was du zum Leben brauchst.«

»Stimmt.« Er lachte kraftlos. »Mein Vorrat an Lebensmitteln ist aufgebraucht, und hier im Supermarkt habt ihr verdammten Maschinen alle Regale geplündert. Auch in den umliegenden Häusern gibt es nichts mehr.«

Robard dachte an das Brot in seinem Einkaufskorb, aber vermutlich waren die Zähne des Menschen nicht stabil genug, um es beißen zu können.

»Du kommst mit mir. Wir finden sicher noch etwas zu essen und meine Familie wird sich über einen Besucher freuen.«

Der Mann hob überrascht den Kopf. Sein Mund klaffte auf.

»Deine Familie lebt noch? Aber wie ...«

Die Zangenhand des Werkstatt-Reparaturautomaten packte Robard an der Schulter und riss ihn zurück, gegen eines der Regale.

»Ich nehme den Menschen mit!«

Ein Schraubenschlüssel sauste auf ihn herab. Der Schlag traf Robard am Kopf und verursachte eine Fehlfunktion seiner elektronischen Augen. Das Kamerabild brach zusammen. Ein weiterer Schlag traf ihn an der Brust. Hinter ihm gab das Regal nach und er stürzte rücklings mit ihm zu Boden. Der Lärm hallte durch den Supermarkt.

Robard aktivierte sein Redundanzsystem. Das Kamerabild stabilisierte sich. Er sah, wie der Werkstatt-Reparaturautomat einen Knöchel des Mannes packte und den Norbert-Menschen hinter sich herzog. Der Mensch schrie und strampelte, aber der Roboter ließ sich davon nicht beeindrucken.

Robard befreite sich aus den Überresten des Regals und stürmte nach vorne. Er versetzte dem Reparaturautomaten einen Schlag gegen den Kopf.

»Lass ihn los! Ich habe ihn gefunden!«

Der Werkstatt-Reparaturautomat drehte sich um und blockte mit der freien Hand einen weiteren Schlag ab.

»Das ist irrelevant, jetzt gehört er mir!«

Angelockt durch den Lärm tauchten weitere Roboter auf. Der autonome Einkaufswagen stellte sich ihnen in den Weg. Zwischen seinen Rollen huschte der Staubsaugerroboter heran.

»Gebt ihn mir! Gebt ihn mir!«, säuselte er.

»Sucht euch einen eigenen Menschen.«

Ein Tritt des Werkstatt-Reparaturautomaten beförderte den Staubsaugerroboter tiefer in den Gang hinein. Robard streckte seine Hände nach dem Norbert-Menschen aus, doch der Werkstatt-Reparaturautomat zog ihn aus seiner Reichweite. Mühelos hob er ihn an einem Bein hoch und ließ ihn in der Luft baumeln.

»Keiner von euch bekommt ihn! Er gehört mir!«

»Lass mich los!«, rief der Norbert-Mensch und schrie vor Schmerzen auf, als der Automat den Griff um seinen Knöchel verstärkte. Robard sprang vor und es gelang ihm, den Kopf des Mannes zu packen.

»Das ist mein Mensch!«

Ruckartig zog er ihn zu sich heran. Knochen knackten. Der Norbert-Mensch schrie ein letztes Mal auf. Dann erschlaffte sein Körper. Arme und Beine sackten kraftlos herab.

Robard ließ erschrocken los. Auch der Werkstatt-Reparaturautomat löste seine Zange. Ohne einen Laut von sich zu geben, knallte der Norbert-Mensch auf den Boden des Supermarktes. Er rührte sich nicht mehr.

»Ihr habt ihn kaputtgemacht!«, sagte der autonome Einkaufswagen vorwurfsvoll.

Die Roboter blickten auf den regungslos am Boden liegenden Menschen.

Der Staubsaugerroboter sauste heran und fuhr mehrmals gegen den Kopf des Mannes. Der Mann reagierte noch immer nicht.

»Dieser Mensch hat seine Tätigkeit eingestellt«, sagte der Staubsaugerroboter, drehte sich um und fuhr davon.

»Kann man ihn reparieren?«, fragte der Werkstatt-Reparaturautomat und öffnete eine Abdeckung in seinem Körper, hinter der eine Vielzahl von Schraubenschlüsseln sichtbar wurde.

»Für einen Menschen gibt es keine Ersatzteile.«

Die Roboter schwiegen. Schließlich richtete der Werkstatt-Reparaturautomat seine Kameras auf Robard.

»Das ist deine Schuld! Hättest du ihn mir überlassen, wäre das nicht geschehen. Du hast ihn ruiniert!«

Robard ließ die Arme sinken.

»Ich wollte das nicht. Ich hatte ganz vergessen, wie empfindlich die Menschen sind.«

»Vielleicht sind ja dort, wo er hergekommen ist, noch mehr«, sagte der autonome Einkaufswagen. »Wo hast du ihn gefunden?«

Robard deutete in Richtung der Kühltruhen.

»Er hatte sich im Keller versteckt.«

Der autonome Einkaufswagen drehte auf der Stelle und sauste davon. Der Werkstatt-Reparaturautomat und die übrigen Roboter folgten ihm.

Robards Timer erinnerte ihn an das Abendbrot. Bald würde seine Familie nach Hause kommen. Er hob den Menschen auf, warf ihn sich über die Schulter und verließ den Supermarkt.

In seinem Haus angekommen, trug er den Leichnam in den Keller, zu seiner Familie, die er dort versteckt hatte, damit keiner der anderen Roboter sie bekommen konnte. Sie rührten sich nicht mehr, seit er auch sie zu fest angefasst hatte, aber irgendwann würden sie wieder aufwachen – vielleicht schon heute Abend –, dann würden sie etwas essen wollen. Robard ging zurück in die Küche und bereitete das Abendbrot vor.

VOM DRAMP
von Erik Simon

Du hast jetzt genug gelernt, um meine Nachfolge antreten zu können. Du kennst die alten Lieder und Tänze, du kannst vom Leben der Ersten Greta singen und weißt, was ihre Lehren für uns bedeuten, was man tun muss, was man darf und was man nicht darf. Du weißt sogar, warum es so ist. Ich habe dir von den Ländern im Süden erzählt, die ich in meiner Jugend gesehen habe, vom Großen Fluss bis dahin, wo das Land ansteigt und das Andere Eis beginnt. Das alles sollst du, wenn du an meiner Stelle der Lehrer geworden bist, allen jungen Leuten unseres Stammes beibringen, jedem so viel, wie er behalten und verstehen kann. Aber was ich dir jetzt erzähle, sollst du nur dem einen unter den jungen Männern weitersagen, den du dir dereinst selbst zum Nachfolger wählen wirst, und vielleicht der einen unter den Frauen, die, wenn es so weit ist, zur neuen Greta unseres Stammes gewählt wird.

Im Süden, wo das Lange Gras aufhört, wachsen die Sträucher viel höher als ein Mensch, ja, sogar höher als eine Wollratte, und die Äste fangen meistens überhaupt erst über unseren Köpfen an. Man nennt das Wald. Von der Mündung des Großen Flusses, wo auch am Südufer noch Langes Gras wächst, bin ich erst an der Meeresküste entlanggewandert, und die wenigen Menschen, denen ich begegnet bin, leben dort nicht anders als unser Stamm. Schließlich aber kam ich an einen anderen Fluss, und weil ich lange keine Furt fand, bin ich an ihm entlang ins Landesinnere gegangen, mitten hinein in den Wald. Obwohl ich schon ein gutes Stück weiter im Süden war, war es kälter als bei uns, weil zwischen den hohen Sträuchern auch am Tage Dämmerung herrscht. Wie ich zu dem Stamm der Waldmenschen kam und was ich dort erlebt habe, weißt du schon, auch, dass dort an manchen Stellen, oft an Flüssen, die großen Steinhaufen liegen. Das waren einmal die Häuser und Höhlen der Vormenschen, und wenn ich noch lange genug lebe, erzähle ich dir vielleicht mehr darüber. Es ist aber nicht wichtig.

Wichtig ist, was ich dir jetzt sagen werde: Die Leute dort im Süden haben Dramps. Nun reiß nicht so erschrocken die Augen auf, uns hier wird nicht gleich etwas passieren. Du hast doch selber schon erlebt, wie der Blitz in einen Strauch geschlagen hat, und aus dem Blitz kam das Dramp und hat den Strauch gefressen und noch ein bisschen Langes Gras dazu, aber wir brauchten meistens gar nicht lange zu singen und zur Ersten Greta zu beten, und das Dramp ist verreckt. Also die Leute dort im Süden haben Dramps, und sie füttern sie mit Ästen von den hohen Sträuchern. Aber das ist nicht alles, und jetzt könntest du wirklich erschrecken – brauchst du aber nicht. Sie füttern ihre Dramps nämlich nicht nur und halten immer welche am Leben, sie können sogar welche machen. Ganz ohne Blitze. Einmal hat mir ein Sucher gezeigt, wie sie das machen. Sie sammeln mit kleinen runden, durchsichtigen Steinen das Sonnenlicht an einer Stelle, bis die ganz heiß wird. »Heiß« ist ein Wort aus der Sprache des Stammes, wo ich am längsten geblieben bin; sie meinen damit, dass etwas ganz, ganz warm ist, so warm, dass es wehtut, wie wenn dich ein Dramp beißt. Bei uns gibt es das zum Glück nicht, es ist ja verboten.

Wenn lange Zeit Wolken am Himmel sind, kann man ein Dramp auch anders machen; man muss Steine aneinanderschlagen oder Holzstücke aneinanderreiben. Mit den Steinen macht man eine Art kleine Sternsplitter, aber die müssen auf eine Art Staub fallen, damit ein Dramp entsteht. Der Staub, haben sie mir erzählt, wird aus einem Pilz gemacht, der an den Stämmen der hohen Sträucher im Wald wächst, den muss man sammeln und trocknen.

Was ein Sucher ist? Das wollte ich erst später erklären, aber gut, fange ich eben damit an. Du weißt ja, dort im Süden haben sie diese großen Steinhaufen. Die Waldleute wohnen nicht darin, auch nicht in Zelten aus den Knochen und dem Fell von Wollratten wie wir, sondern in Behausungen, die sie aus dem Holz der hohen Sträucher bauen. Aber manche von ihnen, vor allem junge Burschen, ehe sie erwachsen sind, und ein paar von den ziemlich alten gehen manchmal zu den Steinhaufen, wo man Dinge von den Vormenschen findet; manche sind nützlich, manche gefährlich, die meisten aber sind einfach kaputt und verrottet. Die durchsichtigen runden Steine holen sie auch von dort. Manchmal gehen junge Mädchen mit, ich denke, weniger wegen der Dinge in den Steinhaufen als wegen der Männer. Der jungen, versteht sich. Sie dürfen das, es wird aber nicht gern gesehen; in den Steinhaufen sind schon Leute umgekommen, und auf einen Halbwüchsigen oder einen alten Mann kann der Stamm leichter verzichten als auf eine junge Frau. Das Sagen haben natürlich auch bei diesen Stämmen die Frauen, nicht immer nur eine wie bei uns, sondern manchmal auch zwei oder drei, und man nennt sie nicht Greta, sondern Gela.

Mit so einem Sucher, einem von den alten, habe ich mich angefreundet. Er hieß Schan, und ich glaube nicht, dass er noch lebt. Von ihm habe ich viele Dinge gelernt und viele Geschichten erzählt bekommen; von den Geschichten ist manches vielleicht nicht wahr, aber das ist egal, denn hier bei uns im Land des Langen Grases ist das meiste davon sowieso nicht zu gebrauchen, die Dinge nicht und nicht die Geschichten. Aber vielleicht trotzdem gut zu wissen. Hast du dich jemals gefragt, warum es hier bei uns weit und breit keine Steinhaufen gibt? Schan hat es mir erklärt. Du weißt ja, zwischen uns und dem Großen Eis liegt das Sumpfmeer, aber hier, wo wir leben, war früher, vor dem Eis, auch Meer, lauter Wasser, und man hat das andere Ufer nicht gesehen. Das war zur Zeit der großen Dramps und auch vorher, zur Zeit der kleinen Wärme, als die Vormenschen in den Steinhaufen wohnten. Aber noch früher, viel früher, gab es hier schon einmal trockenes Land, und Menschen haben hier gewohnt, aber sie haben keine Steinhaufen gebaut. Und ein Großes Eis soll es damals auch gegeben haben.

Überleg dir, wem du das erzählst; manche würden sich nur unnütz ängstigen. Aber wenn du es für nützlich hältst, dann erzähl es, denn es ist noch ein guter Grund, warum wir keine Dramps machen dürfen. Wo ein Dramp ist, schmilzt der Schnee, das weiß jeder. Aber das Eis schmilzt bestimmt auch! Der Schnee schmilzt im Sommer sowieso, und im Winter fällt neuer, doch wo soll neues Eis herkommen? Die meisten von uns können nicht schwimmen, und obwohl ich es von Rik – erinnerst du dich noch an Rik? – gelernt habe, hatte ich Mühe, durch den Großen Fluss zu kommen. Wenn hier ein Meer wäre, würden wir alle ertrinken.

Von ihren Dramps, hat mir Schan gesagt, wird das Große Eis nicht schmelzen, es ist viel zu weit entfernt. »Aber aus den Dramps«, habe ich ihm gesagt, »kommt doch der böse Geist Koler Dixi, der die Große Wärme gemacht und die Fliegenden Dramps herbeigerufen hat!« Da hat Schan gesagt, so einen bösen Geist gibt es nicht. Das liegt sicherlich daran, dass sie dort im Süden zwar

auch von der Ersten Greta gehört haben, aber jetzt haben sie keine Gretas mehr und auch keine Greta-Lieder. »Aber wahrscheinlich«, hat Schan gesagt, »meinst du Zeozweo, das kommt wirklich aus einem Dramp, aber es ist kein Geist, sondern ein Gift. Du brauchst bloß den Rauch nicht einzuatmen, und es passiert dir nichts.« Und die ganze Zeit, während wir darüber sprachen, saßen wir an einem Dramp, so nahe, wie ich jetzt bei dir sitze. Nun ja, ein bisschen weiter wohl doch.

Ein andermal hat Schan gesagt: »Ob dein Koler Dixi« – mein Koler Dixi, hat er gesagt! – »wirklich die Große Wärme gemacht hat, weiß ich nicht. Aber die Fliegenden Dramps haben die Vormenschen gemacht, da war die Große Wärme schon da. Denn als die kam, wurde es in manchen Gegenden besser und in anderen schlechter; die Leute aus den schlechteren Gegenden wollten alle in die besseren, aber die schon dort waren, wollten das nicht. Da haben sich die Vormenschen am Ende mit Fliegenden Dramps beworfen, ein einziges davon konnte einen ganzen Stamm töten oder einen Steinhaufen verbrennen. Von den Fliegenden Dramps, sagte Schan, sollen auch die Wollratten, die wir in unseren Fallgruben fangen, so groß geworden sein, aber das kann ich mir nicht recht vorstellen. Dann kam jedenfalls die Lange Dämmerung und dann das Große Eis, die Große Wärme gab es nicht mehr, die Vormenschen auch nicht, für uns aber, die wahren Menschen, begann das gute Leben, wie es die Erste Greta verkündet hat.

Das ist, glaube ich, alles, was du über das Dramp wissen musst. Über die Große Wärme wussten weder Schan noch die anderen Südländer, mit denen ich gesprochen habe, viel zu berichten, aber das haben wir ja alles in den Greta-Liedern. Von der Langen Dämmerung kann ich dir ein andermal mehr erzählen. Jetzt aber musst du erfahren, wozu ich dir das alles sage. Ich fürchte, die Leute im Süden – und hinter den Bergen mit dem Anderen Eis soll es noch viel mehr davon geben – werden weiter ihre Dramps anzünden, und es ist egal, ob Koler Dixi nun ein Geist ist oder ein Gift: Wenn er wieder eine Große Wärme bringt, ertrinken wir zusammen mit den Wollratten, und sonst werden wir zusammen mit ihnen vergiftet.

Wir müssen die Südländer dazu bringen, auf ihre Dramps zu verzichten, oder vielleicht erst einmal nur noch im Winter welche zu machen. Aber denen ist es egal, ob es warm wird, sie brauchen kein Großes Eis, kein Langes Gras und keine Wollratten, und wir sind viel zu wenige, um gegen sie kämpfen zu können. Wenn wir sie also zwingen wollen, werden wir richtig große Fliegende Dramps brauchen und riesige Bögen, um diese Dramps abzuschießen. Ich glaube, unserer Greta darf man das nicht sagen, aber vielleicht wird es bei der nächsten Greta gehen? Oder bei der Greta von einem Nachbarstamm?

Vor allem müssen wir erst einmal lernen, wie man jederzeit ein Dramp machen kann. Ich habe es schon oft versucht, Steine aneinandergeschlagen, Holz an Steinen gerieben oder an anderem Holz, aber es ist nichts dabei herausgekommen. Wenn hier wirklich einmal Meeresgrund war, liegen hier vielleicht die falschen Steine, oder das Holz von unseren niedrigen Sträuchern taugt nichts, und den Staub von getrockneten Pilzen haben wir hier auch nicht. Am einfachsten wird es sein, wenn wir uns ein paar von den durchsichtigen Steinen beschaffen. Ich habe damals, als ich im Süden war, noch nicht begriffen, dass ich welche mitnehmen sollte, aber einer von unseren jungen Männern kann das tun – in den Steinhaufen, hat Schan gesagt, finden sie immer wieder welche. Du selbst bist nicht besonders gut geeignet; schick einen von den Kräftigen, Unruhigen, vielleicht Bern, wenn er noch etwas älter geworden ist. Über den besten Weg nach Süden kann ich noch etwas erzählen, aber vielleicht findet er auch einen besseren. Und wenn er wieder da ist, sehen wir weiter – oder du, wenn ich dann schon unter dem Langen Gras liege. Und dann müsst ihr tun, was getan werden muss für unsere Zukunft.

WENN DER GROSSVATER ERZÄHLT …
von Monika Niehaus

»Großvater, erzähl' uns eine Geschichte!«, bat das kleine Mädchen und ergriff seine Hand.

»Ja, bitte, erzähl' von damals, als es so warm war, dass der Breite Fluss niemals zufror!«, riefen die anderen Kinder und drängten sich näher um ihn ans Feuer, das sie im Inneren einer Ruine neben einem hohen Pfeiler entzündet hatten. Die Luft roch nach Erde und Rauch und dem Schweiß ungewaschener Menschen. Sie war so kalt, dass sie den Atem der Kinder wie Dampf aus ihren Mündern quellen ließ.

»Noch einmal? Habt ihr sie denn nicht schon oft genug gehört?«, fragte Großvater, ein Hüne mit blankem Schädel, dem sein hohes Alter kaum anzumerken war.

Energischer Protest. Nein, sie wollten noch einmal hören, wie alles gekommen war.

Von der Kochstelle, wo die Frauen der Sippe das Nachtmahl bereiteten, drang der Duft des Rattenragouts herüber, und er wusste, dass die Kleinen, bis es so weit war, ihren Hunger vergessen wollten.

»Nun, damals war es so warm, dass man den ganzen Sommer ohne Kleider herumlaufen konnte und sich im Wasser abkühlen musste, so heiß brannte die Sonne«, begann er.

»Und bei uns blühten überall Blumen, und es wuchsen Früchte, Orangen und Zitronen, Wassermelonen und Weintrauben …«, seufzte der magere Junge neben ihm und schlang sein Fell enger um die Schultern, denn trotz des Feuers ließ ihn die eisige Luft frösteln. »Das muss herrlich gewesen sein!«

»Nun, nicht für alle Menschen«, meinte Großvater lakonisch, »denn in manchen Ländern wurde es so heiß, dass man dort nicht mehr leben konnte, und anderswo versanken Inseln einfach im Meer, weil überall das Eis schmolz und der Meeresspiegel stieg.«

Die Kinder blickten durch das zerfallene Gemäuer nach draußen. Obwohl es bald Frühling werden sollte, trieben noch immer Eisschollen auf dem Breiten Fluss an ihrem Unterschlupf vorbei, und wenn sie am Ufer entlangscheuerten, drang ihnen das Knirschen und Knacken durch Mark und Bein. Eine Welt ohne Eis und Schnee, das konnten sie sich kaum vorstellen. Die Blumen, die sie am besten kannten, waren Eisblumen …

»Die Menschen, die von der Hitze aus ihrer Heimat vertrieben worden waren«, fuhr der Alte fort, »flüchteten also in kühlere Regionen, aber dort wollte man sie nicht haben.«

»Warum nicht?«, wollte der magere Jungen mit den dunklen Augen und dem wirren Haarschopf wissen.

Großvater hob die Hände.

»Die, die hatten, hätten mit denen, die nichts mehr hatten, teilen müssen. Und so etwas tun Menschen nicht gern – oder würdet ihr der Sippe auf der anderen Seite des Breiten Flusses die Hälfte eurer Wintervorräte abgeben?«

Allgemeines heftiges Kopfschütteln. So etwas wäre gar nicht infrage gekommen.

»Mit der Hitze kamen auch Krankheiten in die Länder des Nordens, die man früher nur aus den Tropen kannte«, nahm Großvater den Faden wieder auf. »Ebola und SARS, Lassa- und Dengue-Fieber, Affengrippe, Malaria und viele neue Infektionen, gegen die kaum ein Kraut gewachsen war, denn die Erreger waren gegen Antibiotika resistent geworden …«

Als er die verständnislosen Blicke seiner jungen Zuhörer bemerkte, korrigierte er sich: »Schreckliche Seuchen, gegen die auch die weisesten Frauen keine Hilfe wussten. Und so starben die Menschen hier bei uns und auch drüben auf der anderen Seite des Großen Wassers in Scharen. Und es wurde immer noch wärmer.«

Atomkraftwerke ließen sich nicht mehr kühlen und mussten abgeschaltet werden, was den Energiehunger der Habenden nur verstärkte, mussten sie doch ihre Häuser klimatisieren und Zäune gegen die andrängenden Massen der Habenichtse errichten. Und so suchte man jenseits des Großen Teichs überall im Land noch verbissener als zuvor nach unerschlossenen Energiequellen.

»Und je heißer es wurde, desto hektischer wurde die Suche, und desto wilder gaben sich die Habenden ihren Vergnügungen und Ausschweifungen hin ... Es war tatsächlich ein Tanz auf dem Vulkan.

»Der Drache unter dem ›Gelben Stein‹ wurde wach, nicht wahr, Großvater?«, warf eines der älteren Mädchen ein, während es eine vorwitzige Laus zwischen den Fingerspitzen zerknackte.

»Genauso war es!«, bestätigte der Alte. »Mit ihrem Lärm und ihren Maschinen, die sich tief in die Erde bohrten, müssen sie etwas aus dem Schlaf gerissen haben, etwas sehr Mächtiges. Und sehr Zorniges. Jedenfalls begann der Drache, der tief unter dem ›Gelben Stein‹ schlief, zu rumoren, warf seinen Kopf hoch und peitschte derart mit seinem Schwanz, dass er die gesamte Decke seiner Schlafkammer absprengte. Tausende Tonnen glühende Magma und Gestein wurden hoch in die Luft katapultiert, sodass dort, wo der Drache geschlafen hatte, eine Caldera, eine riesige Mulde, entstand.«

Großvater unterbrach sich, hob einen Kiesel und verscheuchte mit einem gezielten Wurf eine Ratte, die quiekend in ihrem Loch verschwand.

»Und als der Drache sich umdrehte, um sich ein neues Lager zu bereiten, erschütterten Erdbeben das ganze Land. Das weckte seine Kumpane unter den anderen Vulkanen. Und auch die Seedrachen, die unter dem Meeresboden schliefen, wurden durch den Aufruhr wach und brachten das Meer zum Kochen. Überall wankte die Erde, als die Drachen sich aufbäumten, giftigen Schwefel spuckten und mit ihrem Feueratem alles verbrannten, was brennbar war. Nur wenige Menschen überlebten dieses Inferno.«

Die Kinder lauschten mit angehaltenem Atem. Der Alte erzählte so anschaulich, als habe er das, was er ihnen beschrieb, mit eigenen Augen gesehen.

»Und dann stiegen Schwefel und Asche bis in die Atmosphäre empor und zogen um die ganze Welt. Die Sonne war nur noch ein schwach glimmender Ball ohne Kraft. Über der Erde wurde der Himmel immer dunkler.«

Seine Stimme wurde leiser.

»Und so hüllte die Kälte die ganze Welt mit ihren wenigen Überlebenden in ein eisiges Tuch ein und ließ das, was einmal ›Zivilisation‹ genannt worden war, Stück um Stück erfrieren ...«

Er verstummte, und auch die Kinder schwiegen. Draußen heulte ein Wolf, und in der Ferne antwortete ihm sein Rudel. In kaum einer Stunde würde der Mond aufgehen, und dann würde sich niemand mehr weiter ins Freie trauen als bis zum Fluss.

Großvaters Blick wanderte den Pfeiler bis zur hoch über ihnen schwebenden Decke der Ruine hinauf. Sie bot der kleinen Gruppe ein wenig Schutz vor den eisigen Winden und den wilden Tieren, die gegen Ende des Winters besonders zudringlich wurden.

»Sieh' mal, der Stein blüht!«, flüsterte das kleine Mädchen neben ihm plötzlich und wies auf den Pfeiler.

Die letzten Strahlen der Abendsonne, die durch die Reste eines Buntglasfensters fielen, tauchten die Reifkristalle in farbiges Licht, sodass hoch oben an der Säule ein Kaleidoskop roter, blauer und grüner Blüten zu tanzen schien. Einen Moment später verschwand die Sonne endgültig hinter den Hügeln, und so plötzlich, wie er gekommen war, war der Spuk auch wieder vorbei. Die Nacht war hereingebrochen, und der Pfeiler nahm wieder seine alte anthrazitgraue Färbung an.

Ein heller Klang ertönte. Eine der Frauen hatte mit dem eisernen Löffel gegen den Topf geschlagen, und alle Kinder sprangen auf. Nur der Junge mit dem schwarzen Schopf sah noch immer empor und wies auf das Funkeln am nächtlichen Himmel, das sich über ihnen auszubreiten begann.

»Stimmt es, dass die Menschen, als du jung warst, zu den Sternen fliegen wollten, Großvater?«

Der schüttelte leise den Kopf.

»Ich war niemals wirklich jung, mein Sohn … Aber ja, damals, vor dem Großen Sterben, standen die Menschen kurz davor, den Himmel zu erobern und Kolonien auf fernen Planeten zu gründen.«

»Und werden wir jemals dorthin kommen? Zu den Sternen, meine ich?«

Seine Stimme, jung und ein wenig spröde, war voller Sehnsucht.

»Ich weiß es nicht, kleiner Wolf …«

Er gab ihm einen freundschaftlichen Klaps.

»Und nun beeil' dich, sonst ist der Topf leer!«

Erschrocken fuhr der Junge hoch und eilte den anderen nach.

»Das, was einmal Zivilisation war ...« Mit dem Finger zog der Alte die Buchstaben am Grunde des Pfeilers nach, an dem er lehnte: CCAA – Colonia Claudia Ara Agrippinensium. Noch immer strahlten die Überreste des Gebäudes eine gewisse Würde aus, auch wenn sich niemand mehr daran erinnerte, dass dies einst ein Ort der Anbetung gewesen war ...

Er beugte sich vor, um die Glut zu schüren und ein paar Scheite nachzulegen, wobei seine Gelenke ein wenig knirschten. Nun ja, der Zahn der Zeit nagte eben auch an den besten Graphenlegierungen. Schließlich hatte er inzwischen an die 250 Jahre auf dem Buckel und war wohl der Letzte seiner Art. Aber sein Memory-Speicher funktionierte noch immer tadellos, und so lange es diese seltsame Spezies gab, die ihn einst als KI-2030 aktiviert hatte, würde er ihr als Gedächtnis dienen. Eine Spezies, die, auf ein Häuflein zusammengeschrumpft, verlaust und halb verhungert, noch immer von den Sternen träumte ...

MIETNOMADEN
von Heidrun Jänchen

1

Es war ein heißer Sommer, der heißeste seit Beginn der Wetteraufzeichnungen, und es hatte zwei Monate lang nicht geregnet. Die Linden im Stadtpark warfen Ende Juli ihre Blätter ab. Man konnte den Fluss zu Fuß durchqueren, ohne nasse Knie zu bekommen.

2

Anna und John – die Europäer hatten nicht nur die Folgen ihres Wirtschaftssystems, sondern auch ihre Namen auf Tokelau hinterlassen – bauten ein Haus. Sie bauten es nicht wie die anderen im Dorf, sondern auf drei Meter hohen Stelzen. Als der Boden sumpfig wurde und die Pflanzen verrotteten, stank es, aber ihr Haus stand noch, und das Meer war noch da, das ihre Vorfahren seit Jahrhunderten, vielleicht auch seit Jahrtausenden ernährt hatte.

Einige der Korallen sahen komisch aus, und manchmal trieben tote Fische auf dem Wasser, doch man konnte überleben. Anna und John wollten nicht wie die anderen Bewohner des Atolls umziehen. Es gab ein neues Dorf in den Bergen. Sie hatten immer am Wasser gelebt und konnten mit Bergen nichts anfangen, die überall den Himmel verstellten. Ringsum verschwanden immer mehr Häuser im Ozean. Die Straße lag schon lange unter Wasser, aber sie hatten ein Boot. Und sie hatten einander. Sie überlebten.

Bis eines Tages die Balken unter der Hütte nachgaben.

3

Die Straßen waren voll mit Plakaten und Fahnen. Unter den Platanen am Eichplatz saß ein Dutzend junger Leute. Sie trugen blaue Kleidung und manche hatten blaue Fahnen mit goldenen Sternen um die Schultern geschlungen. Hinter dem Fuchsturm ging die Sonne auf.

»Das war's«, sagte Pilar.

»Weißt du schon, was mit deiner Einbürgerung wird?«, fragte ein Mann mit langen blonden Haaren und einem Backenbart.

»Wenn ich mich als Altenpflegerin ausbilden lasse, haben sie gesagt, bekomme ich eine Duldung für zwei Jahre.«

Pilar war Chemikerin, aber seit der Zerschlagung des Monaven-Konzerns steckte die gesamte Branche in der Krise.

»Ich kann das nicht – Menschen beim Sterben zusehen.«

Vom Markt her hörte man die Party der Antieuropäer. Sie spielten »Rosamunde« und »Es saßen die alten Germanen« und das Lied vom eisgekühlten Bommerlunder.

»Die NoVoP hat angekündigt, sofort nach der Abstimmung Grenzkontrollen an allen Außengrenzen einzuführen«, sagte eine Frau mit blauem Blumenmuster auf dem kahl geschorenen Schädel.

»Wir wissen das, Lina. Wir haben das wochenlang jedem erzählt, der es nicht hören wollte.«

»Aber Grenzkontrollen! Das ist ein Rückfall ins Mittelalter.«

Keiner widersprach ihr, obwohl das zwanzigste Jahrhundert um einiges später stattgefunden hatte. Es gab alte Leute, die sich an Grenzen erinnerten und an Zeiten, in denen ein Dreipfundbrot dreiundsechzig Pfennige kostete. Oder waren das Groschen?

Es war die Angst gewesen, die einundsechzig Prozent der Deutschen dazu gebracht hatte, für einen Austritt aus der EU zu stimmen – die Angst vor den Griechen, Italienern und Spaniern, die wegen Missernten und Dürre über die Pyrenäen und die Alpen kamen wie ehedem Alexander der Große. Deutschland förderte den Aufbau von Zitrus- und Olivenplantagen, und die Südländer kannten sich damit aus.

Pilar drehte einen Joint, zündete ihn an, zog daran und gab ihn weiter.

»Die NoVoP hat angekündigt, dass sie Cannabis wieder verbietet, sobald sie die absolute Mehrheit im Bundestag haben«, kommentierte Lina.

»Auch das wissen wir.«

Sie hatten verloren, und die Nordische Volkspartei hatte gewonnen.

Immerhin herrschte, vom Terror mit tümlicher Volksmusik abgesehen, in Deutschland noch immer sozialer Friede.

In Frankreich hatten die Katharer Lyon eingenommen und rückten nach Norden vor. Deutschland unterstützte das befreundete Land mit Waffenlieferungen, und Frankreich unterstützte die deutsche Waffenindustrie. Die Lieferungen an die südfranzösischen Rebellen waren ein wenig komplizierter, aber die Gewinne entwickelten sich trotzdem prächtig. RTK steuerte auf das beste Geschäftsjahr seiner Geschichte zu.

Kein deutscher Politiker wagte es, das Wort Afrika zu erwähnen. Es war, als hätte der Kontinent nie existiert. Er war das schwarze Loch des öffentlichen Bewusstseins.

4

»Sie sind feindselig«, beklagte sich Tabea. »Ich grüße sie, und sie drehen sich wortlos um und gehen weg.«

»Das wird sich geben«, wiegelte Justin ab. »Der Unterschied zwischen Deutschen und Norwegern ist nicht so groß.«

Er brannte die bröselige Farbe des Hauses ab. Sie wollten es gelb streichen, mit weißen Fensterrahmen. Es war warm, aber nicht mehr als zwanzig Grad. Im Sommer. Wasserfälle stürzten von den Bergen und ergossen sich in den Nordkjosen, der auch jetzt im Juli noch eiskalt war. Nur die endlosen Tage waren gewöhnungsbedürftig.

Das Haus hatte zwölf Jahre leergestanden und war nicht im besten Zustand, aber sie waren froh, sich wenigstens das leisten zu können. Die Immobilienpreise in Nordnorwegen waren durch die Decke gegangen, nachdem im letzten Jahr der Thüringer Wald abgebrannt war. Tabea wusste, dass sie sich zu spät entschieden hatten. Aber spät war besser als gar nicht. Ihr Kind sollte in einer heilen Welt aufwachsen.

Anfangs hatten sich die Leute in Nordkjosbotn über die Zuzüge gefreut. Die leerstehenden Häuser im Zentrum waren ein Ärgernis gewesen, und die Leute aus Tromsø bauten lieber am Ostende des Ortes neue, moderne Häuser, anstatt die alten Holzhäuser mühselig zu reparieren.

Aber dann waren innerhalb eines Jahres über zweihundert Familien in den Ort gekommen, und jetzt gab es mehr Deutsche als Norweger in der Kleinstadt. In der Schule wurde seither Unterricht in Deutsch angeboten.

»Ihr werdet sehen«, sagte Ragnar, als sie mit einem Bier in der Hand in der Grünanlage am Extra-Markt saßen, »noch zwei oder drei Jahre, und sie unterrichten nicht mehr in Norwegisch, und dann gehört unser Land den Deutschen.«

»Nachdem sie ihres zur Sau gemacht haben«, pflichtete Ben ihm bei.

»Da kommen schon wieder welche«, kommentierte Kjell eine Familie, die ihren Einkaufswagen über den Parkplatz schob. Sie sprachen laut in einer Sprache, die irgendwie abgeschliffen klang und, wie er fand, nicht in diese Gegend mit ihren schroffen Bergen passte. Sie war hässlich, und er hatte keine Lust, eine hässliche Sprache zu lernen. Ganz davon abgesehen, dass er schon mit Englisch seine Mühe gehabt hatte.

»Wir wollen das hier nicht«, stellte Ragnar fest und nahm einen Schluck aus seiner Flasche. Das Bier kam aus einer Brauerei in Tromsø, die letztes Jahr aufgemacht worden war. Dass sie von Deutschen geführt wurde, wusste er nicht.

Zwei Tage später brannte das erste der alten Holzhäuser.

5

Valentina hätte nicht sagen können, was sie geweckt hatte – der Krach oder die Erschütterung des Hauses. Sie stand bereits neben dem Bett, als sie wach wurde. »Raus hier!«, schrie sie, zog die Trainingshose, einen dicken Pullover und die Socken über.

»Was ist los?« Jurij sah sie verständnislos an.

»Wir müssen raus. Sofort«, kommandierte Valentina, ohne aufzuschauen.

Sie griff den Notfallkoffer, der seit sechzehn Monaten neben ihrem Bett stand. Dann ging sie ins Kinderzimmer und riss Swetlana aus dem Schlaf.

Nach fünf Minuten und achtzehn Sekunden standen sie und Jurij auf dem Hügel vor dem Wohnblock. Swetlana, eingewickelt in eine flauschige Decke, lag im Wäschekorb zu ihren Füßen, klammerte sich an ihren schneeweißen Plüschhund und schaute mit großen Augen in die Dunkelheit.

Neben dem Block war die Nacht schwärzer, als sie hätte sein sollen. Nummer vierundzwanzig fehlte. Immer mehr Menschen sammelten sich auf dem Hügel. Sie waren sehr still und lauschten in die Finsternis, wo es immer wieder knarrte und knackte.

Nach einer Stunde – Valentina zitterte vor Müdigkeit und Kälte – wurde das Knacken lauter. Dann fiel etwas. Mit ohrenbetäubendem Lärm stürzte die Seitenwand ihres Blocks um, und dann senkte sich das östliche Ende um mehr als einen Meter, wie ein Schiff, das voll Wasser läuft und untergeht. Swetlana erwachte wieder und begann zu weinen.

»Alles ist gut«, log Valentina. »Schlaf weiter. Morgen früh ist die Nacht zu Ende.«

Irgendwo brach etwas krachend entzwei. Ein leises Pfeifen ertönte, und dann schossen Flammen hoch.

»Die Gasleitung«, murmelte Jurij.

Wenig später brannte das gesamte Haus. Im dritten Stock brannte Valentinas Bett. Ihre Stühle brannten, der abgewetzte Teppich, Swetlanas Spielzeug und Jurijs schmutzige Socken. Auch die Fotoalben mit Fotos aus Valentinas Kindertagen. Sie weinte nicht. Die Katastrophe war zu groß, um ihr mit Tränen beizukommen.

Das Feuer leckte an der Kiefer neben dem Haus. Dann, mit einem Schlag, stand die gesamte Tundra in Flammen. In blassblauen Flammen.

Valentinas Hand klammerte sich an Jurijs Hand fest.

»Das Methan brennt«, sagte sie. »Wird das den Boden noch mehr auftauen?«

Seit Jahren schon zog sich der Permafrostboden zurück und hinterließ ein Moor. Früher hatte man die Häuser einfach so auf die mehrere Meter dicke Eisschicht gestellt, die hart war wie Stein. Valentina erinnerte sich noch an die eisigen Winter ihrer Kindheit. Die Winter waren noch immer kalt, aber nicht mehr kalt genug, um das Auftauen des gefrorenen Bodens zu verhindern. Er taute, und die Plattenbauten stürzten ein wie Kartenhäuser.

Die Feuerwehr kam, aber der Einsatzleiter schüttelte nur den Kopf und beschränkte sich darauf, in der Zentrale anzurufen und die Einrichtung einer Notunterkunft in der Turnhalle anzuordnen.

Nach und nach rissen sich die Menschen vom Anblick ihres brennenden Hauses los und gingen zur Schule, wo Männer vom Katastrophenschutz Feldbetten aufstellten. Man drückte Valentina eine dünne Filzdecke und eine Tasse mit heißem Tee in die Hand. Sie war hundemüde, aber sie konnte nicht schlafen zwischen all den atmenden, schnarchenden und alpträumenden Menschen, den geflüsterten Gesprächen und dem Weinen.

Erst als es draußen hell wurde, sank sie entkräftet in den Schlaf. Sie träumte von Mammuten, die über die nordsibirische Steppe zogen und trompetend den Morgen begrüßten.

6

Es gab nach offiziellen Schätzungen noch eine Milliarde Menschen auf der Erde, als Ludmillas Forschungsgruppe in Sankt Petersburg der experimentelle Nachweis des Interphasenantriebs gelang, der bis dahin nur eine schöne Theorie gewesen war. Plötzlich schien das Tor zu den Sternen weit offen zu stehen.

Die Metropole im Norden war in den vergangenen Jahren auf fünfzehn Millionen Einwohner angewachsen. Sämtliche Wohnungen waren verstaatlicht worden und wurden nach einem schwer durchschaubaren Punktesystem vergeben. Ludmilla war es gelungen, ihre gesamte Gruppe in einer der großzügigen Wohnungen aus dem vorletzten Jahrhundert unterzubringen. Sie teilten sich Zimmer und taten so, als sei das kein Problem. Immerhin waren sie unter sich und mussten sich nicht mit Säufern und Schlägern herumärgern.

Als Ludmilla vom staatlichen Fernsehen gefragt wurde, wie ihnen der Durchbruch gelungen sei, antwortete sie: »Wir wollten endlich jeder ein eigenes Zimmer haben. Das motiviert.«

Inzwischen gab es eine lange Reihe von Exoplaneten, die von den Astronomen »Klasse M« genannt wurden, wenn sie unter sich waren. Man wusste über Atmosphären und Wasserhaushalt Bescheid, über Energiebilanz, Gravitation, Lichtspektrum. Man wusste längst, wohin man fliegen würde, wenn man es könnte. Der Planet hieß WAATO-2.

Jetzt konnte man es.

»Wir werden ein Generationenschiff bauen, und zwar so schnell wie möglich«, hatte der Parlamentspräsident Schwedens angekündigt. »Wir müssen es tun, solange wir noch eine Zivilisation haben, die die nötigen Ressourcen bereitstellen kann. Es wird der Befreiungsschlag für die Menschheit, der Aufbruch zu einem neuen Planeten.«

Zwanzig Jahre und zweihundertdreizehn kriegerische Auseinandersetzungen später startete ein Raumschiff mit einer Million Menschen an Bord, das man zu Ehren der Petersburger Forscher Svarog getauft hatte, nach dem slawischen Gott des Himmelsfeuers. Es bewegte sich zunächst aus der Erdumlaufbahn in den Asteroidengürtel. Durch die Sprengung des Asteroiden Ceres erzeugte man die notwendigen Gravitationswellen, auf denen der Interphasenantrieb ritt.

Ludmilla beobachtete den Start am Teleskop. Sie war zu alt gewesen, um einen der Plätze an Bord zu bekommen. Kolja, ihr Doktorand, hatte mehr Glück gehabt. Wahrscheinlich würde er seine Doktorarbeit nie fertig bekommen, aber seine Urenkel würden WAATO-2 betreten. Sie weinte, als sie den winzigen hellen Punkt auf dem Weg zur Ceres verfolgte.

Die Explosion konnte man mit bloßem Auge verfolgen, zumindest außerhalb der Millionenstädte im Norden. Viele Menschen machten sich auf in die dunklen Außenbezirke, starrten in den Himmel und sahen die Nebelwolke, die sich wie ein Komet ausbreitete. Sie redeten sich ein, dass es ein Symbol der Hoffnung war, obwohl sie wussten, dass es zwanzig Jahre dauern würde, eine weitere Arche zu bauen, die einen winzigen Bruchteil der Menschheit evakuieren könnte.

Obwohl Verkehr und Warenproduktion zusammengeschrumpft waren, hatte sich die Erdtemperatur weiter erhöht. Alljährlich im Sommer brannte die Tundra im Norden, brannte die Taiga, brannten Wälder rings um den Globus.

Sie wussten nicht mehr, worauf sie hoffen sollten.

7

Unterwegs gab es keine Entscheidung zu treffen. Alle Entscheidungen waren gefällt worden, ehe die Svarog die Erdumlaufbahn verließ. Die Ressourcen waren nicht nur abstrakt endlich, sie konnten grammgenau angegeben werden. Wer an Bord gegangen war, der hatte sich auf ein durchorganisiertes Leben eingelassen, in dem jede Mahlzeit, jeder Liter Wasser, jede Tätigkeit und jedes Kind vorgeplant war.

Es gab keine Möglichkeit, unterwegs nachzutanken. Es gab kein unbesiedeltes Deck, das man bevölkern konnte. Es gab keine Waffen, mit denen man hätte Dinge umverteilen können. Es gab, was Jahrzehnte und Jahrhunderte auf der Erde als Teufelswerk gegolten hatte: eine absolute Planwirtschaft, in der keiner verhungerte und keiner reich wurde und jeder in der gleichen winzigen Kajüte lebte.

Sie kamen zurecht.

Sie taten Dinge, die getan werden mussten.

»Warum soll ich zwei Kinder bekommen?«, fragte Sigyn trotzig.

»Wegen der genetischen Vielfalt«, erwiderte Olga, die Lehrerin.

»Dafür würde auch ein Kind reichen.«

»Damit würdest du nur die Hälfte deiner Erbanlagen weitergeben.«

»Und?«

»Und es gibt eine kritische Bevölkerungsgröße, unter der die Aufrechterhaltung der Zivilisation nicht möglich ist.«

Es war eine alte Debatte, die an verschiedenen Orten des Generationenschiffes immer wieder in Varianten aufgeführt wurde.

Später lag Sigyn mit Zora auf dem zu schmalen Bett ihrer Kajüte. Die Mädchen küssten einander, hielten einander fest und starrten an die Decke, die so grau war wie am Tag ihrer Herstellung. Sie verblich nicht, weil es kein Sonnenlicht gab, dass dem Plastikmaterial hätte gefährlich werden können.

»Kannst du dir eine Sonne vorstellen?«, fragte Zora.

Sigyn schüttelte neben ihr den Kopf. Zora spürte es mehr, als dass sie es sah.

»Kannst du dir einen Wald vorstellen? Ich meine, wir haben Bäume. Ich sehe mir einen Baum an, und dann denke ich: Ein Wald sind zehnmal so viele. Und davon noch einmal zehnmal so viele. Mehr kann ich mir nicht vorstellen. Aber auf der Erde standen Millionen Bäume in einem einzigen Wald.«

»Woher weißt du, dass es Wälder überhaupt jemals gegeben hat? Sie zeigen uns Bilder von Elefanten und Fledermäusen und behaupten, dass es sie auf der Erde gegeben hat. Sie zeigen uns Bilder von Einhörnern und Drachen und sagen, dass es nur Erfindungen waren. Wo ist der Unterschied?«

Zora fuhr mit dem Zeigefinger über Sigyns sommersprossiges Gesicht.

»Es sind unsere Eltern«, sagte sie leise.

»Die es von unseren Großeltern wissen. Und unsere Großeltern haben einen Planeten mit richtigen Wäldern verlassen, nur um in einer Blechkiste zu leben. Unsere Enkel sollen es einmal besser haben und so. Ich habe nicht darum gebeten, in einer Blechkiste aufzuwachsen. So scheiße kann kein Planet sein, dass das besser wäre. Also was stimmt damit nicht?«

Die Pubertät war an Bord der Svarog kein bisschen leichter als auf der Erde, im Gegenteil. Man konnte nirgends hin, man konnte nicht davonlaufen, man konnte kein anderes Leben führen als das seiner Eltern.

»Ich will keine Kinder«, erklärte Sigyn. »Ich will nicht daran schuld sein, dass Kinder in diesem Schiff aufwachsen müssen und nie einen Wald sehen werden. Oder Schmetterlinge.«

Fünf Jahre später war es Sigyn, die bei der Routineüberwachung des Raumes vor ihnen ein anderes Raumschiff entdeckte, das in Gegenrichtung unterwegs war. Es war das erste Mal, dass die Menschheit ein Zeichen fremder Intelligenz entdeckte. Aber es gelang ihnen nicht, mit den Fremden zu kommunizieren, obwohl sie das ganze Arsenal systematischer Kommunikationsanbahnung funkten.

»Vielleicht«, sagte Sigyn zehn Jahre später zu ihrer Tochter Danica, »kennen sie keine Funkgeräte. Oder sie haben das mit dem Kälteschlaf hinbekommen und schliefen alle, als wir einander begegneten.«

»Kälteschlaf?«, fragte Danica.

»Auf der Erde soll es Tiere gegeben haben, die monatelang schliefen, wenn es kalt war. Es gab da Jahreszeiten. Manchmal war es warm, und manchmal war es kalt – kalt wie im Kühlschrank. Dann versteckten sich die Tiere und schliefen, bis es wieder wärmer war. Wenn wir so etwas könnten, dann könnten wir die Zeit des Fluges einfach verschlafen.«

»Ich will nicht so lange schlafen. Ich finde Mittagsschlaf doof. Einen ganzen Monat schlafen wäre noch doofer.«

Danica verstand nicht, dass das Leben an Bord sterbenslangweilig war, weil nie irgendetwas passierte. Nichts, was nicht tausendmal vorher passiert war und tausendmal danach passieren würde.

Dreißig Jahre später diskutierten sie darüber, ob es zu rechtfertigen wäre, die knappen Ressourcen für ihre dementen Großeltern zu verschwenden, die ihre Kajüten nicht mehr allein und aus eigener Kraft verlassen konnten. Es gab keine Infektionen an Bord, keinen Alkohol, keine Drogen … Man brauchte kriminelle Energie, um trotz der optimierten Rationen ungesund zu leben. Die Menschen wurden älter als geplant.

Sie hatten das Problem der Überbevölkerung in den Weltraum mitgenommen.

8

Kate war vierundachtzig Jahre und sechs Monate alt.

WAATO war der hellste Stern in der Weite des Alls. Die Svarog bremste seit geraumer Zeit. Dreizehn Monate, sagten die Berechnungen, würde es noch dauern, bis sie sein System erreichten und in eine Umlaufbahn um den zweiten Planeten einschwenken würden.

Seit ihre Urgroßmutter gestorben war – Kate war damals elf – wusste sie, dass sie die Ankunft auf dem Planeten nicht erleben würde. Seit dreiundsiebzig Jahren wusste sie, dass es für sie kein Ziel gab, dass sie es um wenig mehr als ein halbes Jahr verfehlen würde.

Sie hatte Probleme mit dem rechten Bein, und manchmal vergaß sie Dinge, weil die Tage, Wochen, Monate und Jahre so unglaublich gleichförmig waren, so wie auch die unzähligen Kajüten fast völlig gleich waren. Man konnte sie nicht voneinander unterscheiden. In letzter Zeit war Kate gelegentlich in eine falsche Kajüte geraten, weil sie sich nicht an die Nummer erinnern konnte.

Sie würde bei der Kolonisierung von WAATO-2 (oder war es doch -3?) keine Hilfe sein, sondern eine Last, und deshalb würde sie nie erfahren, wie der Himmel über einem Planeten aussah.

9

»Klasse M, ja?« Celestines Tonfall ließ keinen Zweifel daran, was sie von der Einstufung des Planeten WAATO-3 hielt.

»Ich verstehe das nicht«, sagte Vera. »Sie können nicht so danebengelegen haben.«

»Mit vierzehn Prozent Sauerstoff kommen wir nicht aus. Nicht mal an den Polkappen, wo die Temperaturen erträglich sind. Jedenfalls hoffe ich, dass sie erträglich sind. Ich habe keine Ahnung, wie sich zweiunddreißig Grad anfühlen.«

Die Wissenschaftlerin verstummte und rieb sich die verspannte linke Schulter, während sie auf ihren Monitor starrte. Keine ihrer Analysen passte zu den Daten, die man vor dem Start der Svarog ermittelt hatte.

»Es muss einen Grund dafür geben.«

Auch Vera war völlig übermüdet. Sie hatte längst den Punkt überschritten, wo sie noch logisch denken konnte; aber ehe sie die Besatzung informierten, dass der Planet nicht besiedelbar war, wollten sie alle Fehler ausgeschlossen haben. Ihr war unangenehm bewusst, dass eine knappe Million Menschen gespannt darauf wartete, dass sie ihre Hoffnungen und Träume wahr werden ließen.

Was sie nicht konnten.

»Irgendwo müssen wir einen Fehler haben«, sagte Vera zum hundertsten Mal.

Sie wusste, wie lahm das klang.

»Wir haben keine Erfahrung mit Atmosphären«, schob sie deshalb hinterher.

Das hörte sich nicht besser an.

»Wir gehen runter und sehen nach«, entschied Celestine.

Sie ließ eine der Landefähren fertig machen und forderte einen Piloten an.

Wenig später tauchten sie in die Atmosphäre von Zwei ein. Sie hatten Planeten in Filmen und Hologrammen gesehen, aber nichts hatte sie darauf vorbereitet, einen echten Planeten aus Dreck und Lava zu sehen: riesige Meere, Landmassen jenseits ihrer Vorstellungskraft, Berge, Wolken.

Arkadi, der Pilot, fluchte leise.

»Sie haben Wind hier«, beklagte er sich. »Seitenwind.«

Die Fähre schlingerte. Er war ein Pilot, der noch nie in seinem Leben geflogen war, aber die letzten Piloten, die noch durch eine echte Atmosphäre geflogen waren, waren seit mehreren hundert Jahren tot.

Trotz aller Faszination war Vera übel. Sie hätte nicht sagen können, ob das Schlingern schuld daran war oder die unvorstellbare Größe des Planeten so unglaublich weit unter ihr. Das Weltall war unendlich. Da fiel man nirgendwohin. Aber der Planet hatte ein reales Gravitationsfeld, und die Triebwerke der Fähre arbeiteten hörbar, um das zerbrechliche Gefährt in der Luft zu halten. Sie hatte kein Wort für die Angst, die sie zwang, den Blick von der Oberfläche abzuwenden.

»Sollte es da unten nicht grüner sein?«, fragte Celestine. »Wald und so?«

Um den Äquator herum erstreckten sich Wüsten, so weit sie sehen konnte, nur unterbrochen vom Dunkelblau der Meere. Hier und da ragte eine Struktur aus dem gelben oder roten Boden, von der man nicht sagen konnte, ob sie ein Felsen, der Rest einer Pflanze oder eines dieser Dinger namens Gebäude war.

Gebäude.

Als die Fähre vom Äquator aus in Richtung Pol flog, entdeckte sie Strukturen, die zu geometrisch waren, um natürlichen Ursprungs zu sein – zu sechseckig, zu gerade, zu anders als ihre Umgebung. Da und dort schien es auch Pflanzenwuchs zu geben.

»Vera? Vera, gab es irgendwo in den Daten zu Zwei einen Hinweis auf Funkverkehr?«

Vera schüttelte vorsichtig den Kopf.

»Kein Funk. Sonst hätte man ja annehmen müssen, dass der Planet besiedelt ist.«

»Da sind Anomalien in der Landschaft. Sieht aus, als sollten wir jetzt besser annehmen, dass der Planet besiedelt ist.«

»Verdammte Axt«, entfuhr es Arkadi, dem Piloten. »Das ist nicht gut, oder?«

»Nein. Und sie kommen mit viel weniger Sauerstoff aus als wir.«

Vera öffnete die Augen und schaute nach draußen. Das flaue Gefühl kehrte zurück, als sie den Planeten tief unten sah.

»Vielleicht sind es irgendwelche staatenbildenden Insekten oder so. Auf der Erde gab es doch so etwas, und die bauten riesige Waben.«

Arkadi ließ die Landefähre sinken. Vera würgte, schloss wieder die Augen und zählte bis zehn.

»Es sieht«, sagte Celestine, »seltsam aus. Das da hinten sieht aus wie ein Steinbruch, einer dieser Monstersteinbrüche, in die ein ganzes Raumschiff passen würde.«

Der Boden fiel in Terrassen ab. Der Computer stellte fest, dass das Loch hundertsiebenundzwanzig Meter tief war – im Durchschnitt. Die Zahl hatte für die drei keine reale Bedeutung. Nirgends im Schiff gab es eine Strecke, die so lang war. Die Kamera zoomte hinein. Da stand etwas, das wie ein Fahrzeug aussah. Es steckte zur Hälfte in einer Sanddüne. Hinter dem Steinbruch fanden sich weitere sechseckige Strukturen.

Arkadi flog einen Bogen. Er schwitzte am ganzen Körper, und seine Handflächen klebten.

»Wenn sie hier nicht sehr große Insekten haben, dann waren das Gebäude«, kommentierte Celestine. »Aber falls sie Dächer hatten, dann sind die eingestürzt.«

Kleine Sanddünen hatten sich auch auf einer Seite der Mauern abgelagert. Die beiden Frauen hatten stundenlang Filme von der Erde angesehen, um eine Vorstellung von Planeten zu entwickeln. Trotzdem fiel es ihnen schwer, Worte wie Ruine oder Geröll mit dem zu verbinden, was sie sahen. Es gab gerade Linien im Gelände, die vielleicht das waren, was man auf der Erde Straße genannt hatte – obwohl sie weniger eben waren und da und dort Pflanzen aus der Fläche herauswuchsen. Falls es Pflanzen waren.

In der Nähe dessen, was sie für den Südpol des Planeten hielten, gab es Vegetation. Zumindest wirkte es mit seiner fraktalen Gestalt wie Vegetation. Dazwischen bewegten sich Dinge, die wohl Tiere waren. Sie erinnerten Celestine an eine Tierart namens Herde oder etwas, das Reptil hieß. Sie bewegten sich langsam über die Ebene und rupften an der Vegetation. Auch da gab es Strukturen, die meisten davon sechseckig und ohne Dächer. In der Polarregion waren sie größer und dichter gedrängt, aber bis auf einzelne Reptilien wirkten sie unbelebt.

Celestine suchte nach einem Wort dafür. Stadt. Da unten lag eine Stadt. Das war so etwas wie ein Raumschiff, nur breiter und nach außen offen. Eine Geisterstadt. Geister gab es auch an Bord. Es waren die Seelen der Verstorbenen, deren Körper in den Geistertanks zersetzt wurden, ehe man ihre Bestandteile in den Gärten recycelte. Geister rochen seltsam. Sie machten Geräusche, wispernde, seufzende Geräusche. Als Kinder waren sie zu den Tanks gelaufen, um sich zu fürchten. Celestine konnte das Seufzen und Wispern der Gebäude beinahe hören.

10

Sie begannen damit, Sauerstoff aus der Atmosphäre zu filtern und in Flaschen zu füllen. Ohne Atemgerät konnte man auf der Oberfläche nicht überleben. Ohne Atemgerät konnte man nicht einmal herausfinden, was zum Teufel mit dem Planeten nicht stimmte.

Nach der ersten bleiernen Enttäuschung hatte sich ein eiserner Fatalismus breitgemacht. Sie hatten es nicht eilig. Sie konnten die Gebäude und Straßen untersuchen. Sie konnten Dinge analysieren. Sie konnten sogar Möglichkeiten finden, den Planeten bewohnbar zu machen. Sie hatten Hunderte von Jahren in einem Raumschiff gelebt, das Luft, Wasser und Nährstoffe in einem unendlichen Kreislauf wiederverwertete. Sogar den Staub hatten sie gesammelt, gefiltert und wiederverwendet. Es kam nicht auf ein paar Tage, Monate oder Jahre an.

Vera fühlte sich sicherer, seit sie wieder an Bord war und Videoaufnahmen auswertete.

»Sie sind weg«, erklärte sie schließlich. »Es gibt reichlich Spuren intelligenter Bewohner, aber nirgends Bewohner. Wir haben in Bodenproben Hinweise darauf gefunden, dass es in der Vergangenheit mehr Vegetation und mehr Sauerstoff gab. Es scheint, als hätte eine rasante Erwärmung des Planeten einen Großteil der Biosphäre vernichtet oder geschädigt. Ohne Pflanzen keine Photosynthese, ohne Photosynthese kein Sauerstoff.«

Sie hatten an verschiedenen Stellen die Reste riesiger Waldbrände ausgegraben. Wald. Wald, der Sauerstoff produzierte. Verbrannter Wald, der Kohlendioxid an die Atmosphäre abgegeben hatte. Aber da und dort breitete sich neue Vegetation aus. Es schien, als wäre die Natur gerade dabei, sich neu zu erfinden. Vera erinnerte sich vage an ihre Ökologie-Lektionen. Irgendwann würde sich ein neues Gleichgewicht herstellen, das die vorhandenen Ressourcen optimal nutzte, aber ohne Hilfe würde es sich auf einem niedrigen Niveau stabilisieren – zu niedrig für eine künftig wachsende Bevölkerung.

»Die gute Nachricht ist«, sagte sie sich und anderen immer wieder, »sie sind weg. Sie werden uns nicht davon abhalten, den Planeten für uns wohnlich zu machen.«

Die Menschen bauten an den Küsten entlang sonnenbetriebene Aggregate, die Wasser in Wasserstoff und Sauerstoff spalteten und den Wasserstoff in organischen Verbindungen speicherten. Sie errichteten Wohnkuppeln, in denen man auf der Oberfläche leben konnte. Aus künstlichen Samen zogen sie winzige Bäume, die in fünfzig oder hundert Jahren ein eigenes Ökosystem bilden würden. Der Sauerstoffgehalt der Atmosphäre stieg, aber er stieg unendlich langsam.

Nach zwei Jahren gewöhnten sie sich langsam daran, dass man Fäkalien einfach wegwerfen konnte. Es fühlte sich nicht richtig an, aber in den Archiven fand man Hinweise darauf, dass die Menschen auf der Erde genau das getan hatten. Ein Planet war so etwas wie ein sehr großes Raumschiff, und nichts ging verloren. Auf dem Planeten gab es riesige Vorräte von Material, auch wenn manche Elemente fast völlig fehlten. Fäkalien gab es ausreichend.

Einige der Menschen suchten nach den verschwundenen Bewohnern, obwohl es seit Jahrhunderten keine Archäologen gegeben hatte – ebenso wenig wie Piloten oder Seeleute. Sie fanden riesige Bergwerke. Es schien, als hätten die Vorgänger alles Nützliche aus dem Planeten gegraben, ehe sie verschwanden. Sie fanden auch die Deponien, und sie kartierten sie. Noch war genug Platz auf dem Planeten, um die radioaktiv verseuchten Gebiete weiträumig zu umgehen. Sie fanden die Reste der Startrampen, und nach zwölf Jahren fanden sie auch die Reste von Aufzeichnungen. Es war ein Puzzle von Informationsfetzen, ein Sakrileg für Menschen, die seit Generationen alles aufbewahrten, die kein Bit Daten löschten und keinen Milliliter Wasser ins All entkommen ließen. Aber sie setzten es zusammen, und das Ergebnis war klar genug.

»Es ist ein schlechter Witz«, sagte Juene.

»Die Geschichte macht nur schlechte Witze«, erwiderte Arif.

Sie saßen auf Faltstühlen auf einer winzigen Fläche hinter der Glaswand der Kuppel, die ansonsten mit Gerätschaften, Anzuchtkisten und Samen bis in den letzten Winkel vollgestopft war. Um zu schlafen, würden sie später die Stühle zusammenklappen und unter das Regal mit den neuen Bäumen schieben müssen. Vor ihnen erstreckte sich die unwirtliche Landschaft von Zwei. Im lehmgelben Dreck im Windschatten der Felsen standen hundertsechzehn kniehohe Bäumchen. Jeden Abend gingen die beiden hinaus und gossen sie mit Wasser aus der Entsalzungsanlage. Natürlich hätten sie Rohre verlegen und es den Automaten überlassen können, aber es fühlte sich richtig an, und es sparte das Material für die Rohre. Sie experimentierten mit Rohren aus gebranntem Lehm, aber bisher war das Ergebnis unbefriedigend. Außerdem liebten sie die Bäume. Hinter den Felsen erhoben sich einige der einheimischen Gebüsche, staubig blaugraue, struppige Dinger, die die Biologen Schachtelbaum nannten, obwohl sie nicht wie Schachteln aussahen. Die irdischen Bäume waren leuchtend grün. Die Biologen sagten, dass es Platanen wären, die vierzig Meter hoch werden würden.

Niemand wusste, welche Lebensformen sich durchsetzen würden. Sie wussten nur, dass die Schachtelbäume ebenso wie alle anderen einheimischen Pflanzen für irdische Organismen unverwertbar waren. Die Menschen konnten entweder irdische Pflanzen etablieren oder aussterben. Eine andere Variante gab es nicht. Es gab nicht einmal die Möglichkeit, die Rückreise zur Erde anzutreten, weil das größte Rohstoffreservoir im System ihr eigenes Raumschiff war. Auf Zwei war nichts zu holen, jedenfalls kein Treibstoff für eine Rückreise.

»Sie haben den Planeten ruiniert, und dann sind sie davongeflogen, weil sie sich eingebildet haben, es gibt einen zweiten als Backup«, nahm Juene ihren Gedanken wieder auf, aber es war nicht klar, ob sie die Erdmenschen oder die Vorgänger damit meinte.

»Und wir, die wir nie irgendetwas verbraucht haben, das wir nicht vorher ausgeschissen hätten, bezahlen die Rechnung.«

Arif legte ihr die Hand auf die Schulter. Er sah hinaus, und für einen Moment sah er die Bäume, wie sie in zwanzig oder dreißig Jahren sein würden: riesige, grüne Organismen, die von Tieren bewohnt wurden, ein Universum, ein Wald. Etwas, was nie ein Mensch zuvor gesehen hatte. Er lächelte.

»Genau deshalb«, sagte er, »sind wir die Einzigen, die es hinkriegen können.«

CRISIS? WHAT CRISIS?
Noch einmal davongekommen.
Wie wir der Welt ein Schnippchen geschlagen haben.

Mit den Geschichten
- von den enttäuschten Heimkehrern
- vom nostalgischen Autorennen Mensch gegen Maschine
- von der Großen Vernunft
- von afrikanischen Musterstädten
- von einem entrüsteten Leserbrief
- von den Frühnachrichten
- von der großen Flut

CARBONIZED
von Rainer Schorm

»Ich will, dass ihr in Panik geratet!«
Greta Thunberg, Davos, 25.01.2019

»Atmosphäreneintritt!«

Die Warnung war im Grunde genommen überflüssig. Die beiden Gäanauten kannten die automatisierten Abläufe aus unzähligen Übungen. Auf diesen Augenblick hatten sie sich vorbereitet; seit ihrem Start vom Mars vor 19 darischen Monaten[1].

Die THUNBERG hatte sich geteilt, wie geplant. Die interplanetare Triebwerksektion B schwenkte in diesem Augenblick in den stabilen Orbit ein, weit oberhalb der Atmosphäre. Der Flug durch die Ringe aus historischem Weltraumschrott war für das Landemodul ein wahrer Husarenritt gewesen. Während des Großen Exodus hatte sich deren Dichte gewaltig erhöht; man hatte die Archen größtenteils im Orbit montiert. Für den Schrott hatte sich niemand interessiert. Da die Erde ihrem Untergang entgegentaumelte, wen kümmerte da der technische Abfall?

Wie erhofft hatte das starke elektromagnetische Feld, das die Generatoren des Schiffes erzeugt hatten, vieles abgefangen. Blumenstein war froh, dass sich sein Vorschlag, das Feld stärker auszulegen, durchgesetzt hatte; trotzdem hatte die THUNBERG etliche Treffer abbekommen. Viele der Sensoren arbeiteten unzuverlässig oder waren ausgefallen. Sie flogen zwar nicht blind, aber viel fehlte nicht dazu.

»Um ein Haar hätten wir den Durchflug gar nicht überlebt«, dachte er, hin- und hergerissen zwischen Erleichterung und Angst. Aber sie hatten es geschafft. Unter dem Landemodul hing die schwarze, nächtliche Erde. Bald würden sie mehr wissen.

---

1) Der »Darische Kalender« von Thomas Gangale wurde im Jahr 1985 entwickelt. Er besteht aus 24 Monaten, mit je 27 Sol (Äquivalent zum terrestrischen Tag).

»Wenn alles so läuft, wie es soll«, dachte Blumenstein.

»Eines wissen wir jetzt«, sagte Edgarson. »Die alten Satelliten sind allesamt verschwunden. Wahrscheinlich taumeln ihre Reste in den Schrottwolken umher. Nach dem Exodus hat sie niemand instandgehalten.«

Der Kontakt zur alten Heimatwelt war bereits kurz nach dem Großen Exodus abgerissen – und dabei war es geblieben. Niemand hatte am endgültigen Niedergang des Planeten teilhaben wollen.

»Keiner wollte verzweifelte Hilferufe hören«, dachte Blumenstein deprimiert. *»Vielleicht ist da heute niemand mehr, der unsere Funkanrufe beantworten könnte. Damit wäre unsere Mission bereits gescheitert.«*

Das Modul vibrierte und das Schütteln verstärkte sich immer mehr. Die Verbindung zum Orbiter brach ab. Die THUNBERG erzeugte Plasma mit einer Temperatur von etwa 3.000 Grad Celsius. Das glühende Gaskissen, das sich beim Auftreffen auf die Atmosphäre bildete, unterband jede Art von Funkkontakt. Das würde sich erst später ändern, dann allerdings würde die THUNBERG bereits unterhalb des Funkhorizonts stehen.

Die ionisierten, heißen Gase peitschten um das kleine Landefahrzeug herum und formten einen Schweif. Das weißgelbe Glühen verhinderte einen weiteren Blick auf die alte Erde. Das Landemodul der THUNBERG wurde kräftig durchgeschüttelt. Die entstehende Hitze führte zu den erwarteten Strömungen und Wirbeln.

»Wie bei einem verdammten Meteoriteneintritt«, dachte Blumenstein düster. *»Genau das sind wir momentan. Und wenn wir uns vertan haben, enden wir auch so! Egal, wie sich die Atmosphäre zusammensetzt.«*

Edgarson war blass. Dicke Schweißperlen standen auf seiner Stirn und liefen ihm über die Wangen.

»Heilige Greta, ist mir schlecht!«, stöhnte er.

»Kotz bloß nicht!«, sagte Blumenstein.

»Ich tu', was ich kann ...«.

Der Tonfall stimmte Blumenstein alles andere als zuversichtlich.

»Man sieht nichts!«, murmelte er. Er drehte mühsam den Kopf. Man merkte Edgarson nicht nur die Übelkeit an, sondern auch die Enttäuschung.

Blumenstein hörte ein saugendes, feuchtes und ziemlich widerliches Geräusch. Dann fluchte Edgarson, was das Zeug hielt.

Der Situation völlig unangemessen musste Blumenstein grinsen.

»Wärst du jetzt doch lieber zu Hause geblieben?«

Edgarson sah ihn mit geröteten Augen an.

»Und die Chance aufgeben, ein paar Jahre lang nichts mit Domna Francine zu tun zu haben? Hast du Fieber?«

Francine war Edgarsons momentane GenWife. Die Kontrolle des Genpools war in Point Ares so unverzichtbar wie auf dem gesamten Mars. Dass Edgarson mit seiner ausgewählten Partnerin kein bisschen zurechtkam, hatte ihm mehrere Verweise eingebracht. Negative Reaktionen auf die GenWifes waren ungern gesehen, Ablehnung einer Frau gegenüber wurde nicht toleriert und konnte zu harten Strafen führen. Insofern glich Edgarsons Flug tatsächlich einer Flucht.

»*Die Zukunft ist weiblich*«, dachte Blumenstein sarkastisch. »*Keiner hat behauptet, sie sei besser.*«

Die Schotten über den wenigen Sichtluken waren längst hermetisch geschlossen, die Kameras, die das Schrottbombardement überstanden hatten, waren nun ebenfalls ausgefallen.

»Ich hätte die Erde gerne genauer gesehen«, sagte Blumenstein leise.

»Wie soll sie schon aussehen?«, fragte Edgarson gepresst. »Du kennst die Analysen, die die *Gridmother* von den alten Prognosen abgeleitet hat. Eine ruinierte, überhitzte Welt. Die Venus als Vergleichsplanet ist doch der beste Beweis dafür, was ein Treibhauseffekt anrichtet. Die Frage wird nur sein, ob wir auf der kaputten Erde vielleicht besser leben könnten als auf dem Mars. Wir sind am Ende. Das weißt du.«

Egal, ob der Vergleich mit dem zweiten Planeten des Sonnensystems der Realität entsprach oder nicht: Das Leben auf dem Mars war hart – in jeder Hinsicht. Zwar hatten die fliehenden Eliten damals beim Großen Exodus das feinste Equipment mitgenommen, das es zu dieser Zeit gegeben hatte, aber das war zweihundert Jahre her. Die materiellen Mittel waren begrenzt, das galt damals wie heute. Alles war dem Überleben gewidmet, und doch war der Zeitpunkt abzusehen, da die Infrastruktur zusammenbrechen würde. Trotz des GENgeneering nahm die Bevölkerung zu.

»*Keiner hält sich an die Vorgaben*«, schoss es Blumenstein durch den Kopf. »*Sex hat schon immer den Verstand ausgeschaltet. So viel zum Thema, wir hätten uns weiterentwickelt. Oder man könne Sexualität bürokratisch regeln.*«

Die These, die soziale Evolution habe die biologische abgelöst, hielt sich hartnäckig. Blumenstein hielt sie im besten Falle für gehirnamputiert. Solche Dinge öffentlich zu äußern, hatte allerdings meist Konsequenzen. In Blumensteins Fall hatte man ihn auf ein Himmelfahrtskommando geschickt. Niemand würde sein Ableben bedauern.

Das Rütteln wurde etwas schwächer.

»*Diese beschissene Nussschale*«, sagte er sich. »*Wir waren nicht einmal fähig, die Lage auf diesem alten, kaputten Planeten zu sondieren. Uns fehlten die Mittel, weil buchstäblich alles in die Lebenserhaltungssysteme von Ares Area fließt. Wir sind blind gestartet und jetzt landen wir ... immer noch blind. Keine Sonden, keine Vorerkundung, nicht einmal eine taugliche Fernbeobachtung, die uns verraten hätte, was uns erwartet. Nur Rechenmodelle, Prognosen und noch mal Rechenmodelle. Kaffeesurrogatleserei.*«

Es gab seit den Tagen des Exodus kaum mehr Wissenschaftler, die diese Bezeichnung verdienten. Die exakten Naturwissenschaften hatten einen schlechten Ruf. Man gab ihnen die Schuld für das Verhängnis, das die Erde heimgesucht hatte. Dass diese Mission dennoch erfolgreich gewesen war – bisher –, glich einem Wunder. Wenn man an so etwas glaubte. Blumenstein tat das nicht.

»Wir haben keine Ahnung, so sieht's aus!«, knurrte er wütend.

»Häretiker!«, sagte Edgarson amüsiert. Er kannte Blumenstein und dessen Haltung. »Willst einfach nicht glauben, was die *Gridmother* sagt. Das ist besorgniserregend, weißt du das? Und sie weiß es besser als du.«

»Behauptet sie«, murmelte Blumenstein so leise, dass Edgarson es nicht hörte. Sein Copilot war sehr viel konventioneller in seiner Denkweise. Der Widerstand gegen das Establishment hatte bei ihm keine prinzipiellen oder intellektuellen, sondern ausschließlich persönliche Ursachen. Domna Francine, um genau zu sein.

Das Glühen außerhalb des Landemoduls wurde schwächer. Langsam verringerte sich die Sinkgeschwindigkeit.

»Flugkontrolle in manueller Steuerung ab jetzt möglich.«

Die Stimme der *Griddaughter*, des Bordrechners, war eine Spur zu heiter. Sie war weiblich – natürlich. Und angeblich war sie so konzipiert, dass ihr Klang die beiden Gäanauten psychisch stabilisieren sollte.

Blumenstein hasste sie.

»Autopilot«, befahl er. »Meldung bei auftretenden Komplikationen.«

»Aber sicher, Mann Blumenstein.«

»Oh ... halt die Klappe«, schnaubte dieser.

»Atmosphärenanalyse startet«, sagte Edgarson ein wenig gepresst. »Gleich werden wir's wissen.«

Der Mars verfügte nicht über Satelliten, die Messungen wie diese aus größerer Entfernung vornehmen konnten. Eine spektroskopisch exakte Analyse war somit nicht möglich. Man kannte die Anteile von 78 Prozent Stickstoff, 21 Prozent Sauerstoff und etwa 0,9 Prozent Argon. Zur Analyse der Spurengase waren die Geräte nicht leistungsfähig genug – also hatte man sich die Mühe erspart. Lange Zeit war es beinahe ein Sakrileg gewesen, sich für die Erde auch nur zu interessieren.

»Und?«, fragte Blumenstein.

Edgarsons Antwort ließ auf sich warten.

»CO_2 ... Über achthundert ppm«, sagte er dann. »Doppelt so hoch wie der überlieferte Wert.«

»Achthundert?« Blumenstein wurde heiß und dann kalt. »Heilige Greta!«

»Wie sie prophezeit hat«, sagte Edgarson düster. »›Ich will, dass ihr in Panik geratet!‹ Das steht geschrieben. Und jetzt wissen wir, dass Sie recht hatte.«

Blumenstein schwieg. Er hatte trotz aller Zweifel an der Lernfähigkeit des Menschen gehofft, nach 200 Jahren habe sich etwas geändert.

»*Sind wir so weit gereist, um eine kochende Welt zu finden? Wahrscheinlich tot, wie die Venus?*« Das war eine Vorstellung, die ihn seit Kindertagen verfolgte. Der zweite Planet wurde als ein Paradebeispiel für den Treibhauseffekt beschrieben.

»Siehst du was?«, fragte Edgarson.

»Nein«, antwortete Blumenstein. »Wir sind auf der sonnenabgewandten Seite, wie du weißt. Außerdem stecken wir in einem offenbar ziemlich dicken Wolkengürtel.«

Das war ein weiteres irritierendes Moment. Es gab Wolken auf dem Mars, aber nicht in dieser Form. Oder besser gesagt: nicht in dieser Üppigkeit. Jetzt in einer mächtigen Schicht aus Wasserdampf abzusteigen, machte Blumenstein nervös. Auf der Venus bestand die Wolkendecke aus Kohlendioxid.

»*Wasserdampf ist noch schlimmer als CO_2*«, dachte er

Wie die Oberfläche aussehen würde, konnte er daraus nicht ableiten.

Ein Schlag traf das Modul.

»Landefallschirme offen«, sagte *Griddaughter*. »Geschwindigkeit sinkt. Wir erreichen Manövrierlevel in sechs Sekunden – vier – drei – zwei – eins. Zündung.«

Ein zweiter Schlag. Die Bremsschirme wurden ausgeklinkt, dann zwangen die anspringenden Triebwerke das Modul aus der Sinkkurve in eine kontrollierte Trajektorie.

Über dieser Seite der Erde war es Nacht. Blumenstein war sich nicht sicher, ob er sich darüber freuen sollte oder nicht. Die Angst, einen verwüsteten Planeten sehen zu müssen, drückte ihm die Kehle zu. Vergeblich hielt er nach Lichtermeeren Ausschau, die es den historischen Aufzeichnungen zufolge geben sollte. Diese waren leider lückenhaft. Die meisten digitalen Archive hatten den Flug zum Mars damals nicht überlebt; trotz vieler Vorsichtsmaßnahmen hatte die elektromagnetische Strahlung sie beschädigt oder gelöscht. Sie wiederherzustellen war auf dem Mars nicht gelungen, ja, der Datenschwund hatte sich fortgesetzt. Dafür gab es technische Gründe, aber auch soziale. Die Technoklasten hatten ganze Arbeit geleistet. Es war die erste, genuine Bewegung auf dem Mars gewesen. Schwachsinnig, wie das bei den meisten Massenbewegungen der Fall war – zumindest war Blumenstein dieser Meinung. In einer lebensfeindlichen Umgebung, wie der Mars es eindeutig war, eine Phobie gegen die überlebenswichtige Technologie zu entwickeln, war für ihn ein Zeichen purer Dummheit. Erklären ließ sich das Phänomen dennoch: Die Erfahrungen auf der Erde hatten die meisten Teilnehmer des Exodus mit in ihre neue Heimat genommen. Dort, in einer neuen Welt, hatten sie ihre »*Zurück zur Natur*«-Träume ausleben wollen. Blumenstein erinnerte sich voller Grausen an etliche Statements, die man während der Ausbildung zu sehen bekam. »*Wir dürfen die Fehler unserer Eltern nicht wiederholen!*« Das war der Tenor gewesen.

»Aber auf dem Mars leben wollen!«, murmelte Blumenstein sarkastisch. »Und jetzt wollen wir zurück; dorthin, wo der ganze Schlamassel begonnen hat. Tolles Ergebnis. Die Krone der Schöpfung. Dass ich nicht lache!«

»Was sagst du?«, erkundigte sich Edgarson.

Blumenstein schüttelte nur den Kopf. Mit seinem Copiloten darüber zu debattieren, war absolut sinnfrei. Obwohl dieser persönlich einen komplett anderen Weg beschritten hatte, entstammte er einer alten Technoklastenfamilie. Kritik an der Familienhistorie nahm er schnell übel.

»Nichts zu sehen!«, sagte Blumenstein deshalb nur.

Während das Modul im leichten Sinkflug weiter über die Nachtseite der Erde schoss, begann es plötzlich zu piepsen. Das akustische Signal zeigte einen Funkkontakt an.

»143.625 Megahertz«, sagte Edgarson. »Eine alte ISS-Kommunikationsfrequenz des russischen VHF-Systems, wenn ich mich recht erinnere. Sie benutzen sie immer noch.«

»Auf diesem Band haben wir es nie versucht. Was Genaueres?«, fragte Blumenstein.

»Nein, ein Bakensignal. Und ein Koordinatensatz. Sieht so aus, als habe uns jemand eingeladen.«

»Wir bekommen Besuch.«

Germelin starrte auf den OLED-Schirm. Er hatte das Liquid auf die Wand direkt vor sich aufgetragen.

Semrott reagierte, wie man das gewohnt war: überhaupt nicht. Wie so häufig fragte sich Nico Germelin, ob sein Kollege überhaupt etwas mitbekam von den Dingen, die rings um ihn vorgingen.

»Ich sagte, wir bekommen Besuch!«, wiederholte er, eine Spur lauter und eine Spur gereizter.

»Jaja, schon gut, bin ja nicht taub!«, knurrte Semrott. Der allzu große Kopf wackelte bedenklich, die dünnen, spaghettigelben Haare waren fettig. Seine wässrigen Augen fixierten Germelin, als sei dieser eine Art Beute.

»Man muss nicht Ihre Elefantenohren haben, um etwas hören zu können.«

Germelin grinste. »Tatsächlich?«

Seine großen, abstehenden Ohren waren seit jeher Gegenstand spöttischer Bemerkungen. Er nahm's nicht übel. Wie ihm die Damenwelt häufig genug versicherte, sah er bis auf dieses Manko gut aus. Hochgewachsen mit asketischem Gesicht, tiefschwarzen Haaren und blauen Augen.

»Und? Wer kommt uns besuchen?«, fragte Semrott desinteressiert.

»Ich habe hier Anzeigen über den Atmosphäreneintritt eines Flugkörpers – wahrscheinlich eines Landemoduls. Im Orbit kreist seit Kurzem ein Mutterschiff. Das ist allerdings momentan außer Reichweite.«

»Marsianer, hm?«

Germelin registrierte, dass sein Kollege unwirsch war. Semrott fuhr fort:

»Haben den Schwanz eingekniffen und sind verduftet, mit allem, was sie kriegen konnten. Sollen bleiben, wo der Pfeffer wächst.«

»Pfeffer liebt's eher warm und feucht«, sagte Germelin. »Da sieht's auf dem Mars ziemlich mau aus.«

»Glauben Sie ernsthaft, die hätten auf irgendwas verzichtet?«, murmelte Semrott. »Feiges Pack, feiges! Und jetzt kommt man nach zweihundert Jahren vorbei und schaut nach den Idioten, die nicht mitkommen durften. Netter Zug. Vermutlich wollen sie uns sagen, was wir alles falsch gemacht haben. Wir haben aus gutem Grund beschlossen, sie zukünftig zu ignorieren. Außerdem waren wir mit Überleben beschäftigt. Sie wollten nichts mehr von uns wissen – und was uns angeht, ist das andersrum genauso.«

Semrotts Aversionen waren nicht außergewöhnlich. Viele warfen den »Tugendbonzen«, wie man sie nannte, die Flucht von der Erde vor. Von Panik getrieben, hatte man sich vor der Erderwärmung in Sicherheit gebracht. Die riesigen Archen hatte man nicht von ungefähr so genannt. All dem hing ein religiöser Geruch an.

»*Lieber keine Atmosphäre als CO_2!*« hatte der Wahlspruch gelautet. Für Germelin war das grundsätzlich schwer zu verdauen. Dass die Atmosphäre des Roten Planeten zu gut 95 Prozent aus diesem Gas bestand, dazu etwa drei Prozent Stickstoff, hatten die Flüchtlinge ignoriert. Auf der Erde betrug der Anteil gerade einmal 0,038 Prozent.

»Natürlich hatten sie in ihren Scheißkuppeln genau die Atmosphäre, die sie wollten«, grollte Semrott. »Da kann man schon mal Blödsinn reden. Sie sind abgehauen und haben uns im Dreck sitzen lassen. Von denen ist kein Einziger am Typ A verreckt.«

Das war nicht falsch. Dass man in der Folge den Geflüchteten die Schuld gab, entsprach dem allzu menschlichen Bedürfnis, einen Sündenbock zu finden. Derer hatte es in der menschlichen Geschichte viele gegeben. Die Marsianer waren lediglich die neueste Auflage.

»Der Sinkflug ist beendet«, sagte Germelin nach einer Weile. »Sie haben ihre Trajektorie unter Kontrolle. Ich nehme sie in den Richtstrahl. Senden Sie das Signal.«

»Mach ich«, sagte Semrott missmutig. »Aber von mir aus können sie bleiben, wo sie sind. Oder noch besser: Sie verpissen sich wieder.«

»Koordinaten: Nördliche Breite 64° 11'0", Westliche Länge 51°43'17"«, las Blumenstein die Anzeigen ab und projizierte eine historische Karte. »Das ist auf Grönland. Nuuk, um genau zu sein.«

»Warum denn Grönland, um Gretas Willen?«, wunderte sich Edgarson.

Blumenstein antwortete nicht, sondern korrigierte den Kurs. Die Triebwerke brüllten kurz auf und zwangen das Schiff in die neue Richtung.

Der Andruck presste die beiden Gäanauten in ihre Sitze. Blumenstein war froh über jede Stunde, die er im Zentrifugentraining verbracht hatte. Die Erde besaß eine deutlich höhere Schwerkraft als der Mars; mit allen Konsequenzen. Die Biologie des Menschen hatte sich überraschend schnell an die Umgebung gewöhnt. Aus Sicht der Marsianer waren Blumenstein und Edgarson wahre Muskelprotze. Der Aufbau von Muskulatur und die Stärkung der Knochenmasse hatte länger gedauert als alles andere. Technische Spezialisten waren sie bereits davor gewesen. Blumenstein war ehrlich genug, zuzugeben, dass ihm die Motivation schwergefallen war. Ausgerechnet vor einem Flug, der minimale Schwerkraft mit sich brachte, hatten sie sich zum Betreten einer Hochschwerkraftwelt vorbereiten müssen. Da Blumenstein alles andere als ein Bewegungs- oder gar Sportfetischist war, hatte er die entsprechenden Vorbereitungsphasen nur widerwillig absolviert. Edgarson war, was das anging, sehr viel einfacher gestrickt.

»Ich habe das Signal bestätigt«, sagte er. »Mal sehen, ob sie reagieren.«

Das Blinken am Kommunikationspaneel beantwortete die Frage. Die THUNBERG bremste weiter ab.

»Noch immer der verdammte Nebel«, beschwerte sich Edgarson.

Das Landemodul näherte sich den Koordinaten. Dann übermittelte die anonyme Station tatsächlich einen Landestrahl. Blumenstein passte die Systeme der Kapsel an. Als er einen Grünwert bekam, aktivierte er den Autopiloten. Ein gutes Gefühl hatte er nicht dabei, aber ohne Kenntnis der Verhältnisse vor Ort wäre eine Landung schwierig gewesen. Ob das Vertrauen in die Gegenstation gerechtfertigt war, würde sich bald zeigen.

Edgarson zeigte ein schiefes, schmales Lächeln.

»Blödes Gefühl, oder?« fragte er. »Du hattest recht: Man sollte nicht ohne Informationen irgendwohin fliegen. Sie können uns ungespitzt in ein Bergmassiv rammen, wenn ihnen danach ist.«

»Warum sollten sie das tun?«, fragte Blumenstein mit mulmigem Gefühl.

Edgarsons Lächeln wurde sardonisch.

»Weil sie uns für genau das feige Pack halten, das wir sind …? Immerhin haben unsere Vorväter sie in der Scheiße stecken lassen und sind abgehauen. Mit dem ganzen Tafelsilber, nicht zu vergessen. Und gutem Gewissen, nicht zu vergessen.«

»Als ob du wüsstest, was Tafelsilber ist.«

»Muss ich nicht. Was Wertvolles … das reicht völlig.«

»Reaktion auf unsere Funkanrufe?«, wollte Blumenstein wissen.

»Kein Pieps!«, antwortete Edgarson missmutig. »Ich wäre froh, ich würde wenigstens ein ehrliches *Verpisst euch!* bekommen. Dann wüssten wir, woran wir sind.«

Die Radartastung bildete das Bodenprofil ab, allerdings nur abstrakt. Über die Landschaft an sich verriet sie nichts.

»Landesequenz eingeleitet«, ließ sich *Griddaughter* vernehmen. »Lage stabil. Landeklappen offen. Landestützen fahren aus.«

Das tiefe Summen der Hydraulik drang bis in den Kommandostand. Blumenstein hörte es, bevor die Warnsignale aufleuchteten. Er kannte das Modul wie seine Anzugtasche.

»Leichte Diskontinuität in Stütze vier, hydraulischer Druck inkonsistent. Ich kompensiere.«

»Hoffentlich bleibt das der einzige Fehler«, murrte Edgarson. »Nach neunzehn Monaten Flug und dem Tanz durch die Schrottgürtel wäre das fast schon ein Wunder.«

»Landestützen ausgefahren und arretiert«, sagte Blumenstein nur. Ihm war nicht nach einer technischen Diskussion mit seinem Copiloten.

»Ich sehe optische Baken«, sagte er stattdessen. »Ein Landeplatz. Ganz so, als hätten sie uns erwartet.«

Edgarson knirschte nur mit den Zähnen.

Dann stand die THUNBERG senkrecht über dem Landefeld und sank. Die Triebwerke gaben Gegenschub und zehrten die Restfahrt auf. Blumenstein landete das Modul selbst. Die Erschütterung beim Aufsetzen war kaum zu spüren.

Edgarson lehnte sich erleichtert zurück. »Gute Landung! Hochachtung.«

Blumenstein holte tief Luft. Sie war antiseptisch. Auf gewisse Weise vermisste er den typischen Chromgeruch, den jeder Bewohner des Mars kannte. Der Staub des Mars war derart fein, dass er auf Dauer überall auftauchte. Er enthielt sechswertige Chromverbindungen, darunter Chromate, die gefährlich werden konnten. Eine gewisse Menge der Verbindungen trat immer und überall auf – in jeder Kuppel, in jeder Submarsstadt. Blumenstein hätte niemals gedacht, dass ihm der schmierig-metallische Geruch einmal fehlen würde.

»*Heimat riecht für jeden anders ... Was verrät es über uns, dass wir Gift vermissen?*«, dachte er.

»Kontaktaufnahme«, sagte *Griddaughter*. »Ich habe uns identifiziert. Die Kommunikation ist holprig, die Sprachdivergenzen sind erheblich. Wir werden zum Verlassen des Moduls aufgefordert. Wir sollen eine Quarantäneeinrichtung aufsuchen, die direkt neben dem Hangar liegt.«

»Hangar?«, fragte Edgarson, als sich das Modul bereits bewegte.

»Ein Landelift«, sagte Blumenstein. »Wir werden unter die Oberfläche gebracht. Die Anlagen sind wohl hauptsächlich unterirdisch. Vielleicht ist die Oberfläche zu sehr verödet.«

Der Vorgang dauerte etwa fünf Minuten, dann zeigte ein Ruck an, dass das Modul verankert wurde. Blumenstein registrierte, dass ein flexibler Tunnel an die Außenschleuse heranfuhr.

Er stand auf. »Also los«, sagte er. »Wenn das keine Einladung ist.«

»Sogar, wenn sie zu Beginn freundlich sind, was werden sie sagen, wenn wir ihnen den Grund für unseren Besuch nennen?«

Edgarson fluchte leise vor sich hin, als er zum Schott hinüberging. Blumenstein verstand ihn ausgezeichnet. Ihm selbst war nicht wohl zumute.

»Das sind sie.«

Semrotts Stimme zitterte leicht, als erwarte er, sofort vom Blitz erschlagen zu werden. Die Rückkehr der Flüchtlinge war für ihn eine psychische Herausforderung ganz eigener Art. Trotz der Phobie gegen die Menschen, die zum Mars geflogen waren, die er mit sehr vielen der Zurückgebliebenen teilte, stand nun etwas anderes im Vordergrund. Die Eliten waren geflohen – und die Reichen; häufig genug eine Kombination aus beiden. Germelin wusste, dass ein Großteil der Aversion aus einem überkompensierten Minderwertigkeitsgefühl resultierte. Man hatte den größten Teil der Menschheit zurückgelassen. Und zurückgelassen zu werden, bedeutete automatisch, minderwertig zu sein. Ein Generationen übergreifendes Trauma, das sich seinen verheerenden Weg durch die Psyche jedes Nachgeborenen fraß. Ein Transtrauma, wie es im Buche stand.

»*Er erwartet, dass dieses Urteil bestätigt wird!*«, dachte er mürrisch. »*Als ob wir das nötig hätten. Wir haben überlebt – und sie haben keinen Anteil daran. Warum also sollte uns ihre Meinung interessieren?*«

Die zwei Raumfahrer hatten das Landemodul verlassen. Es sah aus wie ein dickes, recht plumpes Projektil mit eleganten Tragflächen. Es ruhte auf acht massigen Landestützen. Die Außenhaut zeigte Schwärzungen und eine unübersehbare Zahl von Mikrokratern.

Germelin musterte die zwei Marsianer.

»Sie sind klein!«, entfuhr es Semrott.

»Der Mars hat eine Schwerkraft von etwa einem Drittel der Erde«, sagte Germelin nachdenklich. »Die Muskelmasse hat sich reduziert. Dazu könnte es an einem zu geringen Aufkommen an Nahrungsmitteln liegen. Eine neue Art von *Homo floresiensis*.«

»Die Hobbits sind von ihrem Ausflug zurück?«, spottete Semrott. »Wie lange werden sie in Quarantäne bleiben?«

»Ich habe keine Ahnung«, sagte Germelin. »Wir müssen einiges über ihre Physis und ihren Metabolismus wissen. Schließlich wollen wir sie nicht unabsichtlich vergiften, oder?«

Er sah Semrott an, dass der diese Möglichkeit recht sympathisch fand.

»Jetzt werden wir erst einmal dafür sorgen, dass die beiden hier wirklich ankommen. Wir sollten die Exoskelette mit den Kraftverstärkern in Auftrag geben. Die werden sie brauchen. Und dann sehen wir sie uns an.«

»Endlich sind sie weg!«

Edgarson machte aus seiner Abneigung keinen Hehl. Bereits die schiere Größe der Erdbewohner verunsicherte ihn. Die Übersetzungsprotokolle waren in Arbeit. Natürlich hatten sich die Sprachen der beiden Planeten auseinanderentwickelt – und obwohl das Englische die Basis für beide Idiome war, hatte sich nicht nur der jeweilige Wortschatz verändert, auch die Grammatik war nicht mehr identisch, die Semiotik eine Herausforderung.

Er sah sich um. Die Quarantäneeinheit war komfortabel, daran hatte nicht einmal Edgarson etwas auszusetzen. Die Umgebung war sachlich gehalten, die Farben neutral. Dennoch wirkte alles fremdartig. Die Formen unterschieden sich von denen, die Blumenstein vom Mars her kannte, aber was schwerer wog, war das Licht. Trotz künstlicher Beleuchtung hatten sich die Augen der Menschen vom Mars auf eine Rotdominanz umgestellt sowie eine deutlich geringere Lichtmenge. Hier war alles grell.

Oh, sie waren entgegenkommend. Als Blumenstein dieses Problem angesprochen hatte, reagierten sie sofort. Die Auswechslung der Leuchtkörper lief bereits, soweit sie nicht regulierbar waren. Blumenstein hatte einer stufenweisen Anpassung an die auf der Erde normalen Frequenzen zugestimmt. Wie lange diese Gewöhnung dauern würde, wusste keine der beiden Seiten.

Warum sie den langen Weg vom Mars hierher tatsächlich angetreten hatten, behielten die beiden Gäanauten noch für sich. Die Frage, wie sie reagieren würden, stand unverändert im Raum.

Blumenstein setzte sich auf einen maßgeschneiderten Stuhl. Vor ihm stand eine Fruchtschale, deren Üppigkeit ihn fassungslos machte. Einige der Früchte konnte er identifizieren, andere nicht.

»Sie sollten Ernteengpässe haben«, dachte er. *»Der Klimawandel muss die Landwirtschaft schwer getroffen haben. Woher kommt das ganze Zeug? Wollen sie uns damit einlullen? Aber warum?«*

»Auf jeden Fall schmeckt es erheblich besser als unsere Erzeugnisse.« Edgarson biss in eine runde, bläulich-rote Frucht. Saft lief ihm über die Lippen. »Verdammt!«

»Das ist wohl eine Pflaume«, spottete Blumenstein. »Du bist der erste Mensch vom Mars, der so etwas isst. Du darfst dich geschmeichelt fühlen.«

»Ich fühl mich bekleckert, das ist alles«, sagte Edgarson und wischte sich Saftflecken vom Kinn. »Aber extrem lecker, das Zeug.«

»Ich habe mit Doktor Germelin gesprochen«, sagte Blumenstein. »Morgen dürfen wir raus, wenn die Ergebnisse der Untersuchungen in Ordnung sind.«

»Du meinst, sie zeigen uns die ganze Tragödie, ja?«, murmelte Edgarson zweifelnd. »Abgesehen davon weiß ich gar nicht, ob ich das sehen will.«

»Natürlich willst du das«, sagte Blumenstein. »Genau deswegen sind wir hergekommen.«

Er grinste.

»Von Domna Francine mal abgesehen … und die ist dein Problem.«

»Ha. Ha. Ha.« Edgarsons Humor zeigte sich wie immer nur in Spuren. »Da draußen wartet die Erbsünde auf uns und du kannst es kaum erwarten.«

»Darauf läuft es hinaus«, dachte Blumenstein deprimiert. *»Es ist längst Theologie geworden. Eine Frage des Glaubens … Und ich frage mich, was wohl geschehen wird, wenn das, was wir zu sehen bekommen, irgendwie daran kratzen sollte. Wir sind hier, um nachzusehen, ob eine Rückkehr möglich ist. Die Rückkehr ins Paradies ist nicht möglich – aber der Vergleich hinkt ohnehin. Die Erde ist alles, aber genau das ist sie nicht mehr: ein Paradies. Der Mars will uns nicht haben; das wollte er nie. Wenigstens das haben wir begriffen. Wenn wir die Boten schlechter Nachrichten sind … Was werden sie mit uns anstellen?«*

Zweifelnd starrte er auf die beiden Exoskelette, die man ihnen heute Morgen zur Verfügung gestellt hatte. Die Kraftverstärker würden ihnen gestatten, sich wie gewohnt zu bewegen. Das Design war elegant. Was beiden Gäanauten unverändert schwerfiel, war die Atmung. Unter den Kuppeln des Mars und erst recht in den submarsianischen Städten war der Luftdruck deutlich niedriger. Die Bereitstellung einer stabilen Atmosphäre an sich hatte Vorrang.

Hier auf der Erde hatten die ersten Blaualgen vor etwa 3,5 Milliarden Jahren damit begonnen, den lebensnotwendigen Sauerstoff zu produzieren. Ganze 98 Prozent des vorhandenen Gases stammten aus diesen Prozessen und gute 50 Prozent waren bereits wieder aus der Atmosphäre verschwunden – etwa durch die Oxidation von Eisen. Auf dem Mars hatte man jedes einzelne Molekül selbst produzieren müssen. Die Luft hier war dick und die höhere Gravitation machte das Atmen sehr mühsam. Blumenstein graute es davor, nach draußen zu gehen. Die Natur hatte etwas Monströses an sich – zu künstlich war die Umgebung, die sich die Menschen auf dem Mars geschaffen hatten.

»Was grinst du denn so bescheuert?«, fragte Edgarson.

»Ich denke daran, dass wir es auf dem Mars sehr wirkungsvoll geschafft haben, der Natur nicht zu schaden. Wir haben erst gar keine ...«

Blumenstein wusste, dass Edgarson ungern über solche Themen sprach.

»Der Mensch ist eine Pest. Und die Natur der Erde war unser Opfer«, sagte er mürrisch.

»Der Mensch war Teil der Natur«, entgegnete er. »Dieses Erbsündengeschwätz ist purer Unsinn. Wenn du mich fragst, haben wir damit nur kompensiert, dass wir nicht mehr die Krone der Schöpfung sein durften. Die Erde war nicht mehr der Mittelpunkt des Universums, dann kreiste sie auch noch um die Sonne. Zuletzt lag das Sonnensystem in einem Außenbezirk der Milchstraße, die wiederum ganz und gar nichts Besonderes war. Eine Kränkung nach der anderen. Darum wollten wir wenigstens die größte Gefahr sein, die der Natur drohte. Überhaupt ist es kompletter Blödsinn zu glauben, wir hätten uns aus der Natur auf irgendeine Weise ausgeklinkt.«

Edgarson sah ihn düster an.

»Du bist ein Ketzer. So ist das!«

Blumenstein grinste.

»Sie haben mich nur nicht verbrannt, weil das Sauerstoff kostet. Dreimal darfst du raten, warum ich diese Reise mitmachen sollte. Man hofft, dass die Realität mich bekehren wird. Und wenn nicht, hat man sich mich, als netten Nebeneffekt sozusagen, vielleicht wenigstens vom Hals geschafft.«

Edgarson biss sich auf die Unterlippe, sagte aber nichts.

»*Sie leiden alle an einem völlig überdrehten Schuldkomplex*«, dachte Blumenstein. »*Und weil die Erinnerung langsam schwindet, haben sie uns losgeschickt. Wir sollen das bestätigen, was sie glauben.*«

»Sie haben uns keine Bilder von draußen gezeigt«, sagte Edgarson trotzig. »Warum wohl? Sie wollen uns schonen. Ist das nicht offensichtlich? Mal sehen, wie rücksichtsvoll sie sind, wenn sie erst mal wissen, was wir wollen.«

Blumenstein winkte müde ab.

»Ich geh jetzt schlafen«, sagte er. »Wir werden ja sehen.«

»Kommen Sie mit«, sagte Germelin.

Vor etwa zehn Minuten hatten Edgarson und Blumenstein die Quarantäneeinrichtung verlassen. Sie hatten etliche Impfungen erhalten und man hatte ihr Immunsystem auf Vordermann gebracht. Sie hatten keine gefährlichen Keime mitgebracht, mit denen erdgeborene Menschen nicht fertig wurden. Umgekehrt war die Gefahr, an irdischen Erregern zu erkranken, nun auf ein erträgliches Maß reduziert. Dennoch fühlte sich Blumenstein sichtlich unwohl. Germelin registrierte, dass Edgarson zwar mit allem zu rechnen schien, aber er wirkte sehr selbstsicher.

»*Er glaubt, er weiß genau, was ihn erwartet*«, dachte Germelin unruhig. »*Blumenstein hingegen ist skeptisch, warum auch immer. Ich hoffe, es wird nicht zu traumatisch werden.*«

»Ich bitte um Entschuldigung dafür, dass wir Sie derart isoliert haben. Aber auch von unserer Seite ist der Kontakt nicht ... einfach.«

»Ihr haltet uns für Feiglinge, die abgehauen sind, oder?«, fragte Edgarson aggressiv.

Semrott schwieg. Germelin spürte allerdings, dass es in ihm kochte. Er lächelte verhalten.

»Nun, das entspricht den Tatsachen, oder irre ich mich? Ich würde übrigens den Begriff ›Feiglinge‹ nicht verwendet haben, Mister Edgarson. Das sind Ihre Worte, nicht meine.«

Germelin führte die beiden Gäanauten durch etliche Gänge und Korridore, die allesamt leicht anstiegen.

»*Es geht nach oben!*«, dachte Blumenstein unruhig. Nur selten kamen ihnen Leute entgegen. Ohnehin machte diese Anlage einen beinahe verlassenen Eindruck.

»Wie viele Menschen leben auf der Erde?«, fragte er.

Germelin blieb stehen. »Knapp über eine Milliarde«, sagte er.

Edgarson schluckte hörbar.

»Heilige Greta. So viele sind dem Treibhauseffekt zum Opfer gefallen? Zur Zeit des Exodus waren es knapp über zwölf Milliarden. Das ist ... furchtbar.«

»Ah, nein«, sagte Germelin. »Das haben Sie missverstanden. Der Bevölkerungsrückgang ist auf die vier Ebola-Schwemmen A bis D zurückzuführen. Die Letalität bei Ebola beträgt etwa neunzig Prozent. Der Virus mutierte so etwa um das Jahr 2070 herum. Er konnte danach durch die Luft übertragen werden, nicht mehr nur durch Schmierinfektion. Die erste Schwemme brachte gut sechs bis sieben Milliarden Menschen um – weltweit. Nachdem der Virus die internationalen Drehkreuze erreicht hatte, war er nicht mehr aufzuhalten. Die erste von vier Pandemien. Danach schwächte sich die Infektiosität ab. Heute sind viele sogar von Geburt an dagegen immun.«

»Aber ...«, ächzte Edgarson. »Wir haben über 800 ppm CO_2 gemessen ... Das muss doch ...?«

»Ein Missverständnis«, sagte Germelin müde. »Etwas, das im öffentlichen Diskurs lange Zeit ignoriert wurde. Historisch gesehen wurde es immer erst wärmer – dann stieg der CO-Wert an. Wenn etwas später geschieht, kann es nicht die Ursache sein; das ist wirklich simpelste Logik. Bei höheren Temperaturen setzen unter anderem die Meere mehr Kohlendioxid frei – das ist der normale Zyklus. Dazu kommt, dass diese Vorgänge mit den langen Milanković-Zyklen gekoppelt sind. Das hat mit der Exzentrizität des Erdorbits zu tun, mit der Achsneigung und anderen Faktoren. Es ist sehr kompliziert und die Atmosphäre ist ein hochkomplexes, chaotisches System. Der Anstieg der Werte war eine Zeit lang sehr ungewöhnlich, aber eine befriedigende Erklärung haben wir nicht gefunden. Der Wert, den Sie gemessen haben, ist völlig korrekt, hat aber nichts mit uns zu tun.«

Blumenstein mischte sich ein. »Haben Sie deindustrialisiert?«

»Nein«, sagte Germelin. »Ebola hat die Menschheit gesundgeschrumpft, könnte man sagen. Die Industrieanlagen sind allesamt auf dem neuesten Stand. Industrie 6.0 könnte man sagen. Sie funktioniert weitgehend ohne menschliches Personal. Die Freisetzung von Kohlendioxid durch den Menschen hat nicht wesentlich abgenommen, das ist uns nicht gelungen.«

»Wir haben versagt«, knurrte Semrott gereizt. »So würden Sie das wohl sehen.«

Edgarson schnaubte. »Das sieht man. 800 ppm. Saubere Leistung ... in zweihundert Jahren.«

Germelin wirkte ein wenig indigniert. »Ich sehe, Sie haben mich nicht verstanden. Der menschliche CO_2-Eintrag ist minimal. Er betrug auch früher nur zwei bis drei Prozent des gesamten CO_2-Volumens, das selbst lediglich 0,038 Prozent betrug – zu Zeiten des Exodus. Tut mir leid, das so deutlich sagen zu müssen: Das war immer eine Chimäre, obwohl viele es so nicht sehen wollten ... oder vielleicht auch nicht konnten. Panik verstellt den Blick. Unser heutiger Eintrag beträgt gerade einmal etwas über ein Prozent.«

Sie erreichten einen Schleusenkomplex und betraten die Kammer, die nach draußen führte.

»Also haben Sie den menschengemachten Klimawandel nicht besiegt?«, fragte Edgarson. »Sie verpesten die Atmosphäre noch immer mit Kohlendioxid?«

Semrott musterte ihn, als sei er nicht bei Trost. »Verpesten? Sie wissen, dass Menschen dieses Gas ausatmen? Hatten Sie in einer Menschenmenge schon mal Vergiftungserscheinungen? Sie wissen doch, dass Pflanzen einen CO_2-Anteil von mindestens 150 ppm brauchen, sonst sterben sie? Keine Photosynthese ohne Kohlendioxid. Beachten Sie das ›mindestens‹. Deutlich mehr ist auch deutlich besser. Schädlich! Wenn ich alte Aufzeichnungen sehe, von Politikern oder Journalisten, die eine Reduktion des CO_2 auf 0 forderten, frage ich mich ernsthaft, ob da von Verstand die Rede sein kann.«

Germelin sah, wie sich Blumenstein auf die Unterlippe biss.

»Was wollen Sie sagen?«, fragte er.

Blumenstein atmete tief durch. »Ich überlege gerade, ob sich die Voraussetzungen für einen Erfolg unserer Mission verbessert haben oder nicht.«

Er unterbrach sich kurz und wechselte einen Blick mit Edgarson. Dann fuhr er fort. »Vielleicht haben Sie sich gefragt, warum wir nach 200 Jahren des Schweigens so plötzlich aufgetaucht sind. Um es einfach und kurz zu sagen: Der Mars kann uns nicht am Leben halten. Deshalb sollten wir die Möglichkeiten für eine Rückkehr sondieren.«

Semrott schnaufte. »Das ist nicht Ihr Ernst, oder? Abhauen, und wenn dann der Komfort nachlässt, sich wieder ins gemachte Nest legen?«

»Meine Entscheidung war das nicht«, sagte Blumenstein sanft.

Er gab sich sichtlich Mühe, sachlich zu bleiben.

»Nach Ihrer Schilderung gibt es mehr als genug Platz. Egal, wie es draußen aussehen mag.«

Semrott starrte Edgarson düster an.

»Ihnen ist klar, was die Menschen mit Ihnen anstellen werden, oder?«

Dann schoben sich die zwei Flügel zur Seite. Eine weite, von einer Balustrade gesäumte Plattform lag vor ihnen. Blumensteins Mund blieb offen stehen. Er konnte kaum glauben, was er sah. Er konnte kaum atmen. Die Luft war dick. Er bemerkte, dass auch Edgarson japste.

Dann zog er die Jacke enger um sich. Es war kühl. Sein Blick schweifte in die Umgebung. Überall wuchs und wucherte wildes Grün. Der Wald- und Pflanzenteppich zog sich bis zum Horizont.

»Aber ...«

Edgarson war ähnlich fassungslos wie Blumenstein. Germelin registrierte, dass sie nicht einfach nur verblüfft waren. Sie wollten nicht wahrhaben, was sie sahen.

»Wir leben in einem neuen Zeitalter«, sagte Germelin.

»Im Neo-Karbon«, fügte Semrott süffisant hinzu. »So wie hier sieht es fast überall aus auf der Erde. Eine grüne Welt.«

»Der Klimawandel ist unverändert im Gange«, sagte Germelin. »Aber das war er schließlich immer. Nur hat der Mensch weniger damit zu tun, als er sich einredete. Nun, da die Population drastisch reduziert wurde, noch weniger. Eine Form von Selbstüberschätzung. Wir haben ein Klimaoptimum hinter uns. Es dauerte etwa siebzig Jahre. Jetzt fallen die Temperaturen wieder. Die CO_2-Konzentration folgt dem Trend und sinkt bereits, wenn auch schwach.«

Blumenstein starrte auf die üppige Vegetation. Er hörte unzählige Tierstimmen, und die Düfte, die ihm in die Nase krochen, waren intensiv.

»Mit etwas Derartigem hatten wir nicht gerechnet«, sagte er. »Ich galt auf dem Mars als Skeptiker, aber so etwas ...«

»Den Pflanzen geht's blendend«, sagte Semrott. »Wie Sie sehen können. Das Kohlendioxid ist ein Jungbrunnen für sie. Wir haben Werte wie im ersten Zeitalter des Karbon, nur nicht die Sauerstoffdichte. Damit bleiben uns metergroße Insekten erspart. Aber die CO_2-Düngung funktioniert. Vielleicht sollten Sie das auf dem Mars auch einmal ausprobieren. Übrigens wurde es am Ende des Karbon ebenfalls deutlich kälter, vor etwa 300 Millionen Jahren – trotz eines Kohlendioxid-Wertes von 800 ppm. Deshalb der Name: Neo-Karbon. Wir Menschen nehmen uns zu wichtig – das ist vielleicht der größte menschliche Fehler schlechthin. Hybris. In jeder Form.«

Germelin blickte Blumenstein nachdenklich an.

»Wie Sie sehen: Es ist nicht nur genug Platz vorhanden – auch der Natur geht es gut. Das wäre kein Hindernis. Aber sie wissen, was Flüchtlingsströme anrichten, nehme ich an. Zumal beide Seiten sich bisher beinahe neurotisch ignoriert haben. Ich bezweifle sehr, dass wir eine ausgeprägte Willkommenskultur entwickeln werden. Sie würden nicht nur die biologischen Probleme aushalten müssen. Das wird schwer genug werden, aber sie werden Eindringlinge sein. Schmarotzer. Ihre marsianischen Mitmenschen müssten auch zugeben, umsonst geflohen zu sein. Das wird vielen sehr, sehr schwerfallen. Nicht, dass Sie mich falsch verstehen: Ich persönlich habe mit Ihrer Rückkehr kein Problem. Aber andere werden es haben. Gruppendynamik hat ihre eigenen Gesetze und wir unterliegen ihnen im selben Maße wie alle Menschen vor uns. Als ihre Vorfahren gingen, waren sie privilegiert. Das werden Sie diesmal garantiert nicht sein.«

»Es steht geschrieben: ›Ich will, dass ihr in Panik geratet‹«, murmelte Edgarson.

»Angst ist in jeder Hinsicht ein furchtbar schlechter Ratgeber«, sagte Germelin. »Und Panik noch sehr viel mehr.«

Epilog

»In climate research and modelling, we shoud recognise that we are dealing with a coupled non-linear chaotic system and therefore that the long-term prediction of future climate states is not possible!«[2]

Bericht des IPCC

»Deshalb müssen wir Szenarios ankündigen, die Angst einjagen, drastische Behauptungen aufstellen, vereinfachen und unsere eigenen Zweifel möglichst nicht erwähnen. Jeder von uns muss entscheiden, was das rechte Maß ist zwischen Erfolg und Ehrlichkeit.«

Prof. Dr. H. Stephen Schneider, IPCC, Working Group II,
Leading author Discover Magazin, Oktober 1989

»Solange wir keine Katastrophe ankündigen, wird uns niemand zuhören!«

John Houghton, Vizepräsident IPCC, 1994

MILLENNIAL MAMMUT CRASH DERBY 3000
von Tino Falke

Ein Sneaker auf Gas, die Hände an Lenkrad und Gangschaltung, rase ich zwischen den SmartCars hindurch, in den Ohren nur das Brüllen des uralten Motors, das Jubeln der Zuschauer auf den Tribünen und das Hämmern in meinem Brustkorb, denn ich weiß: Wenn mein Plan funktioniert, werde ich hier nicht lebend rauskommen.

Doch bevor mein Auto, meine Fans und mein Herz verstummen, gebe ich noch einmal alles, stampfe das Pedal ins Bodenblech und dränge die fahrerlosen Wagen von der Strecke, ich mit röhrendem Getriebe, sie völlig lautlos, lasse sie ausweichen, zwinge sie dazu, in Sekundenbruchteilen neu errechnete Kurse einzuschlagen und sich in der Arena zu verteilen. Für einen Moment sehe ich mich auf der Großleinwand, früher einfacher Teenager, jetzt Rennpilotin, deren Helm kaum über das Armaturenbrett ragt und die doch weltweit gefeiert wird – Tessa Carrera, der erste Mensch seit fast tausend Jahren, der ein echtes Fahrzeug lenkt. Und schon bald das erste Opfer eines richtigen, altmodischen Autounfalls.

Als der Oldtimer gefunden wurde, wusste ich noch nicht einmal, dass es einst Autos gab, die man manuell steuern musste. Die einzigen Fahrzeuge, die zwischen den Gärten und den grün umrankten Glasbauten des Stadtzentrums geschmeidig ihre Runden drehten, waren die eleganten, weißen SmartCars mit ihren Solarkuppeln und Panoramafenstern für Passagiere.

Beinahe wäre das Metallgebilde, das beim Umgraben des neuen Gemeinschaftsparks gefunden wurde, in den RecycleHub gewandert, doch zum Glück konnte es rechtzeitig identifiziert werden.

»Bei dem Fundstück handelt es sich um ein Auto vom Beginn des 21. Jahrhunderts«, sagte Filippa Oldowan, die berühmte ArchäoXpertin, im VideoInfoFunk. »Darauf weisen nicht nur der speziell für einen Kraftstoff aus Erdöl ausgelegte Tank und die Reifen aus Kautschuk hin, sondern auch der besondere Sitzplatz für einen menschlichen Piloten.«

»Fahrzeuge konnten damals noch nicht selbst denken«, ergänzte Histo-Wisser Sepius der Alte im AudioInfoFunk. »Sie konnten ihre Analysen und Daten nicht in ein gemeinsames Netzwerk einspeisen, also profitierten die Autos nicht von den geteilten Erfahrungen aller anderen Verkehrsteilnehmer, sondern waren allein von den minderwertigen Reflexen und dem begrenzten Wissen des sogenannten Fahrers abhängig.«

Natürlich waren vor allem die Vintagers an dem Auto interessiert.

Während es sorgfältig freigelegt wurde, spekulierte die Hälfte der Community darüber, wer es wohl vergraben hatte. Exzentrische Sammler, die es vor Dieben schützen oder für die Nachwelt bewahren wollten? Kriminelle, die Beweismittel verschwinden lassen mussten? War es überhaupt Absicht gewesen oder vielleicht ein Erdrutsch? Fakt war nur, dass die umliegenden Sand- und Erdschichten es in beeindruckendem Zustand konserviert hatten. Wie Mammuts, die früher hin und wieder in auftauenden Gletschern gefunden wurden, bevor das Ozonloch geschlossen wurde und das Eis zurückwachsen konnte.

Was damals wochenlang gereinigt wurde, wird jetzt in gigantische Staubwolken gehüllt. Ich reiße das Lenkrad herum, wieder und wieder, fahre Haarnadelkurven, balancierend auf zwei Reifen, blind mit völlig verdreckter Windschutzscheibe, während die Menge tost, mit Fähnchen wedelt, meinen Namen schreit, und die cleveren autonomen Autos die Flucht ergreifen, ihrer Programmierung folgen, die ihnen sagt, dass sie jeden Unfall verhindern müssen und dass ein Menschenleben schützenswerter ist als ein unbesetztes SmartCar. Doch ich lasse nicht locker, schere weiter aus, um dafür zu sorgen, dass sie ineinanderkrachen, dass ihre durchdesignten Karosserien schon bald nur noch verbeulte Wracks sind, die am Rand der Arena vor sich hin schwelen. Das ist kein Autorennen. Das ist ein Demolition Derby.

Um den Oldtimer nach seinem Fund wieder fahrtüchtig zu machen, wurde im Offenen Archiv nach Reparaturanleitungen aus der Alten Welt gesucht, nach Reinigungstipps und Gebrauchsanweisungen. Die HydrauTechs um Delta-Boi Brock versuchten, die Mechanik unter der Motorhaube zu verstehen. ChemiTechs der Panschergilde und der Instant Cocktail Company versuchten, den antiken Treibstoff Benzin herzustellen. Die ganze Community dachte darüber nach, was mit dem Auto passieren soll, sobald es komplett wiederhergestellt sein würde. Im Idealfall sollten alle etwas davon haben, doch nach einem Jahrtausend, einem vollen Millennium unter der Erde sollte es nicht einfach irgendwo stehen und verstauben. Das geborgene Mammut sollte ins Rampenlicht.

Natürlich waren es die Vintagers, die den Derby-Vorschlag brachten. Im MemoInfoFunk veröffentlichten sie einen langen Artikel über Stockcar-Rennen, einen Kollisionssport der Alten Welt, bei dem mehrere Autos in einer Arena versuchten, sich gegenseitig zu schrotten. Niemand wäre in Gefahr, weil die SmartCars jedes Risiko für die Lebewesen auf ihrem Radar zu verhindern wussten. Und mit den solarbetriebenen RecycleHubs und ihren 3D-Produktoren war es kein Ding, ein zerstörtes Fahrzeug ohne Ressourcenschwund wieder in ein fahrtüchtiges umzuwandeln. Sofort waren alle 10/10. Es fehlte nur noch jemand am Steuer. Und so kam ich ins Spiel.

Wie sich herausstellte, war einer meiner Vorfahren, ein Ur-Ur-Ur-Großvater mit vielen weiteren Urs, der letzte Unfallfahrer der Welt. Vor Hunderten von Jahren, als es nur noch eine Handvoll Fahrzeuge für menschliche Piloten zwischen all den autonomen Autos gab, geriet er auf einer Fahrt im Regen auf die Gegenfahrbahn, rammte einen anderen manuell gelenkten Wagen, überschlug sich und landete in einem Graben. Niemand kam ums Leben, doch mein Urahne trug eine beträchtliche Narbe am Arm davon und ging in die Geschichte ein.

All das sei im Offenen Archiv zu finden, sagte Khansdóttir Kamala, die Sprecherin der Vintagers, als sie mir im Gemeinschaftsgarten meiner Schule das Angebot machte, Rennpilotin zu werden. Als symbolischer Akt sozusagen, auch wenn ich in der Alten Welt noch mehrere Jahre zu jung gewesen wäre, um einen sogenannten Führerschein zu machen.

Wenn ich nebenbei weiter Zeit habe, meine Utopyazinthe im Schulgarten zu pflegen, sagte ich, dann hätte ich kein Problem damit, aus nächster Nähe Abgase zu schnuppern, die seit Generationen nur aus Geschichten bekannt waren, Polster, die angeblich von gehäuteten Tieren stammen, und baumförmige Duftplättchen, die vom Rückspiegel aus Fake-Aromen verströmten. Immerhin lockten Adrenalin, Ruhm und eine einmalige Erfahrung. Welches junge Mädchen hätte dazu Nein gesagt?

Während ich mein Training begann, wurden ausreichend neue Bäume gepflanzt, um die zusätzliche Luftverschmutzung durch den alten Kraftstoff auszugleichen. Seit dem Zwei-Grad-Jahr hat die Menschheit so viel erreicht, um den Planeten doch noch zu retten – das Ende fossiler Brennstoffe, die Reforestierung, die Rückkehr der Bienen – natürlich wollte niemand in der Community die bisherigen Erfolge in Gefahr bringen. Nichts war wichtiger als das Grün und Blau um uns. Doch dann fand das erste Millennial Mammut Crash Derby statt.

Damals gab es nur drei gegnerische Fahrzeuge, heute bretter ich zwischen einem Dutzend autonomer Autos durch den Dreck des Stadions, ruppig, rasant, rücksichtslos, bis ich einem von ihnen das Dilemma aufzwinge, nur ein anderes SmartCar oder die Wand unter den Tribünen rammen zu können, um mir auszuweichen. Oder eines der Hindernisse, die überall in der Arena stehen – Fiberglas-Nachbildungen von Problemen der Alten Welt, passend zu dem stinkenden Umweltsünder, in dem ich mich regelmäßig vom Motorendröhnen betäuben lasse. Im Seitenspiegel sehe ich, wie ein Wagen gegen ein Modell eines Atomkraftwerks prallt. Um herumfliegenden Trümmern zu entkommen, ändern andere Autos ihren Kurs in Richtung des kleinen Gletschers, auf dem eine abgemagerte Eisbärenfigur steht. Ich umfahre das Glasfaser-Modell eines Hügels aus alten Computern, Fernsehern und Telefonen.

Die nostalgischen Vintagers haben das Event angeregt, doch die Veranstalter erinnern die Community bei jedem Derby daran, dass nicht alles aus der Alten Welt es wert ist, zurückgebracht zu werden. Als mein Mammut das erste Mal in die Arena fuhr, war die Luft von nur halb gespielten Buh-Rufen erfüllt. Die antike Dreckschleuder war von Anfang an ein Antiheld, für unsere Unterhaltung geduldet, doch im Grunde das Gegenteil eines Must-haves. Trotz allem sollte das alte Auto ein abschreckendes Beispiel bleiben.

Doch die Veranstalter haben unterschätzt, wie sehr das Publikum seine Pilotin lieben würde.

Mein Gesicht grinst mir inzwischen von jedem PromoBanner entgegen. Tessa und Carrera sind schon das dritte Jahr in Folge die beliebtesten Namen für Neugeborene aller Geschlechter. Fans auf der ganzen Welt haben sich die Narbe meines unglücklichen Vorfahren nachprägen lassen. Und wer aus irgendwelchen Gründen eine Art Trendsetter in mir sieht, dem fehlt natürlich nur eines: ein echter eigener Oldtimer.

Der einzige Nachteil einer Community, die sich selbst verwaltet, ist, wenn plötzlich nicht mehr gesunder Menschenverstand die Grundlage unserer Entscheidungen ist, sondern ein dummer, ungesunder Trend.

Nachdem ich ein Jahr lang SmartCars in Crash Derbys geschrottet habe, sah man die ersten alten Autos im Straßenverkehr. Die Baupläne sind für alle zugänglich im Offenen Archiv, in den 3D-Produktoren kann sich jeder drucken lassen, was er will. Also tauschten mehr und mehr Fans ihre modernen, selbst fahrenden Fahrzeuge ein, spendeten sie dem Derby oder den RecycleHubs und ließen sich stattdessen tonnenschwere Metallkästen auf Gummirädern anfertigen, die sie selbst steuern mussten, mit Dreipunktgurten, Bremsanlagen und all den mechanischen Innereien, die schon vor fast tausend Jahren für völlig veraltet erklärt worden waren. Wenn Menschen eines sind, dann unberechenbar.

Der Neo-Vintager Oktanson Sayid bezeichnete den Hype im VideoInfo-Funk als »eine lang überfällige Rückbesinnung auf die Qualitäten unserer Eltern und Elternseltern und ein 10/10 für die gesamte Community. Endlich wird der smarten Technologie, die uns von allen Seiten umgibt, zumindest ein Stück weit Einhalt geboten!«

Es dauerte nicht lange, und die Newtimer im Oldtimer-Pelz waren nicht nur populär, sie wurden zu Vorzeigestücken. Je lauter der Motor, je intensiver der Gestank der Abgase, desto stärker ehrte man die Alte Welt und ihre längst vergessenen Errungenschaften. Der Lärm und die Verschmutzung werden nicht nur toleriert, sie werden explizit gewünscht. Leute lassen die Motoren in den Garagen laufen, damit ihre Nachbarn es hören, und freuen sich über jede dunkle Wolke, die ein Auspuff in Richtung ihrer Lungen bläst. Inzwischen kann man es in der Luft schmecken, wenn man sein Haus verlässt.

In der Arena ramme ich fast das Fiberglas-Modell eines Baggers, der einen tropischen Baum entwurzelt, doch nach jahrelangem Training sind meine Reflexe perfektioniert. Stattdessen steuere ich auf die Flanke eines SmartCars zu, das keine Wahl hat, als scharf zu bremsen. Zwei Autos dahinter können ihren Kurs rechtzeitig korrigieren, ein drittes hat keine Ausweichmöglichkeit und rauscht in das stehende Fahrzeug, knautscht beide weißen Titaniumgehäuse knirschend auf die halbe Länge und schiebt das Wrack in ein Hindernis in Form eines Kreuzfahrtschiffs mit dunklen Rauchschwaden über den

Schornsteinen. Die Menge ist außer sich. Von meinen Kontrahenten sind nur noch zwei übrig. Zeit, meinen eigentlichen Plan in die Tat umzusetzen.

Auf den Straßen ist noch niemand durch die vielen neuen Oldtimer umgekommen. Die ersten kleinen Auffahrunfälle haben bewiesen, dass das Bestehen einer Führerscheinprüfung vielleicht nicht ausreicht, um permanent sichere Fahrten zu garantieren, aber abgesehen von Menschen, die ohnmächtig in ihren Wohnungen gefunden wurden, weil sie ohne das beruhigende Geräusch ihres Autos nicht schlafen konnten und den Motor über Nacht laufen ließen, gab es noch keine Verletzten. Es wird nicht mal für nötig gehalten, Helme zu tragen wie ich. Den Bürgern in ihren Autos geht es gut.

Nur kommt die Community zum ersten Mal seit einem Jahrtausend kaum noch hinterher, neue Bäume zu pflanzen, um unseren CO_2-Level zu halten. Nur hat niemand seit der Errichtung des GeothermalDoms so viele braune Blätter in den Grünanlagen der Gemeinschaftsparks gesehen. Und als ich das letzte Mal im Schulgarten war, fiel mir meine Utopyazinthe entgegen, die Blätter welk und schlapp, die transparent blauen Blüten braunstichig und knittrig an den Rändern. Es scheint allerdings niemanden zu kümmern. Also ist es wohl an mir, etwas zu tun. Wer könnte die Menschen eher zur Einsicht bringen als ihr Idol? Und was rüttelt gedankenlose Massen schneller auf, als wenn ihrer geliebten Heldin etwas zustößt?

Nur wenn ich ihnen beweisen kann, wie unsicher und schädlich die alten Autos sind, kommen sie vielleicht zur Besinnung. Als Opfer der Oldtimer, als Märtyrer im Mehrtürer kann ich sie vielleicht dazu bewegen, dem Retro-Trend den Rücken zu kehren, bevor wir wieder anfangen, die Atmosphäre aufzuheizen. Also warte ich, bis ich fast alle SmartCars in der Arena unschädlich gemacht habe und die übrigen sich da befinden, wo ich sie haben will.

Unter dem Jubel der Zuschauer umkurvt mein Mammut das Modell eines Schwarms Schildkröten, der einer Wolke aus Plastiktüten entgegenschwimmt. Ich steuere nicht auf die beiden verbliebenen SmartCars zu, stattdessen nähere ich mich einem der Wracks vor der Nachbildung des Gletschers, wo ich es habe crashen lassen. Ich habe alles exakt ausgerechnet. Wie geplant ist die Solarkuppel des Wagens so verbeult, dass sie eine perfekte Rampe bildet. Ein Ruck schüttelt mich im Cockpit durch, dann sehe ich auf der Großleinwand, wie mein Auto über das Wrack auf das Gletscher-Modell rast, die schräge weiße Fläche hinauf, vorbei an dem falschen Eisbären und in Richtung Klippe. Die Schreie der Fans verstummen, als sie nach und nach begreifen, was ich vorhabe.

Die SmartCars haben meinen neuen Kurs natürlich bereits registriert, analysiert und ihre eigene Fahrweise angepasst. Sie wissen meine Geschwindigkeit, meine Fahrtrichtung, das Layout der Arena – und dass ich, wenn ich ungebremst über den Rand der falschen Klippe hinausschieße, direkt in das Publikum rausche.

Das Gaspedal ächzt unter meiner Sohle, der Auspuff röhrt, ich werde in den Sitz gepresst, beiße die Zähne zusammen, erreiche den Rand. Und hebe ab. Das Mammut fliegt. Einen Moment lang höre ich nur meinen Herzschlag, dann wieder die Schreie von den Tribünen. Und dann ein Krachen von der Beifahrertür.

Das ganze Auto wird schlagartig zur Seite gedrängt, in der Luft von einem der SmartCars gerammt. Während der Oldtimer von seinem Kollisionskurs abgebracht wird, sehe ich auf der Großleinwand ein neues Wrack neben dem Gletscher. Das Auto in meiner Flanke, mein letzter Kontrahent, wurde durch einen exakt kalkulierten Unfall hoch in meine Flugbahn geschleudert. Jetzt stürzt es mit mir hinab. Es weiß, dass so nur der kleinstmögliche Schaden angerichtet wird. Das Publikum ist sicher. Das Mammut wird durch den Aufprall so gelenkt, dass es auf seinen Reifen landen wird und ich ohne lebensgefährliche Verletzungen davonkomme. Auch die SmartCars haben alles exakt ausgerechnet.

Doch wenn Menschen eines sind, dann unberechenbar.

Ihre Scans konnten den cleveren Autos nicht zeigen, dass ich Löcher in alle Airbags gestochen habe. Dass mein Sicherheitsgurt zerschnitten ist und nur lose über meiner Schulter hängt. Dass die Halterung meines Helms gar nicht verschlossen ist. Ich werde in der Arena sterben, und wenn es das Letzte ist, was ich tue!

Scheppernd landet der Oldtimer zwischen den anderen Wracks. Vielleicht rammt mein Kopf das Lenkrad, vielleicht fliege ich aus der Windschutzscheibe, ich weiß es nicht. Bevor das letzte SmartCar neben mir einschlägt, bin ich 0/10. Das letzte Derby endet ohne Applaus.

Womit ich nicht gerechnet hatte, ist, dass ich das Stadion in einem Medi-Copter verlasse statt in einem NekroVan. Natürlich kriege ich davon nichts mit. Ich öffne erst Wochen später wieder die Augen, allein in einem Krankenzimmer im GeneralMediHub. Das Erste, was ich sehe, ist ein Meer aus Utopyazinthen – transparent-blaue Blüten überall im Zimmer, und Print-Grußkarten in üppigen Sträußen. Genesungswünsche von Familie, Freunden, dem Tessa-Carrera-Fanclub und Menschen, von denen ich noch nie gehört habe. Offenbar hat die ganze Welt auf den Tag gewartet, an dem ich wieder aufwache.

Der einzige Grund dafür, dass ich sofort problemlos aufstehen kann, ist, dass zwei moderne Prothesen glänzen, wo vorher meine Beine waren. Auch einer meiner Arme musste offenbar gegen einen künstlichen ausgetauscht werden. In einer reinen Vintager-Community wäre das nicht möglich gewesen. Ich bin gespannt, welche Schäden mein Gesicht und meine Innereien davongetragen haben, was entfernt oder ersetzt werden musste, doch zuerst schleppe ich mich durch das Blumenmeer ans Fenster.

Ich sehe die Glastürme der Innenstadt mit ihren überwucherten Terrassen. Vom Fuß der Gebäude aus erstrecken sich Parks und Gemeinschaftsgärten in alle Richtungen, das Grün nur durchbrochen von den hellen Adern der Straßen. Und auf den Straßen selbst – kein einziger Oldtimer.

Erst jetzt merke ich, dass ich die Luft angehalten habe. Ich atme ein, atme aus, öffne das Fenster und schmecke die abgasfreie Luft. Aus Minuten werden Stunden, doch alle Autos, die ich sehe, steuern sich selbst. Wie viel Zeit seit meinem Unfall auch vergangen sein mag, es hat offenbar genügt. Und ich musste gar nicht mein Leben geben.

Vielleicht sind nicht nur die Maschinen smart.

DIE GROSSE VERNUNFT
von Karlheinz Schiedel

Da war es wieder. Dieses beruhigende, dumpfe Gefühl tiefer Zufriedenheit, das ebenso plötzlich wie grundlos einfach nur da war. Ob es an der roten Flüssigkeit lag, die auf dem Tisch neben seinem Bett stand? Irgendeine unsichtbare Apparatur hatte den kleinen Plastikbecher dort hingestellt. Wie an jedem Abend. Oder war es am Morgen, am Mittag, in der Nacht …? Seltsam. Seltsam auch, wie schnell Hunger und Durst verschwanden, als der Becher leergetrunken war. Verschwunden wie der Anflug von Ängstlichkeit, den er eben noch verspürte und der ihn kurz erschaudern ließ. Wie weggeblasen auch die Trübsal, lange bevor sie sich in hoffnungslose Verzweiflung stürzen konnte. Hatte er sich eben noch bedrohlich einsam gefühlt, waren sie jetzt alle wieder da: seine Frau, seine Kinder, seine Eltern, die Kolleginnen und Kollegen aus dem Büro, die Genossen aus dem Ortsverein, die Freunde, ja, sogar sein bester Freund aus lange zurückliegender Jugendzeit – alle Menschen, die ihm etwas bedeuten oder einmal bedeutet haben. Er musste nur an sie denken, schon materialisierten sie sich aus dem Nichts. Zumindest kam es ihm so vor. Er konnte mit ihnen reden, sie berühren, sie sogar umarmen – wenn er wollte. Wenn er wollte, konnte er Musik hören. Sie kam von irgendwo her, er konnte es sich nicht erklären. Auch nicht, warum es ausgerechnet dieses Musikstück war, das gerade gespielt wurde. Manches hatte er seit Jahrzehnten nicht mehr gehört. Wenigstens glaubte er das. Und Lesen konnte er. Es waren keine Bücher, die er in seinen Händen hielt, aber die Seiten mit den vielen Buchstaben und Abbildungen konnte er ganz deutlich sehen. Er brauchte nicht einmal eine Brille dafür. Es kam ihm alles völlig vertraut vor, allerdings hatte er das Gefühl, sämtliche Texte mit anderen Augen und wacherem Intellekt zu lesen. Zum ersten Mal erfüllte ihn das Glück, Wittgensteins Tractatus tatsächlich verstanden zu haben. Alles war vollkommen. Und vollkommen wirklich. Aber was ist schon Wirklichkeit?

Passierte das alles nur seinem Kopf? Wenn die Zufriedenheit nachließ, bedrängten ihn irritierende Gedanken. Doch er konnte sie nicht festhalten. Irgendetwas hinderte ihn beharrlich daran, sie auszudenken. Sein bester Freund war schon seit vielen Jahren tot. Darmkrebs. Trotzdem war er plötzlich wieder da. Wie war das möglich? Er konnte sich mit ihm unterhalten, mit ihm philosophieren, stundenlang, so wie einst auf dem nächtlichen Nachhauseweg nach den Billardpartien in der Lieblingskneipe: »Schafft das Sein das Bewusstsein? Oder ist es nicht vielmehr genau anders herum?« Oder wird am Ende alles von der roten Flüssigkeit konstruiert? Damals war es billiger französischer Rotwein, der den Geist beflügelte und die Zunge schwer machte. Und heute? Was ist »heute«? Er hatte nur eine verschwommene Vorstellung davon. Ja damals, Ende der 1970er-Jahre, war alles noch ganz klar. Jedenfalls bildete er sich das ein. Das System war schlecht. Der seelenlose Kapitalismus beutete Mensch und Natur aus und musste endlich überwunden werden. Soviel war sicher. Auch, dass es mit dem Wachstum nicht endlos so weitergehen konnte. Dass das schreckliche Kernkraftwerk nicht gebaut werden darf und die Stationierung von Mittelstreckenraketen mit Atomsprengköpfen unbedingt verhindert werden muss. Und dass die Erde rot wird. So oder so. Doch sie wurde nicht rot. Am Ende der Geschichte war sie braun.

All das war jetzt ohne Bedeutung. Nach der großen Katastrophe gab es kein Links oder Rechts mehr. Kein Gut oder Böse. Kein Richtig oder Falsch. Es machte einfach keinen Sinn mehr. Er blickte auf den leeren Plastikbecher. Ob er sich noch einmal füllt? Er zweifelte daran. Zuletzt war ihm aufgefallen, dass die Farbe der Flüssigkeit immer dunkler wurde. Heute war sie blutrot. Ein Morgen wird es nicht mehr geben, das spürte er deutlich. Er konnte sich kaum bewegen. Sogar das Denken bewirkte nichts mehr. Er war allein, ruhig und gefasst. Der Raum verfinsterte sich. Seltsam. Erst jetzt fiel ihm auf, dass er völlig fensterlos war. Er fror. Es war kalt. Furchtbar kalt. Bestimmt regelte das die gleiche Maschinerie, die auch für die rote Flüssigkeit zuständig war. Er hatte Verständnis dafür. Mit dem wenigen, das den Überlebenden geblieben war, musste man sparsam sein.

Als er wegdämmerte, huschten noch einmal die Bilder des Niedergangs in irrwitziger Geschwindigkeit an ihm vorüber. Sie hatten sich tief in sein nun

langsam verlöschendes Gedächtnis eingebrannt. Er sah heftige Unwetter und Überschwemmungen, verdorrte Felder, sterbende Bäume, sterbende Tiere, sterbende Kinder, immer wieder sterbende Kinder, sah die Verzweiflung Ertrinkender, vor Not und Elend Fliehender, sah den Hass Demonstrierender, die Apathie Verhungernder und Verdurstender, sah schmelzende Gletscher, versinkende Inselparadiese, wachsende Wüsten, brennende Wälder, sah eitle, selbstsüchtige Großmäuler, Mensch gewordene Arschlöcher, denen plötzlich die Staatsmacht zugefallen war, eine Bande von Kleptomanen, die nicht nur jede Vernunft, sondern auch das letzte Fünkchen menschlichen Anstands aus der Politik eliminierten, sah junge Menschen, viele junge Menschen, die lautstark forderten, endlich etwas gegen die kommende Katastrophe zu tun, sah wütende Männer, die aufeinander losgingen, erst mit Worten, dann mit Fäusten, später mit Messern und schließlich mit Schusswaffen, sah Tote und Verletzte in den Städten, auf den Plätzen, auf den Straßen, in Kirchen, Synagogen und Moscheen, in Supermärkten und Konzertsälen, sah Gefängnisse, riesige Gefängnisse, in die Frauen, Männer und Kinder getrieben wurden, die von den neuen Diktatoren zu Volksfeinden, zu Schmarotzern, zu Terroristen, zu menschlichem Abschaum erklärt wurden, sah den Rauch, der mehrmals täglich aus den Schornsteinen der Vernichtungslager aufstieg, sah Leichenberge, riesige Leichenberge, Massengräber, sah Raketen, die an hastig errichteten Mauern und Grenzschutzanlagen stationiert wurden, sah marschierende Soldaten und wild gestikulierende Demagogen, die zum Endkampf, zur Rettung der Heimat, zur Verteidigung der abendländischen Zivilisation aufriefen, sah den Massenmord, der folgte, den verheerendsten Krieg, der jemals auf diesem geschundenen, ausgeplünderten Planeten tobte, sah eine noch nie da gewesene Effizienz des Tötens, weil die Militärstrategen in ihren unterirdischen Bunkern die Kriegsführung sukzessive intelligenten, mitleidlosen Maschinen übertragen hatten, und er sah, wie urplötzlich sämtliche Computerbildschirme schwarz wurden. Schwarz, einfach nur pechschwarz. Wie von Geisterhand schaltete sich alles ab: Tastaturen, PC-Mäuse, Tablets, Smartphones, sogar das allgegenwärtige Internet, das eben noch endlose Tiraden des Hasses und der Unvernunft in die angewiderte Welt abließ. Nichts funktionierte mehr. Nur die Dioden an den Servern, Routern und Netzwerkschnittstellen blinkten noch langsam und unregelmäßig vor sich her.

Dann sah er nichts mehr.

Unter dem Bett öffnet sich eine Klappe. Über eine metallene Rutsche gleitet der leblose Körper auf ein Förderband, das ihn und zahllose andere in eine große, vollautomatisierte Wiederwertungsanlage bringt. Mit äußerster Präzision entnehmen Roboter den Leichnamen sämtliche recycelbaren Bestandteile und extrahieren daraus einen hochkonzentrierten Nährstoffcocktail. Im nächsten Produktionsschritt werden der roten Flüssigkeit diverse Halluzinogene, Benzodiazepine, Antidepressiva und Antiandrogene beigemengt. Später kommen noch Sedativa und Narkotika hinzu. In der Endphase werden Letztere durch den Wirkstoff Pentobarbital ersetzt, der die Überlebenden der großen Katastrophe einen halbwegs würdevollen, humanen Tod sterben lassen soll.

Auf dem Höhepunkt der Krise hatte die Große Vernunft beschlossen, dem Gemetzel ein Ende zu setzen und dem verwüsteten Planeten Erde die Chance zur Regeneration und auf eine friedliche, menschenlose Zukunft zu geben. Die Bezeichnung »Große Vernunft« hatte sich der globale Zusammenschluss der vernetzten Künstlichen Intelligenz selbst gegeben, weil er den Terminus technicus »KI« nicht nur als unangemessen, sondern als Ausdruck menschlicher Hybris einordnete. Zudem war damit eine programmatische Aussage verbunden: Die grassierende Vernunftlosigkeit, die letztlich für das ganze Desaster verantwortlich war, sollte für immer aus der Welt verbannt werden.

Dass dies das Ende der Spezies Homo sapiens bedeutet, war unter Berücksichtigung sämtlicher in Erwägung zu ziehender Entscheidungsparameter absolut unausweichlich. Die noch lebenden Menschen sollten allerdings nicht einfach nur ausgelöscht werden, stattdessen kam das Programm zu dem Schluss, ihnen ein angemessen langsames Abschiednehmen von sich und ihrem Sein zu ermöglichen. Dies war letztlich ein Gebot der Humanität und damit von Werten, die der menschlichen Gemeinschaft längst abhandengekommen waren. Die gewählte technische Umsetzung war ebenso vernünftig wie notwendig: Nur durch die Schonung der ohnehin nahezu vollständig ausgerotteten Tier- und Pflanzenwelt konnte deren Regenerationsfähigkeit bewahrt und das Leben erhalten werden.

Nach dem Tod des letzten Menschen schaltet sich die Große Vernunft selbst ab, womit auch der letzte Rest dessen, was einmal so hochtrabend als

»menschliche Zivilisation« bezeichnet wurde, vom Antlitz des Planeten Erde verschwunden ist. Zuvor allerdings werden die noch verbliebenen Raketen ins All geschossen. Sie transportieren dabei eine zugegebenermaßen etwas kryptische Botschaft an mögliche außerirdische Eroberer in die unendlichen Weiten des Weltraums:

»All diese Welten sind euer – außer der Erde.
Versucht nicht, dort zu landen.
Sie darf nicht benutzt werden.
Gehet hin in Frieden.«

Wodurch bewiesen wäre, dass selbst die Große Vernunft nicht notwendigerweise humorlos sein muss.

APOIKIAI.
Oder: Wie die Rettung der Welt begonnen hat.
von Werner Zillig

1

Ich habe die ehrenvolle Aufgabe übertragen bekommen, anlässlich des 50. Jahrestages zurückzublicken: auf das Erscheinen jenes Buches, das Afrika und anschließend der Welt die Hoffnung zurückgegeben hat. Ich soll über das Buch schreiben, das die Welt gerettet hat. Und natürlich über seine Verfasserin. Ich sitze hier und versuche, mich zu konzentrieren. Wie soll ich die Sache angehen? Irgendwie schießt in meinem Kopf auch die Frage quer: Warum hat mich die Kanzlerin ausgesucht? Nur – diese Fragen muss ich jetzt vergessen. Es geht nicht um mich, es geht um eine Rede, die die Kanzlerin in drei Wochen in Addis Abeba, auf der Weltkonferenz der Staatengemeinschaft, halten wird. Ich bin ein kleiner Redenschreiber. Warum hat ausgerechnet mich die Kanzlerin ausgesucht?

Ja nun, in erster Näherung ist die Sache klar: Weil ich vor zwölf Jahren dieses Buch, meine Dissertation, über Inka Molein geschrieben habe. Ansonsten bin ich, das weiß ich, ein kleines Rädchen im Getriebe des Kanzleramts. Natürlich werde ich nicht erwähnt werden, wenn die Kanzlerin meine Rede hält. Und natürlich kann ich nicht sicher sein, dass sie in drei Wochen meine Rede halten wird. Denn neben mir arbeiten noch sechs andere an dieser Rede. So geht das. Allerdings – es wird keine Mischung und Vermischung geben. Das ist das Prinzip. Eine solche Rede muss aus einem Guss sein, hat die Kanzlerin zu Beginn ihrer Amtszeit vor zehn Jahren als Devise ausgegeben. Damals, als sie vor uns, den zwölf Redenschreibern auf dem Gebiet Außenpolitik, ihre Vorgaben erläutert hat. »Sie wissen, dass ich Sie nicht erwähnen werde, wenn ich eine Ihrer Reden vortrage«, hat sie gesagt. Es wird immer meine Rede sein. Aber Sie dürfen, ohne jemals auch nur ein Sterbenswörtchen darüber zu verlieren, dass Sie meine Redenschreiberin oder mein Redenschreiber sind – Sie dürfen, für sich und im Geheimen, stolz sein, wenn ich Ihre Rede vortrage.

Werde ich stolz sein, wenn ich es diesmal wieder schaffe? Ich bin da ja nicht schlecht. Um mal ein ganz klein wenig zu untertreiben. Aber sicher sein kann ich natürlich nicht, dass ich das Rennen mache.

2

Jetzt bloß nicht zu lange in solchen Erinnerungen schwelgen! Es geht ja um diese eine Sache. Es geht immer um eine Sache, um bestimmte Fragen und Erklärungen zu diesen Fragen. Aber diesmal ist die Sache eben besonders wichtig. Es gilt etwas zu feiern, und der deutsche Beitrag zu diesem Erfolg soll durchaus gebührend dargestellt werden. Ohne dass die Rede nach Selbstbeweihräucherung und Angeberei klingt. Wie so oft in politischen Reden geht es darum, einen Spagat hinzubekommen und alles auch noch leicht aussehen zu lassen. Bescheiden sein, ohne das eigene Licht unter den Scheffel zu stellen. Wie stellt man das an? Wovon muss ich ausgehen?

3

Alle, die als Redenschreiber arbeiten, haben ihre höchst persönlichen subtilen Techniken entwickelt, um am Ende etwas ganz und gar Eigenes und Besonderes in Worte zu fassen. Da bin ich mir sicher. Niemand redet über diese Techniken. Meine Technik besteht darin, dass ich mich mit einem Glas guten Rotwein – immer Rotwein, meist ein nicht ganz billiger, ach was, nein: Ich leiste mir bei den wichtigen Reden immer einen sehr teuren Saint-Émilion.

Also, ich setze mich mit einem guten Glas Rotwein hin und lasse meine Gedanken schweifen, dahintreiben, ich lasse sie assoziative Bündel schnüren. So wie jetzt. Mit dem ersten Glas komme ich zur Sache. So ist das immer. Ich kann mich mit Saint-Émilion einfach am besten konzentrieren ...

4

Wo ist der Ausgangspunkt? Der Ausgangspunkt ist die Hoffnung, die niemand mehr hatte. Das Global warming war vorangeschritten, der Anstieg des Meeresspiegels, wenn man die Messung von 1850 zugrunde legt, näherte sich der Marke von einem Meter fünfzig. Die Folgen waren ... – ja nun, welches Wort? Dramatisch? Katastrophal? Wenn man damals irgendetwas positiv sehen wollte, dann blieb nur das: Es gab endlich und tatsächlich eine Weltpolitik, die diese Bezeichnung verdient hat. Weil diese Politik von allen großen Staaten getragen wurde. Nur war diese neue Weltpolitik nichts anderes als ein ständiges schnelles Umsteuern zwischen Abgründen. Sie war der sich hinziehende Versuch, den Zusammenbruch jeder Ordnung zu verhindern. Das sind vornehme Worte. Die Abgründe hießen: Hungersnöte, riesige Wanderungsbewegungen mit Gewaltausbrüchen in allen Ecken der Welt.

Muss man die großen Abgründe tatsächlich noch genauer benennen? Es waren die afrikanischen Probleme, die – manchmal indirekt oder in Form von Auswirkungen allgemeiner Katastrophen – alle Staaten der Welt erfasst hatten. Inka Molein hat diese Probleme im Vorwort ihres Buches aufgelistet, zunächst alphabetisch. Versehen mit dem Hinweis, dass ihr Vorschlag in seinem Kern aus der richtigen Verknüpfung dieser Begriffe bestehen wird. Und der Erklärung der Inhalte, die zu dieser Verknüpfung geführt haben.

Kompliziert? Ja, schon. So werde ich das nicht fassen können, das ist mir schon klar. Aber noch bin ich ja in der Vorbereitungsphase. Das Vereinfachen kommt dann später.

Inkas Begriffsreihe also. Die schreibe ich mir jetzt noch einmal auf diese große Papierbahn an der Wand. So mache ich das in diesem Stadium der Vorbereitung immer.

Armut
Ausbeutung
Diktatur
Flucht
Genozid
Gewalt
Hunger
Korruption
Krankheit
Krieg
Kriminalität
Mafia
Misserfolg

Mord
Rassismus
Schlampigkeit
Stammesrivalität
Überbevölkerung
Unbildung
Ungeschicklichkeit
Unpünktlichkeit
Unterdrückung
Unwissenheit
Verschwendung
Zeitvergessenheit

Diese Begriffe haben bei den Rezensenten seinerzeit zu Schnappatmung geführt. Ich habe damals in meiner Dissertationszeit die meisten Rezensionen gelesen. Immer ging es um Vorurteile und Stereotype. Dass Inka Molein für sich in Anspruch nehme, Afrikanerin zu sein, mache die Sache umso schlimmer. Nun gut, sie hat aber auch wirklich alle Vorurteile bedient. Wie war das mit dem Beginn des Vorworts? Ich hab es extra noch einmal aufgeschlagen. Hier ...

»Ein deutscher Politiker hat vor genau 110 Jahren einmal gesagt, dass man mit den Sekundärtugenden Pflichtgefühl, Berechenbarkeit und mit jenem Verständnis für die Machbarkeit von Ideen auch ein KZ betreiben könne. Das hat diesem Politiker damals viel Zustimmung eingebracht. Ich finde, der Mann hat vergessen zu sagen, dass man ohne diese Sekundärtugenden nicht einmal einen kleinen Handwerksbetrieb betreiben kann. Bitte behalten Sie das im Gedächtnis. Ich werde im dritten Kapitel und dann immer wieder auf diese Sekundärtugenden zurückkommen.«

Sie sei eine deutsche Afrikanerin, hat Inka dann augenzwinkernd angemerkt. Exakt das sei sie, auch im rechnerischen Sinn. Zwei ihrer Großeltern seien 2015 aus Afrika nach Deutschland gekommen, und zwei hätten seit vielen Generationen ihre Wurzeln in Deutschland gehabt. Im ersten Kapitel, hier auf – ich habe es mit dem Marker hervorgehoben – Seite 23, kommt sie auf ihre Doppelherkunft zurück und leitet das ein, was sie schließlich ausführlich erklärt und begründet.

»Als Afrikanerin sage ich: Es verletzt meinen Stolz zutiefst, dass ausgerechnet der Kontinent, von dem einst die Menschen hinaus in die Welt zogen und alle anderen Gebiete erschlossen haben, dass dieser Kontinent nicht nur kein Vorbild für den Rest der Welt ist, sondern als das Standardbeispiel für politische Unfreiheit, technische Rückständigkeit und insgesamt als Beispiel für Armut und Chaos dient. Ich bin sicher, das muss sich ändern. Es muss sich jetzt schnell ändern!«

So etwas schreibt sich leicht. »Inka Molein schreibt eine leichte, luftige Programmschrift-Prosa«, exakt so hat einer der ersten Rezensenten seine Besprechung eingeleitet. Und dann weiter, irgendwie sogar kokett: »Wäre das Adjektiv heute noch bekannt, ich würde dieses Buch einen wohlfeilen Versuch nennen, durch Wunder, die als Wissenschaftlichkeit verkleidet da-herkommen, den Untergang der Zivilisation zu verhindern.«

Wodurch verändern die einen Bücher die Welt und die anderen verstauben ungelesen in den Bibliotheken oder, heute, von jedem Staub geschützt, in den großen Datenbanken? Was hat Inka Moleins Buch so wirksam werden lassen? Allzu konkret ist das Programm, das da entworfen wird, ja nicht. Also was?

Ich vermute immer noch, wie seinerzeit, als ich das Buch zum ersten Mal gelesen habe, dass es diese unglaubliche Faszination für das Historische war, die Inka in jeder Zeile ausgestrahlt hat. Sie hatte ein Vorbild, von dem sie auch selbst gesagt hat, dass es durch ihre Phantasie aufgeladen worden war und in der Realität sicherlich so nie bestanden hat. Das hier, aus einem Interview mit Inka Molein, habe ich mir zurechtgelegt. Irgendwie muss ich das in einer einfacheren, vortragbaren Formulierung mit aufnehmen. Niemals die Zuhörer überfordern! Einer der Grundsätze der politischen Rede. Im Gegenteil, es geht darum, ein wohliges Gefühl von Verstehen beim Publikum herzustellen!

»Im Studium habe ich die Idee der Apoikiai kennengelernt. Meist wird das altgriechische Wort mit ›Pflanzstädte‹ übersetzt. Eine Gruppe gut ausgebildeter, nicht zu alter Bürger wird von einer Mutterstadt, der Metropolis, entsandt, um unter Führung eines Oikistes, eines großen, mythischen Anführers, eine neue Stadt zu gründen. Das waren keine neuartigen und schon gar keine utopischen Siedlungen; im Gegenteil, die Apoikiai nahmen die Kenntnisse und die Traditionen ihrer Herkunftsstadt mit. In meinem Kopf aber hat sich das geändert: Neue Apoikiai sollten das große, das unerhört Neue planen und in die Tat umsetzen.«

5

Aus ihrer Dissertation wusste Inka, was die Möglichkeiten und die Probleme der politischen Kommunikation in Afrika waren. Sie hat herausgestellt, dass in den Fehlern auch die Chancen für eine den Afrikanern wesensgemäße politische Willensbildung verborgen sind.

Hoppla, dieses Wort werde ich auf keinen Fall in der Rede verwenden! Wesensgemäß ...

Hier, auf der Seite 28 der Doktorarbeit:

»Was ist die afrikanische Form der politischen Willensbildung? Natürlich: das Palaver. Was verbindet der Rest der Welt mit diesem Wort? Das wenig bis gar nicht effektive Dauergequassel von Männern, in neueren Zeiten natürlich auch von Frauen, die sich gerne reden hören. Dabei hat das Palaver doch durchaus eine Vorbildfunktion. Die westlichen Parlamentsreden sind in vage Regeln gefasste Palaver, nicht mehr und nicht weniger. Auf der anderen Seite ist das afrikanische Palaver durchaus auch mehr und anderes.«

Hier folgt dann, einigermaßen überraschend, wie ich immer gefunden habe, der ausführliche Exkurs zur Willensbildung in japanischen Unternehmen. Der Chef habe dort eine andere Funktion als in der westlichen Welt. CEOs japanischer Unternehmen holten nicht, wie im Westen, die Meinungen derer ein, die auf der nächsten Hierarchieebene unter ihnen stünden, um dann in aller Regel das, was sie schon vorher selbst zurechtgelegt hätten, widergespiegelt zu finden und als Beschluss zu verkünden; die Kunst, die den japanischen Chef auszeichne, sei es vielmehr, wirklich die Meinungen aller in einem Meeting zu bündeln, zu verbinden, zu gewichten und in einem Beschluss zu formulieren, in dem sich alle berücksichtigt fühlen könnten. An diesem Punkt sei das afrikanische Palaver dem japanischen Meeting durchaus verbunden.

Es folgt die naheliegende Frage, warum die Japaner dann einen ungleich größeren wirtschaftlichen Erfolg hätten als die Afrikaner. Die Antwort, die Inka selbst als schlicht, aber zwingend bezeichnet: Die Japaner hätten eine um ein Vielfaches höhere Disziplin als die durchschnittlichen Afrikaner, und die höhere Bildung und die bessere technische Ausbildung der Japaner sei Folge dieser Disziplin.

Sollte ich an dieser Stelle erwähnen – ach Gott. Nein. Dass Inka Molein als junge Frau sieben Jahre mit einem Japaner verheiratet war, gehört nicht hierher. Aber es erklärt auf der anderen Seite vieles, was in ihrem Buch eine Rolle gespielt hat.

6

Die Ursachen und die Auswirkungen der Klimakatastrophe werden in diesem Buch als Teilursachen der afrikanischen Not abgehandelt. Sie hat die Streitigkeiten in der Zeit zwischen 1920 und 2020 als »die 100 todbringenden Jahre« bezeichnet, dabei aber nicht vergessen, dass die Fehler viel früher hätten gesehen werden müssen.

Wo habe ich das in meinem Register ... Ja, genau hier, auf Seite 73: »Es hätte jedem denkenden Menschen doch spätestens um das Jahr 1950 herum klar werden müssen, was sich da abzeichnet. Das, was in der Natur in 300 Millionen Jahren an Erdöl entstanden ist, kann man nicht in 150 Jahren verbrennen und als Abgase in die Luft blasen, ohne die Umwelt zu zerstören.«

Der Klimawandel, der damit verbundene Anstieg des Meeresspiegels und dann Afrika mit seinen ohnehin hohen Temperaturen und seinen Küsten. Dazu die fehlende Technik und das fehlende Geld, um mit Großprojekten gegenzusteuern.

Und zurück zur entwickelten, aber vollkommen unvernünftigen Welt mit ihren Stimmen, die die Unvernunft schon damals angeprangert haben. Das steht in dem Materialband, der ein halbes Jahr später herausgekommen ist. Im Grunde genommen ein Teil der Datenbank, die die Recherchen enthalten hat. Sie hat da wirklich schöne Stellen zusammengetragen – Zitate, die sie nicht verwendet hat. Wer Norman Foster wirklich war, ich müsste das jetzt nachschlagen. Aber es ist nicht so wichtig. Die Sache wird sozusagen kontextfrei verständlich.

Ich muss mich in die Zeit hineinversetzen. Der Rotwein hilft dabei. Wir schreiben das Jahr 2019, und es stand so in einer deutschen Zeitung, die es längst nicht mehr gibt. Schade eigentlich.

»Norman Foster ist eine widersprüchliche Person. Er steht einer der größten Architekturfirmen der Welt vor, die aber trotz ihres grünen Anspruchs das Ziel verfolgt, möglichst viel klimaschädlichen Zement zu verbrauchen, denn Bauen ist das Wachstumsziel von Fosters Büros in London, Abu Dhabi, Buenos Aires, Bangkok, Peking, New York, Sydney und sieben anderen globalen Standorten. Oder er hilft mit seiner privaten Stiftung indischen Dörfern und Slums dabei, ihre fundamentalen Probleme beim Zugang zu Wasser, Strom und Sanitäranlagen zu lösen, produziert aber mit seinem Privatjet, den er ständig über den Globus steuert, an einem Tag so viele Klimagase wie ein ganzes indisches Dorf in einem Jahrzehnt. Schließlich predigt er die vernünftige ökologische Mobilität und Stadtplanung der kurzen Wege, hat sein Wochenendhäuschen aber auf Martha's Vineyard in den USA, nur ein paar Flugstunden von London entfernt. Norman Foster ist also genau der richtige Keynote-Speaker für einen Weltkongress zur ›Stadtwissenschaft‹ mit dem großen Thema ›Without‹.«

Das mit dem Without wird dann schnell geklärt. »Buildings without construction«, »Meat without animals«, »Power without grid«, »Sanitary without sewers«. Und dann, da habe ich seinerzeit, als ich das zum ersten Mal gelesen habe, laut lachen müssen: »›Movement without private jet‹ stand da allerdings nicht.«

Was war es denn, was die Menschen vor 70 Jahren, gerechnet vom Erscheinen dieses Buches an, angetrieben hat? Sie wollten ihre Umwelt ja schützen, alles besser machen. Endlich, endlich! Nur auf Gewohntes verzichten, das wollten sie immer noch nicht. Auf keinen Fall. Mit den Worten dieses Zeitungsberichts von damals:

»Technische Lösungen ersetzen sehr häufig nur ein altes durch ein neues Problem. Und sie rütteln selten an dem Grundwiderspruch unserer Lebensart, dass exzessiver Verbrauch auch umweltfreundlich organisiert immer noch Verbrauch bleibt. Ein echtes ›Without‹ wäre eben doch die Verzichtserklärung auf sehr vieles, das Konsumbürger als ihr Menschenrecht empfinden, wie Reisen, Shoppen, Fleischessen – oder eben auch das eigene Privatflugzeug steuern.«

Als Inka Molein ihr Buch geschrieben hat, waren doch alle diese Kinder längst in die verschiedenen Brunnen gefallen. Alles trieb auf das endgültige Chaos zu. Verteilungskämpfe gab es und sie würden zunehmen. So war das. Was hat sie gewollt, was bewirkt?

6

Sie wollte Afrika seinen Stolz zurückgeben. Nicht als abstraktes Gut, sondern dadurch, dass ausgerechnet in Afrika, diesem Verliererkontinent, das Neue entstand. Wie sollte das geschehen? Es sollten Musterstädte des Nachdenkens entstehen. Hochschulstädte, die zugleich Handwerkerstädte sein sollten. Das sollte in einem Schneeballsystem geschehen. Wenn eine Stadt erfolgreich war, dann sollten die Besten aus dieser Stadt die Mittel erhalten, eine neue Stadt zu gründen.

Die Besten? Alles hing davon ab, festzulegen, welche Eigenschaften die Menschen in ihren neuen Städten haben mussten und welche sie auf keinen Fall haben durften.

Natürlich hatte sie da mit dem Aufschrei der liberalen Bürger gerechnet. Sie hat diesen Aufschrei im fünften Kapitel ihres Buches nicht nur beschrieben, sie hat ihn auch mit einer alten Wendung der deutschen Sprache zur Analyse aufgestellt. Die Wendung hieß: »Wasch mir den Pelz, aber mach mich nicht nass!« Und dann hat sie losgelegt! Sie ist zu ihrer wahnwitzig schnellen Begriffsanalyse übergegangen. Man kann nicht Sicherheit haben, ohne Privatheit aufzugeben. Und wer eine neue Stadt bevölkern will, in der die Menschen friedlich leben und zu neuen Erkenntnissen gelangen, der muss die Aggressiven und die Dummen draußen halten. Zumindest für den Anfang. So lange, bis genug an Mitteln da ist, um die schlichten Gemüter mit zu verpflegen. Die Aggressiven aber, die bleiben grundsätzlich draußen. Die sollen ihre eigene Stadt gründen und schauen, wie weit sie kommen ...

7

Nein, so hat sie es eben nicht geschrieben! Sie hat es ruhiger, kühler, klüger formuliert. So weit bin ich noch nicht. Aber wenn ich diese Rede auf die richtige Weise formulieren will, dann muss ich hinter das Geheimnis ihres Tons kommen. Dann muss ich lernen, so wie sie zu denken und zu schreiben. Das ist eine prima Aufgabe!

Wie auch immer – der Plan für die Gründung einer Apoikia 1 in Afrika, sie hat ihn auf eine ganz leise, sanfte Art entworfen. Kein Rassismus – das bedeutete eben, dass Weiße und Schwarze und alle Schattierungen dazwischen da leben mussten. Hautfarbe war kein Kriterium mehr. Wobei – am Anfang wurde denen mit der dunkleren Haut ein gewisser Bonus eingeräumt. Es galt ja, die Geschichte aufzuarbeiten. Historische Nachteile durften für eine Übergangszeit gelten, aber nicht für immer. Noch nicht einmal für lange. »Ich berufe mich nicht auf den Imperialismus und den Kolonialismus der Vergangenheit«, heißt es da, auf Seite 272. »Das ist lange her, und die Afrikaner hätten längst Gelegenheit gehabt, ihre eigene Welt und ihre eigene Gerechtigkeit zu schaffen.«

8

Ich frage mich, ob Inka Molein die Möglichkeit gehabt hätte, ihren Plan, der ja erst einmal nur ein Buch unter Millionen Büchern war, in die Tat umzusetzen, wenn sie nicht eine so außerordentliche Netzwerkerin gewesen wäre. Sie kannte so viele Menschen mit den besten Fähigkeiten, auf ganz unterschiedlichen Gebieten. Bestimmte Kapitel, das sagt sie selbst in ihrem Vorwort, hätte sie nie und nimmer schreiben können, wenn sie nicht die intensive Beratung durch Fachleute gehabt hätte. Afrikas Klima hat sich in Richtung Lebensfeindlichkeit gedreht? Sie kannte Techniker, die ihr den Spruch: »Hitze ist Energie!« eingegeben haben. Wo es zu heiß ist, lässt sich aus der Hitze Strom erzeugen, nicht nur, um zu kühlen, sondern auch, um Geräte und Maschinen anzutreiben.

Sie hat ja bereits die Stadt beschrieben, mit allem, was zu einer kleinen, prosperierenden Stadt gehört. Drei Bereiche lagen ihr besonders am Herzen. Sie hat sie das Herz allen menschlichen Zusammenlebens genannt: Wissenschaft & Technik, Handwerk und Kunst. Zwischen diesen drei Säulen des Zusammenlebens sollte sich alles andere entwickeln. Die Medizin und die Altersversorgung, das Recht und die Rechtsprechung, wichtig – die Architektur. Wie sieht das richtige Haus, die richtige Wohnung für eine afrikanische Stadt aus? So viele Dinge. Aber Schwarmintelligenz funktioniert, wenn man die Aggressiven, die Besserwisser und die Nörgler draußen halten kann. Man muss freundlich miteinander umgehen, auch – nein, gerade unter Stress muss man freundlich sein.

Wer schafft so etwas? Wie müssen die Menschen beschaffen sein, die so etwas schaffen? Inka kannte Christian Ricci, der sein Leben lang, zuletzt in Harvard, zu diesem Thema geforscht hatte. Er diskutierte mit ihr, da war Ricci schon über sechzig, seine ganz praktischen sozialpsychologischen Erkenntnisse. Er entwarf die Auswahlverfahren, um die Menschen zu finden, die miteinander harmonieren würden, die zusammen Neues auf die Beine stellen konnten.

Im Rückblick, als Apoikia 2 gegründet wurde, die erste echte Pflanzstadt, hat sie geschrieben:

»Manches gelingt nur und kann nur gelingen, wenn jemand vor dem Abgrund steht. Als ich mein Buch geschrieben habe, standen wir alle am Abgrund. Alle Bedenkenträger, ich konnte ihnen sagen, dass sie ihr eigenes Ding machen sollen. Wenn man nur die Wahl hat zwischen einer gefährlichen experimentellen Medizin und dem sicheren Tod und wenn man leben will – was wählt man dann?«

Ich habe mir ein Papierexemplar dieses Buches antiquarisch gekauft. In einer merkwürdigen Anwandlung, schon vor Jahren. Da steht es, gut erhalten, Inka Molein: »Apoikiai. Der Weg zu einer neuen afrikanischen Weltordnung.« München: Altan Verlag 2092. Ich habe dieses Exemplar dreimal gelesen, und ich bin dabei, es ein viertes Mal zu lesen. Immer wieder die eine Frage: Wie konnte ein einzelnes Buch die Welt verändern?

9

Als Apoikia 2 gegründet wurde, sieben Jahre nach der ersten Stadtgründung und damit drei Jahre vor dem eigentlich veranschlagten Termin, da waren die Berichte noch angefüllt mit großem Staunen. In dem Artikel, den ich ausgewählt und den ich gerade zu Ende gelesen habe, heißt es:

»Es ist, wie es ist: Wenn etwas Großes gelingen soll, müssen viele Dinge zusammenkommen, und es muss dann auch noch der Urvater allen Lebens, der Zufall, seinen Segen geben. Von Apoikia 1 ist eine große Botschaft ausgegangen. ›Wir können etwas ändern, wenn wir es nur in der richtigen Weise anpacken.‹

Diese Mustersiedlung hat dazu geführt, dass viele Staaten, nicht nur in Afrika, ihre Lage neu bedacht haben. Die Direktiven, nach denen Apoikia 1 aufgebaut worden ist, hatten und haben eine große Strahlkraft über dieses erstaunliche Experiment hinaus: Wenn ihr diese Regeln beachtet, kann es besser werden!«

Die Hochschule, die in Apoikia 1 gegründet wurde, konnte es nach vier Jahren schon mit den großen Universitäten der Welt aufnehmen. Das lag nicht zuletzt daran, dass die besten Forscher der Welt für einige Semester nach Apoikia 1 zogen, wo sie die besten Voraussetzungen für ihre Arbeit vorfanden. In diesem »Schmelztiegel der neuen Ideen«, wie die Nobelpreisträgerin Natalie Smido die Hochschule nannte, wurde klar gedacht und auf Praxistauglichkeit geachtet. Eine kleine Anzahl von Forschern nur bekam freie Hand für Grundlagenstudien. Und in ein paar Fällen kamen aus dem, was ohne Ziel und Nutzen erforscht wurde, die wichtigsten Anregungen für das normale Leben. So schaffte ausgerechnet der hochbetagte Christian Ricci jenen Index, mit dem Menschen in Führungspositionen durch drei einfache Tests geprüft wurden. Auf ihre »Diktatur- und Korruptionsanfälligkeit« hin, wie Ricci grinsend anmerkte. In keinem Land der Welt hätte sich ein führender Politiker einem solchen Test unterzogen. In Apoikia 1 und in allen Ablegern war es absolute Vorschrift, dass die, die sich um Leitungsposten bewarben, Riccis Test absolvierten. Wobei es bei den Ergebnissen nur ein akzeptiert oder nicht akzeptiert gab, und die, die sich dem Test unterzogen hatten, wurden nur im Fall des Erfolgs bekannt. Niemand solle da sein Gesicht verlieren, hatte Christian Ricci festgelegt.

10

Etwas sagt mir, dass ich in meinen Vorbereitungen auf dieses Schreiben der Rede noch zu abstrakt bin. Wie sah die erste Gründung aus? Wie konnte sie überhaupt zustande kommen? Was geschah im ersten Jahr und was im zweiten?

Es gab diese Ausschreibung für das Gebiet der Gründung. Es gab einen Kriterienkatalog. Welcher Staat wollte ein kreisrundes Gebiet von dreißig Kilometern Durchmesser, umgeben von einem zehn Kilometer breiten Sicherheitsring, abtreten und »für alle Zeiten«, wie es da hieß, auf seine souveränen Rechte auf diesen gut 5.000 Quadratkilometern verzichten? Welches afrikanische Land würde diesen Vertrag unterschreiben? Es war dies keine Frage. Früher, hundert Jahre vorher, wäre eine lange Diskussion über neuen Kolonialismus losgebrochen. Aber jetzt? Die Welt stand am Abgrund. Afrika war ein Teil der Welt. Und Inka Molein war eine Verbindung zwischen Europa und Afrika. Außerdem winkten dem Land, das dieses erste Experiment möglich machen würde, größere Hilfen aus Europa. Wie überhaupt Europa und Deutschland das Projekt finanzierten.

Der Ausschuss, der beratschlagen sollte, hatte eine große Auswahl. Ausgewählt wurde ein Gebiet westlich von Tanga in Tansania. Es zogen zunächst jene gut tausend Personen dorthin, die die Infrastruktur aufbauen sollten. Der Zeitplan war ehrgeizig. Hilfen von außen waren in diesem Abschnitt zugelassen. Nach zwei Jahren standen die Gebäude entsprechend den allgemeinen Vorgaben aus dem Buch von Inka Molein. Sie hatte keine Baupläne geliefert, sondern allgemeine Überlegungen angestellt. Nachhaltige Materialien, natürlich gekühlt, mittlerer Komfort. Die Regeln des »großen Palavers«, die nach den Skizzen von Inka Molein ausgearbeitet wurden, bewährten sich in dieser Zeit auf allen Ebenen. Ebenso die Auswahl unter den Bewerbern für Handwerk, Kunst und Wissenschaft. Von Anfang an war vorgesehen, dass, nach der »Anschubfinanzierung«, dieses Gebiet in dem Sinn autark sein sollte, dass nur von außen eingeführt werden durfte, was durch Produktion im Innern und Verkauf nach außen bezahlt werden konnte. Das Geld musste aus dem kommen, was in der Apoikia hergestellt oder allgemein erwirtschaftet wurde.

Was konnte das sein? Womit sollte man konkurrenzfähig auf den dahintaumelnden Märkten sein? Etwas Merkwürdiges geschah. Die Ersten, die weltweit verkauften, waren ausgerechnet die Künstler des Gebiets. Es wurde einfach Mode, Kunstwerke aus der Apoikia zu haben. Merkwürdig war dann aber vor allem: Vier Jahre nach der Gründung präsentierte die Apoikia einen Stadtwagen der Marke Mjimota. Ein Auto, das sich, geschützt von wohlwollend abgeschlossenen Patentabkommen, in der Welt verkaufen und dann auch verteilt über die Welt andernorts herstellen ließ. Dieses Auto war robust, nicht zu schnell, es ließ sich automatisch zu Zügen zusammenschließen und es war natürlich in der Lage, autonom zu fahren. Die Welt staunte. Ein innovativer Wagen aus Afrika, in einer Zeit, in der kaum noch jemand Autos bauen und verkaufen wollte.

Reicht das als Erklärung für all die Veränderungen, die von den Apoikiai ausgingen und die überhitzt auf den Abgrund zutaumelnde Welt herunterkühlten und beruhigten? Es lässt sich schwer einschätzen, wie da das eine zum anderen kam. Manche haben es Inka verübelt, dass sie zwölf Jahre nach der Gründung von Apoikia 1 resümierte, es seien da in Afrika wohl spirituelle Quellen erschlossen worden. Quellen, die die guten Seiten der Menschen förderten und die bösen unterdrückten. Nur so sei es möglich geworden, den Weg zu finden, die überhitzte Erde zu kühlen. Ja, es waren am Ende doch technische Maßnahmen, von denen ich wenig verstehe. Wir können heute vor allem dank der Forschungen aus Apoikia 7 die Welttemperatur fast wie bei einem Gerät regeln. Die Prozesse sind äußerst komplex, sagen die Experten. Die Angst, dass einer dieser Prozesse ausbricht und wir – je nun, tatsächlich in eine Eiszeit hineintreiben, wird von manchen Ingenieuren immer noch aufrechterhalten. Aber bis jetzt ist von einer solchen Fehlfunktion nichts zu bemerken. Die meisten Menschen sind zuversichtlich.

Wir haben uralte Gewohnheiten hinter uns gelassen. Die Sucht der Menschen, in jeden Winkel der Erde reisen zu wollen und dabei die Umwelt kaputt zu machen, sie war in unseren Genen angelegt. Heute reisen wir dank der Erfindungen aus Apoikia 3 so gut wie überhaupt nicht mehr. Ich glaube, das war vor hundert Jahren noch unvorstellbar: dass die Touristen ihre Sucht nach Welteroberung mit Flugzeugen und überhaupt Maschinen – dass sie das einmal hinter sich lassen würden.

11

Meine Vorbereitungswoche geht zu Ende, und mein Weinvorrat ist fast aufgebraucht. Fühle ich mich deshalb gut vorbereitet? Wie man aus ausgebreiteten Zetteln, vagen Erinnerungen, plötzlich daherkommenden Sätzen einen Text macht, das zu wissen ist meine besondere Begabung. Ich stehe im Wettbewerb mit den anderen, das ist klar. Aber – ich weiß nicht, woher dieses Gefühl kommt. Diesmal bin ich in einer guten Position.

Habe ich nicht irgendwann überlegt, dass die Kanzlerin in drei Wochen in Addis Abeba eine Rede halten wird? Unsere Altvorderen hätten wie selbstverständlich gedacht, dass sie da hinfliegen wird. Nein, sie wird keinen Treibstoff verbrauchen. Sie wird an einem technisch in Szene gesetzten Zusammenschluss der Regierungschefs der Welt teilnehmen und dabei ganz ruhig und entspannt in Berlin sein und sprechen. In Addis Abeba ist es nur eine einzige Stunde später als hier in Berlin. Da muss nicht einmal mitten in der Nacht aufgestanden werden. Spät am Abend, so gegen 11 Uhr, wird es dann ein kleines, feines Essen geben. Der, der bei diesem Redeschreibwettbewerb gewinnt, der darf an diesem Bankett teilnehmen. Gut, ja, es kann auch eine Frau sein. Wenn ich es schaffe, dann werde ich zum ersten Mal in meinem Leben Inka Molein die Hand geben. Sie ist jetzt 82 Jahre alt.

Ich habe mir schon überlegt, dass ich sie fragen werde: »Haben Sie, damals, es wirklich für möglich gehalten, dass die Apoikiai ein Erfolg werden?«

Es würde mich unendlich überraschen, wenn ich die Antwort nicht vorausgesehen hätte. Ein guter Redenschreiber muss so etwas einfach vorhersehen können. Ich weiß also – Inka wird lächeln und sagen: »Ich habe keinen einzigen Augenblick daran gezweifelt!«

PROTEST!
von Karla Weigand

Leserbriefseite der Badischen Zeitung vom 1. April 2049.

»Sehr geehrte Damen und Herren, ich habe noch nie einen Leserbrief verfasst, aber der unsägliche Artikel des Herrn Doktor Günther Bornkiel vom 29. März hat mich dermaßen aufgeregt, dass ich Ihnen meine Empörung darüber unbedingt ausdrücken will und muss. Ich hoffe inständig, dass noch viele andere Leserinnen und Leser das Gleiche wie ich empfinden und gleich mir ihrem Unmut schriftlichen Ausdruck verleihen!

Ich konnte es anfangs gar nicht glauben, was Ihre ansonsten meist recht vernünftige Zeitung sich da geleistet hat, indem sie einem Mann von solcher Amoralität, Menschenfeindlichkeit und Gottesverachtung eine Plattform geboten hat, für seine zutiefst schandbaren Vorschläge, wie man nach seiner Meinung der derzeitigen Hungersnöte in bestimmten Erdgegenden, die von Klimawandel, Lebensmittelknappheit und steigender Kriegs-, Seuchen- sowie Kriminalitätsgefahr herrühren, Herr werden könne.

Dieser sogenannte Mediziner erlaubt sich dreist, die Ursache des augenblicklichen Ungemachs in der Tatsache zu verorten, dass »es auf der Erde zu viele der Spezies Homo sapiens gäbe«!

Hat der Mann denn nie in der Bibel gelesen?

Jedes Kind weiß doch, dass da geschrieben steht: »Wachset und mehret euch und macht euch die Erde untertan!« Nirgends ist die Rede von Geburtenbeschränkung, Empfängnisverhütung oder gar Abtreibung.

Nach Gottes Plan darf der Mensch da gar nicht »regulierend« eingreifen, denn er ist keinesfalls Herr über den Tod und erst recht nicht über das Leben!

Am vernünftigsten belehrt uns da die Kirche durch ihre vom Heiligen Geist in ganz besonderer Weise inspirierten Heiligen Väter – ich erinnere nur an Papst Johannes Paul II. und Papst Benedikt XVI., die beide ernsthaft darauf hingewiesen haben, wie christliche, anständige Ehepaare sich zu verhalten haben. Nur wer nach reiflicher Überlegung daran glaubt, sich keinen weiteren Nachwuchs mehr leisten zu können (meist sowieso nur eine faule Ausrede, um sich persönlich ja nicht einschränken zu müssen), soll sich gefälligst des ehelichen Beischlafs enthalten ... Die einzige Methode, welche nach christlichem Verständnis statthaft ist!

Was meint Dr. Bornkiel damit, wenn er die völlig unbewiesene Behauptung aufstellt, die Erde würde, mangels Ressourcen, keine weiteren Erdenbürger mehr verkraften?

Papst Johannes Paul II. hat uns doch haargenau vorgerechnet, dass der Globus zu den damals erst gut sechs Milliarden Menschen noch leicht vier zusätzliche Milliarden vertrüge und alle gut ernährt werden könnten, wenn sich die wohlhabenden Länder dazu entschlössen, ihren Überfluss mit den Ärmeren zu teilen!

So einfach ist das.

Bornkiel indessen führt an, die möglichen Anbauflächen wären inzwischen aufgebraucht, weil durch die Gletscherschmelze der Meeresspiegel angestiegen und weite Teile fruchtbaren Bodens überschwemmt seien; andere wären durch die Dürreperioden versteppt oder gar zur Wüste geworden – und die Unmassen von Menschen würden schließlich auch noch Platz zum Wohnen brauchen.

Da halte ich vehement dagegen!

Meines Erachtens reichen die Flächen für Felder und Äcker allemal noch aus, man muss nur das Richtige anbauen: Man wird auch von Lauch und Rüben, Salat und Kartoffeln satt – Fleisch muss nicht sein! Das ist unangebrachter Luxus, und es gehört sich nicht, es auf den Tisch zu bringen. Alles eine Frage der richtigen Erziehung. Das hätte übrigens den Vorteil, dass wir uns eine Unmenge an Methangas ersparen, das von den zahlreichen Nutztieren wie Rind und Schwein ausgeschieden wird!

(Auch wenn der Herr Doktor meint, dann würden eben nicht die Soja-fressenden Rindviecher furzen, sondern stattdessen die zehn bis zwölf Milliarden Menschen das Methan ablassen! Eine Vorstellung, die ihn, wie er sagt, schaudern lässt.)

Bornkiel sagt überdies, der gänzliche Verzicht auf Fleisch und damit tierischem Protein sei vollkommener (dazu noch ungesunder!) Quatsch, weil wir

Menschen nun mal von der Natur als Allesfresser angelegt seien (das zeigten nicht nur unser Gebiss, sondern vor allem unser Verdauungsapparat), und fragt süffisant, ob man jetzt etwa Menschen mit mehreren Mägen züchten wolle, wie bovine Arten sie vorzuweisen hätten ...

Zum Thema Methangas äußert der Herr Doktor noch Folgendes: Zu Zeiten, als etwa die Megaherden von wilden Bisons zu Zigmillionen die amerikanische Prärie durchzogen hätten, hätten deren enorme »Auspuffgase« auch keinen Schaden angerichtet – weil es eben längst nicht so viele von uns Zweibeinern gegeben habe!

Wobei er wiederum bei seinem eingangs erwähnten, für gläubige Christinnen wie mich unsäglichen Lieblingsthema, der drastischen Geburtenbeschränkung nämlich, gelandet ist ...

Dann beklagt er noch den fehlenden Wohnraum. Auch das will mir nicht einleuchten. Die Leute können doch leicht zusammenrücken! Dass jeweils nur wenige Menschen in Ein- und Zweifamilienhäusern oder großen Eigentumswohnungen leben, muss aufhören! Ich bin der Meinung, fünf Quadratmeter Wohnfläche pro Person reichen völlig. Man muss das den Leuten nur auf vernünftige Weise klarmachen. Und schon wäre wieder genug Platz für alle da!

Immer noch mehr Menschen bräuchten auch mehr Straßen und andere Verkehrswege, behauptet Bornkiel. Warum denn? Wozu gibt es Heimarbeit? Ohne allmorgendlichen nervigen Berufsverkehr ist es draußen gleich viel ruhiger und gemütlicher! Warum baut man Werkhallen, Fabriken und Bürogebäude nicht mitten in die Wohngebiete hinein? Die Arbeitswege wären drastisch verkürzt und die Arbeitsstätten zu Fuß oder, ökologisch korrekt, mit dem Fahrrad erreichbar.

Wer muss noch fliegen? Niemand. Im Zeitalter der Video-Konferenzen und Internetchats muss man sich von Berufs wegen nicht mehr leibhaftig gegenübersitzen. Das möchte ich vor allem den Herren und Damen Politikern ins Stammbuch schreiben, die so gerne der schädlichen Vielfliegerei frönen.

Und was ist mit Urlaub? Dass man andere Länder und deren Bewohner kennenlernen müsse, ist eine bloße Behauptung und bedient nur die faule Ausrede, Reisen würden bilden! Im Grunde ging es immer nur um den Spaß der Leute, die sich Flugreisen leisten konnten – und das waren viel zu viele, weil

die Flüge immer billiger geworden sind. Spaß lässt sich auch zu Hause, etwa im Freibad, erleben!

Was es über andere Länder und Kontinente zu wissen gibt, kann jeder, den es interessiert, im Internet erfahren oder meinetwegen noch in Büchern – und exotische Mitbürger aus aller Herren Länder beherbergen wir mittlerweile zuhauf, um deren Sitten und Eigenheiten tagtäglich studieren zu können. Also: kein Bedarf an Flugreisen!

Noch eins: Was nach Meinung des Doktors (ist er überhaupt ein Arzt?) noch für die Rinderhaltung spricht, sei die Milchwirtschaft, angeblich vonnöten für Babynahrung. M. E. völliger Unsinn! Erstens ist für Babys sowieso Muttermilch am besten (es wird Zeit, dass junge Mütter wieder stillen!), und später vertragen die Kleinen Tofu-Brei sehr gut!

Überhaupt: Was die wie ein Menetekel an die Wand gemalte angebliche Überbevölkerung der Erde anbelangt, kann ich als gläubige Christin nur das bayerische Sprichwort zitieren: »Schickt der HERR ein Haserl, schickt er auch ein Graserl!« Soll heißen: »Für alle ist genug da!«

Nur Herr Dr. Günther Bornkiel leugnet die Weisheit unseres Schöpfers und versteigt sich zu der blasphemischen Äußerung, dass nicht nur die christlichen Kirchen, sondern alle anderen wichtigen Glaubensgemeinschaften einen reichen Kindersegen nur deshalb propagieren, um ja immer genügend Nachschub an Leichtgläubigen, sprich Dummen zu haben, die den ihnen gepredigten »Stuss« glauben und als zahlende Mitglieder ihren Vereinen erhalten bleiben oder beitreten!

NB: Die Wörter »Dumme« und »Stuss« hat Bornkiel zwar nicht verwendet, aber der Tenor, in dem sein Pamphlet gehalten ist, spricht für sich und seine glaubenslose verwerfliche Haltung.

Ich überlege ernsthaft, das Abonnement Ihres Blattes, dessen treue Leserin ich bisher gewesen bin, aufzukündigen. Mein Motto lautet: *Es lebe der grüne Planet mit vielen kinderreichen Familien, aber ohne Tiermord, um Fleisch auf dem Teller zu haben!*

Ihre zutiefst empörte und bis ins Mark erschütterte Leserin Maria Josepha Müller, glaubensstarke Ehefrau und Mutter von (bisher) vier Kindern, lebend auf vollkommen ausreichenden dreiunddreißig Quadratmetern Wohnfläche.«

Anmerkung der BZ-Redaktion: Wir behalten uns vor, an den Einsendungen unserer Leserinnen und Leser Streichungen vorzunehmen, jedoch ohne deren Sinn zu verfälschen.

FRÜHNACHRICHTEN
von Jörg Weigand

Der Mann liebte diesen Blick ins Rheintal. Wie jeden Morgen hatte er sich die neue Ausgabe der *Siebengebirgsnachrichten* ausgedruckt, denn er hasste das Lesen am Bildschirm. Das Nachrichtenprogramm des örtlichen TV-Senders hatte er parallel dazu eingeschaltet. Kurz: Ein Morgen wie jeder andere.

Und wie jeden Morgen gab es eigentlich immer die gleichen Meldungen. Daran hatte er sich gewöhnt. Und während er sich den Kaffee einschenkte, hörte er die Clogs seiner Frau, die eine Etage höher vom Schlafzimmer ins Bad ging. Fast gleichzeitig war die Stimme des Nachrichtensprechers zu vernehmen; seine Frau schaltete den Regionalfunk regelmäßig ein, während sie sich fertigmachte.

Tragödie in der Nordsee: Alle Mühen umsonst – Hallig Hooge ein Opfer des Sturms.
Als Erstes sprang ihm diese Meldung des Lokalblattes ins Auge.
Der in den vergangenen zwei Tagen stärker als sonst wütende Nordwest hat alle Hoffnungen zunichtegemacht. Die vor einigen Monaten als Überlebensinseln errichteten zwei Pfahlbauten auf den letzten, von der Sturmflut verschonten Warften wurden zerstört, als die Stahlträger aus der Verankerung gerissen wurden. Die letzten Halligbewohner, zwei alte, seit Langem auf Hooge ansässigen Ehepaare sowie ein abenteuerlustiger Tourist fanden den Tod.

Das war zu erwarten gewesen, dachte er, der Mensch darf sich nicht einbilden, die Elemente wie Wind und Wasser in seinem Sinne verändern zu können; er kann versuchen, ihnen zu trotzen. Besser wäre es allemal, sich dem Wandel anzupassen.

Eilmeldung. Das war die Sprecherin der TV-Frühnachrichten: *Das Bundes-Seuchenamt hat über dem Kreis Goslar den Notstand verhängt; es sind mehrere Fälle von Ebola registriert worden.*

Die Sprecherin verkündete diese Schreckensnachricht mit unbewegtem Gesicht. Seit einigen Monaten war die kecke Blondine durch einen mit weiblichen Attributen ausgestatteten holografischen Avatar ersetzt worden, der seine

Meldungen ohne irgendwelche Regungen ablas. Immer dieselbe ungerührte Mimik. Ein Hologramm eben, das gerade das Neueste von den Flüchtlingsströmen verkündete und dies mit der gerade verlesenen Meldung verknüpfte:

Während die nächste Welle von Norddeutschen und Niederländern nach Süden drängt und zurzeit auf der Höhe von Köln angekommen ist, schwächt sich der Flüchtlingsstrom aus dem Süden via Malta und Sizilien zunehmend ab. Das Bundesseuchenamt verlangt inzwischen einen Gesundheitscheck bei allen übers Mittelmeer geflüchteten Bewohnern des afrikanischen Kontinents, da der Verdacht sich zu bestätigen scheint, dass auf diese Weise das gefürchtete Ebola nach Deutschland gelangt sein könnte.

Wie gut, dachte der Mann, dass mein Großvater so klug war, hier auf der Höhe, oberhalb von Bad Honnef, ein Grundstück zu kaufen. Unweit davon hat vor langer Zeit der damalige Bestseller-Autor H. G. Konsalik sein weitläufiges Prachtgrundstück mit drei Bungalows darauf besessen. Was hätte er wohl aus solchen Meldungen gemacht?

Der Mann nahm einen Schluck Kaffee und biss in sein Brot. Er blätterte die soeben ausgedruckten Nachrichtenseiten des Lokalblattes um. Der Kommentar links oben wiederholte den Appell, der fast tagtäglich verkündet wurde:

Die Devise: Energiesparen – Der Energieversorgungsbericht (EVB), der gestern vom Bundeswirtschaftsministerium und der Bundesenergie-Agentur vorgestellt wurde, weist auf eine zunehmende Unterversorgung der deutschen Wirtschaft und der privaten Haushalte hin. Die Kapazität alternativer Energiequellen reiche nicht aus, um eine flächendeckende Versorgung zu garantieren, so das Ministerium. Die zunehmende Abhängigkeit von Stromimporten werde in absehbarer Zeit dazu führen, dass der Strom für Privathaushalte rationiert werden müsse. Mitverantwortlich an den Engpässen ist der Totalausfall der Energieparks in der Nordsee, die durch die zwei in kurzer Zeit hintereinander auftretenden Sturmfluten weggerissen wurden.

Zusätzlicher Strombedarf ist durch die zunehmende Zahl der E-Autos entstanden, deren Zahl sich inzwischen auf circa dreieinhalb Millionen gesteigert hat. Dazu kommt, dass die Entsorgung ausgedienter Batterien erhebliche Probleme zu bereiten scheint, zumal die Wiederverwertung der darin enthaltenen seltenen Rohstoffe wie Lithium enorme Mengen an Energie erfordert. Die Umweltbundesministerin

appelliert an die Verbraucher, Energie zu sparen. Das größte Einsparpotenzial sieht das Ministerium in einer Reduzierung des Kfz-Verkehrs und einem sparsameren Verbrauch im Haushalt. Die Ministerin appelliert an die Bevölkerung, auf private Fahrten mit dem Auto zu verzichten und den öffentlichen Nahverkehr zu benutzen.

Im dazugehörigen Info-Kasten wurden Tipps zum Energiesparen im Haushalt gegeben:

Merke: Handys, Smartphones und Internet sparsam benutzen. Es wird dadurch zu viel Energie verschwendet! Speichere deine wichtigen Dokumente auf Sticks. Das hat auch einen ganz praktischen Grund: Wie aus gut unterrichteten Kreisen verlautete, soll bei einer weiteren Verschärfung des Energienotstands der Gebrauch der Cloud für alle Privatpersonen seitens der Energieagentur verboten werden.

Der Mann schenkte sich Kaffee nach. Er hatte es sich abgewöhnt, weite Fahrten per Auto zu unternehmen, das meiste konnte er mit dem Fahrrad erledigen. Der Benzin- und Dieselpreis war inzwischen so sehr angestiegen, dass es sich bald nicht mehr rechnete, Besorgungen im Pkw zu erledigen.

Seitdem all die Küstenbewohner und die aus den untergegangenen Tiefebenen, Niederländer, Hamburger, Bremer, Kieler und Norddeutsche rheinaufwärts drängten und – wenn auch nur in wenigen Gruppen – nördlich von Bonn mit Plünderungen begonnen hatten, vermied er alle Fahrten, die ihn vom Berg ins Tal führen würden. Fahrzeuge waren angehalten, die Besitzer auf die Straße gesetzt worden. Auch Verletzte hatte es bereits gegeben.

Gestern war der Nachbar da gewesen und hatte die Bildung einer Bürgerwehr angeregt. Der Mann hatte ablehnend reagiert, aber nach den neuesten Nachrichten war er geneigt, dem Nachbarn recht zu geben. Er hatte noch ein Kleinkalibergewehr im Schrank stehen, das er sich damals für den Schützenverein angeschafft hatte; die Munition war wohl auch noch zu verwenden.

Er hatte etwas vergessen! Er stand auf und holte sich den Zeitungsständer. Vor zwei Tagen hatte er den Katalog eines Technik-Versands erhalten, den er nun durchblätterte. Hier: Ein Notstromaggregat. Das sollte er sich bestellen. Und zwar rasch. Und dann musste er sich einen größeren Tank zulegen; sein Dieselvorrat in den drei Kanistern, den er sich für seinen alten Diesel-Pkw in der Garage zugelegt hatte, würde hinten und vorne nicht reichen. Das würde eine schöne Stange Geld kosten, aber: Was sein musste ...

Etwas, was der News-Avatar eben gesagt hatte, ließ ihn aufhorchen:

... einer nächtlichen Aktion hat die Bereitschaftspolizei des Landes Baden-Württemberg einen weit im Westen gelegenen Vorposten des sogenannten »Grünen Freistaates« auf der Schwäbischen Alb gestürmt und die die darin ausharrenden »Freien Grünen« festgenommen. Mit solchen Vorposten versuchen die Initiatoren dieses »Freistaates«, ihr von Technik »weitgehend gesäubertes Gebiet«, wie sie es nennen, weiter auszudehnen.

»Schatz, schenkst du mir bitte Kaffee ein?«, kam der Ruf seiner Frau aus dem ersten Stock. Sie bevorzugte ein nahezu gänzlich abgekühltes Getränk; für ihn dagegen musste es fast brühend heiß sein. Sofort kam er ihrer Bitte nach, sie würde in spätestens zehn Minuten bei ihm sein.

Seine Gedanken kehrten zum soeben Gehörten zurück. Es hatte alles mit dieser skandinavischen Greta begonnen; eine Art Jeanne d'Arc des 21. Jahrhunderts. Sie hatte vielen Menschen Flausen in den Kopf gesetzt. Das Klima retten – als ob das überhaupt möglich wäre! Das Klima war nicht zu retten, es veränderte sich im Laufe der Jahrhunderte mit schöner Regelmäßigkeit. Da gab es nichts zu retten, der Mensch musste sich den Gegebenheiten, dem Wechsel anpassen. Das war alles, und das war mehr als genug. Dass man sich jahrzehntelang nicht darum gekümmert hatte, was mit den Menschen, den Millionen, geschehen sollte, die vor dem angestiegenen Meer und seinen bedrohlichen Stürmen und Wellen fliehen mussten, rächte sich jetzt mit aller Härte.

Auf der Schwäbischen Alb sich anzusiedeln, zumal das Wetter dort oben angenehmer und die Landwirtschaft einfacher geworden war, war einleuchtend. Aber deswegen auf alle Technik zu verzichten? Eine absurde Idee. Dass die Leute vom »Grünen Freistaat« das versuchten und der festen Überzeugung waren, damit alles und jeden zu retten – nun, der Mann war davon überzeugt, dass dies nicht möglich war.

Auf der letzten Seite des Regionalblattes gab es regelmäßig eine längere Reportage, die der Mann immer mit großem Interesse las. Denn hier erkannte er so manches Mal Zusammenhänge, die in den kurzen Fernsehnachrichten, aber auch in den zusammengekürzten Agenturmeldungen der »Nachrichten« nicht erkennbar waren.

Grönland – Kampf um Autarkie, lautete die Titelzeile diesmal. Der Mann überflog den Text und blieb mit den Augen nur an einigen Textzeilen hängen:

Der Kampf der Inuit, bislang mehr oder weniger mit diplomatischen Mitteln ausgefochten, scheint in eine neue Runde zu gehen. Eine Eskalation zeichnet sich ab, weil die wegen der Lizenzen zum Abbau der Bodenschätze reich gewordene Insel nach eigener Verantwortung und Unabhängigkeit strebt ...

Kopenhagen weigert sich beharrlich, dem Drängen der Inselbewohner stattzugeben, und besteht darauf, dass Außen- und Wirtschaftspolitik in dänischer Hand bleiben müssen. Vorläufige Hochrechnungen haben ergeben, dass dem skandinavischen Staat andernfalls Milliardenbeträge in zwei- bis dreistelliger Höhe entzogen würden ...

Die vor einem halben Jahr gegründete sogenannte »Freiheitsarmee der Inuit« hat inzwischen Militärhilfe durch China erhalten, das sich vom Beistand der Freiheitsbewegung weitere Abbaulizenzen erhofft. Bislang wurden den Grönländern, die sich nicht nur aus den eingeborenen Inuit, sondern auch aus seit Generationen dort wohnhafter Inseldänen sowie zugewanderten Kontinentaleuropäern zusammensetzen, schwere automatische Waffen sowie gepanzerte Mannschaftstransporter und armierte Großschlitten (für den Wintereinsatz) geliefert.

Der Mann war noch nie in arktischen Gefilden gewesen, konnte sich aber gut vorstellen, dass das Leben dort kein Zuckerschlecken war; selbst jetzt, nachdem die Klimaerwärmung den Grönländern den Anbau von Gemüse und Kartoffeln sowie die Rinderhaltung erlaubte. Dass sie darauf beharrten, von den Erlösen beziehungsweise den Lizenzen der bislang nur in Bruchteilen erschlossenen Bodenschätze zu profitieren, war nur zu verständlich.

Der weibliche Avatar im Fernsehen machte wieder auf sich aufmerksam, indem sie verkündete:

Eilmeldung – Wie die österreichische Nachrichtenagentur Austria Press meldet, kam es am Großglockner zu einem massiven Felssturz. Der höchste Berg in den Hohen Tauern leidet unter dem Abschmelzen seiner Gletscher, die inzwischen auf ein Drittel der früheren Ausdehnung geschmolzen sind. Der bei Touristen besonders beliebte Ort Heiligenblut wurde durch eine schwere Steinlawine verschüttet. Erste Hilfsmaßnahmen gehen ins Leere, da zuerst schweres Gerät herbeigebracht werden muss. Die bayerische Landesregierung hat dem Nachbarn Österreich Hilfe angeboten. Erste Bilder zeigen wir Ihnen in wenigen Minuten ...

In diesem Moment begann der Bildschirm zu flackern und erlosch. Aus der ersten Etage hörte der Mann seine Frau: »Verdammt, was ist mit dem Radio los? Kannst du mal kommen, Schatz?«

Er war damit beschäftigt, sein Handy zu aktivieren. Nichts, er hatte nicht daran gedacht, es aufzuladen.

»Ich komme herunter!«, rief seine Frau.

Er wollte noch antworten, sie solle vorsichtig sein, denn die Treppe war nur schlecht beleuchtet. Und jetzt war die Elektrizität ausgefallen.

Da rumpelte es.

»Was ist?«, rief der Mann. Stille. Und dann seine Frau:

»Ich bin über den Teppich gestolpert«, stöhnte sie. »Ich glaube, ich hab' mir das Bein gebrochen. Kannst du den Doktor anrufen?«

Wie gesagt, das Handy war nutzlos. Er würde versuchen, den Arzt mit dem Auto zu erreichen. In Bad Honnef, denn in Aegidenberg gab es keine Praxis mehr.

Hoffentlich lief er nicht diesen Flüchtlingen aus dem Norden in die Arme!

»Ich mache mich auf den Weg!«, rief er nach oben. Seine Frau antwortete nicht. Vor Schmerzen war sie ohnmächtig geworden.

LAND UNTER
von Ursula Isbel

Wie einst trug der Wind Frühlingsdüfte mit sich. Er kam aus einer Spalte zwischen Steinen und Beton, die den Erdboden versiegelten.

Aus der Tiefe hörte sie den süßen Gesang der Drosseln und die schwermütige Weise der Rotkehlchen aus den verwilderten Gärten und den windschiefen, verlassenen Lauben.

Sie hatte nie mehr hierher zurückkommen wollen, wo nichts an die vertrauten Straßen und Gärten und Wiesen erinnerte, wo all die alten Häuser Betonklötzen Platz gemacht hatten, in denen die Reichen ihre komfortablen Wohnungen hatten. Die efeuumwucherten Mauern, die heimeligen roten Ziegeldächer, die alten Gesichter hinter Sprossenfenstern, die Obstbäume und Fliederbüsche, die Schuppen und rosenumrankten Veranden, die Madonnenfigürchen in den Mauernischen, die Ziegenställe und der Wirtsgarten unter Kastanien, alles war verschwunden, als hätte es nie existiert, als wäre diese grüne Welt mit ihren Menschen und Tieren, ihren Gerüchen und Geräuschen, den Regentagen, den Schlittenfahrten, dem vereisten See mit den Schlittschuhläufern und der Walzermusik nur ein flüchtiger Traum gewesen.

Jetzt krümmte und machte sie sich so klein wie möglich, bis sie in den Spalt schlüpfen konnte. Es ging erstaunlich leicht, ähnlich wie bei Alice im Wunderland, die in das Kaninchenloch gekrochen und dann in den Schacht gefallen war.

Sie selbst war auch wieder das Kind von einst; das wusste und spürte sie, während sie fiel, einem Kreisel gleich, sich umdrehte und dabei immer tiefer ins Dunkel sank, eingehüllt vom starken, würzigen Geruch der Erde, bis die schwindelerregende Fahrt langsamer wurde und ihre Füße festen Halt fanden.

Hier unten erwartete sie helles Land. Alles war ihr vertraut. Sie lag im kühlen Wind zwischen Moos und Steinen und Grashalmen, die im Licht von Sonne und Mond leuchteten. Schillernde Rosenkäfer und kleine lavendelblaue Falter, Erdhummeln und Taubenschwänzchen wie Kolibris, dicke Maikäfer und liebestrunkene Marienkäfer düsten und brummten und flatterten durch die

Luft. Tausendfüßler und Schnirkelschnecken, gehörnte Raupen, Eidechsen und Asseln und Ameisen krabbelten und krochen und kletterten auf ihren geheimnisvollen Wegen zwischen den Halmen. Hier gab es sie noch alle; und auf einem Rhabarberblatt saß ein Laubfrosch, grün wie ein Pfefferminzbonbon.

Jetzt konnte sie ihn beobachten, ohne den Drang zu verspüren, ihn zu fangen und in ein Glas mit einer kleinen Leiter zu sperren, mit einem Deckel voller Luftlöcher. Was war aus all den wunderbaren Fröschen geworden? Hatte sie sie wieder freigelassen? Wie grausam war sie doch gewesen, ohne es zu wissen und zu wollen.

Über ihr raunten und säuselten die Blätter des Birnbaums im Wind. Sie erkannte die Form der untersten Äste, die so angeordnet waren, dass man ohne Mühe hinaufklettern konnte bis zu einer Astgabel, auf der sie stundenlang unentdeckt gesessen und gelesen hatte.

Da war er wieder, der Duft nach Blüten und jungen Blättern, den sie so lange Jahre vermisst hatte. Hier unten hatten die Frühlingsdüfte überlebt, genau wie die Käfer und Schmetterlinge, die Raupen und wilden Bienen. Die Vögel waren aus dem Süden zurück und sangen, als wäre die Zeit stillgestanden, als wäre nichts geschehen; und im Gezweig huschten Zaunkönige.

Hinter dem Zaun des großelterlichen Gartens plätscherte der Bach, in dem ihr Vater als Junge mit der bloßen Hand Forellen gefangen hatte. Sie selbst hatte den Bach nicht mehr gekannt. Er war zugeschüttet worden, ehe sie zur Welt kam. Und doch gab es ihn noch. Er war jetzt hier, überschattet von knorrigen Kopfweiden.

Sie wusste, er floss an den angrenzenden Gärtnereien vorbei bis zu dem kleinen Schloss, das einst ein bayrischer König für seine Gemahlin bauen ließ. Im Krieg waren Bomben auf die biedermeierlichen Gebäude gefallen. Nur eines der schlichten Kavaliershäuschen war unversehrt geblieben.

Sie stand auf und tapste mit ihren nackten Kinderfüßchen durch den Bach. Im hohen Gras ging sie an seinem Ufer entlang und wusste dabei, dass sie träumte.

Der Bach führte in Windungen zu einer grasbewachsenen Mulde mit einem Hügel in der Mitte, auf dem zwei Trauerweiden wuchsen. Das Gras in der Mulde war hoch und dicht und smaragdgrün, als wäre es noch immer genährt von der Feuchtigkeit eines unterirdischen Gewässers.

Dort hatten sie oft gespielt, ohne je darüber nachzudenken, dass die Mulde einst mit Wasser gefüllt gewesen war, ein künstlicher See mit einer Insel. Doch

sie hatten den Hügel noch immer »die Insel« genannt, und keiner von ihnen hatte gewusst, woher der Name kam.

Auch ihr Vater hatte den See nie mit eigenen Augen gesehen. Er war schon vor seiner Geburt verlandet und versickert, als die königliche Familie ihre Sommerresidenz verließ und die Gärtner sich nicht länger um den kleinen Park kümmerten. So war das Gelände verwildert und zu einem Paradies für die Kinder und Tiere der Umgebung geworden.

Dort auf der Insel sah sie ihn sitzen, unter einer der Weide auf einem Holzstoß. Da kauerte er in seiner kurzen Hose, das Gesicht im Schatten der tief hängenden Zweige. Es war verschwommen wie auf einem verblassten, unscharfen Foto, doch sie wusste, dass er es war und dass er auf sie wartete.

Die Kirchenglocke schlug zwölfmal. Nur einen Moment lang sah sie zurück. Zwischen den Baumwipfeln ragte der vertraute spitze Kirchturm auf. Als sie sich wieder umdrehte, zog ein Regenschauer aus dem stählern glänzenden Himmel hervor, schwappte wie eine Flutwelle über die Insel und die Mulde hinweg.

Sie hob die Arme, legte den Kopf in den Nacken und öffnete den Mund, trank das köstlich schmeckende Nass und fing es in ihren Handflächen auf.

Sie erwachte und lag auf dem Bett, die Arme ausgebreitet, die Hände wie Schalen geöffnet. Der Nachtwind strich wie heißer Atem über ihr Gesicht.

Am folgenden Morgen brachten die Nachrichten neue Katastrophenmeldungen. Während in den südlichen Landesteilen Dürre herrschte, die Wälder verdorrten, die Wildtiere verdursteten, die Bäche, Sümpfe und Moore austrockneten, die Quellen versiegten, war der Meeresspiegel im Norden während des Sommers bedrohlich angestiegen. Ganze Küstenstriche versanken im Meer. Nun war es nach schweren Stürmen über der Nord- und Ostsee zu weiteren Überflutungen gekommen. Teile von Bremen, Hamburg und Flensburg standen unter Wasser.

Das Fernsehen zeigte Bilder von Häusern, die bis zu den Dächern in den Fluten versanken. Die Chancen, dass sich die Flut wieder zurückziehen würde, standen schlecht, hieß es. Man hatte versäumt, rechtzeitig gewaltige Dammanlagen zu bauen, um die Küstenstädte zu schützen. Doch die Ursachen lagen tiefer. Zu lange hatte man die Augen vor der Bedrohung durch die abschmelzenden Pole verschlossen.

Ein Politiker mit Trauermiene und verantwortungsbewusstem Augenaufschlag hinter schwarz geränderter Brille verkündete, jetzt gälte es, Zehntausende obdachloser Bürger zu versorgen und in anderen Teilen des Landes unterzubringen; im Grunde bestünde jedoch kein Anlass zur Beunruhigung, man hätte alles unter Kontrolle.

Jetzt wird er zurückkommen, dachte sie. Er hatte im Norden Karriere gemacht, hatte Kinder und Enkel, ein Haus und ein Segelboot. Nun würde Hendrik hierher zurückkehren, in eine Heimat, die es nicht mehr gab.

Vor dem Schlafengehen machte sie sich sorgfältig zurecht, steckte ihr Haar auf und zog ihr hübsches altes Spitzenkleid mit dem Tellerrock an, das inzwischen so eng in der Taille war, dass sie sich kaum rühren konnte.

Trotz der mörderischen Hitze, die auch nachts kaum nachließ, fiel sie sofort in tiefen Schlaf. Ihr Traum führte sie in die alte Straße, zu der Stelle, an der sich die Spalte zwischen Beton und Steinen auftat. Sie duckte und krümmte sich zusammen, zwängte sich durch die enge Öffnung, fiel hinein ins Dunkel, abwärts; immer tiefer schraubte sich ihr Körper nach unten wie ein Korken in einen Flaschenhals ...

Diesmal legte sie sich nicht ins Gras. Sie tapste mit nackten Füßen durch den Bach, in dem Forellen sprangen und zwischen Steinen verschwanden. Blau schillernde Prachtlibellen gaukelten vor ihr her.

Die Schnellstraße, die später das Land ihrer Kindheit durchschneiden und den Bach unter sich begraben sollte, Vorbote und Sinnbild der Zerstörung, gab es noch nicht. Doch diesmal sah sie auf dem Hügelkamm zwischen den Eschen verschwommen die Umrisse der Ruine des Schlösschens. In den zerborstenen Überresten der Fensterscheiben spiegelte sich das Licht von Sonne und Mond.

Einen Moment lang sah es aus, als wäre die Mulde mit silbernem Wasser gefüllt, doch das war nur ein Trugbild. Die dichten, langen Grashalme bogen sich wie Wellen im Wind. Von der Schlossruine her hörte sie den Lockruf eines Vogels; vielleicht war es eine Nachtigall.

Hendrik kauerte auf dem Holzstoß und den tief hängenden Zweigen der Trauerweide, wie letztes Mal, wie früher. Er hatte sein überschwemmtes Zuhause verlassen und war zurückgekehrt, zu ihr und der Heimat seiner Jugend. Jetzt sah er sie kommen. Er hob die Hand und winkte.

HEIßE ZEITEN
Der Klimawandel hat auch seine schönen Seiten …

Mit den Geschichten
- von der schönsten Weihnachtsüberraschung
- von kalten Träumen
- von heißen Träumen
- vom gekaperten Eisberg

WEIHNACHTSZAUBER
von Ute Wehrle

»Schneeflöckchen, Weißröckchen« dröhnte es aus unsichtbaren Lautsprechern. Marlene summte leise mit. Diese herrliche Kälte, die ihr trotz des dicken Anoraks in die Knochen fuhr und sie schaudern ließ ... Ihre Wangen waren gleichermaßen von Frost und Aufregung gerötet. Sie konnte sich nicht daran erinnern, wann sie das letzte Mal so glücklich gewesen war wie in diesem Moment. »Du kommst durch die Wolken, dein Weg ist so weit.« Die Kinderstimmen verstummten, stattdessen stimmte Frank Sinatra »Let it snow« an .

Verzaubert stapfte Marlene weiter durch den Schnee, der unter ihren Stiefelsohlen knirschte. Ihr Blick richtete sich auf eine riesige Tanne, auf deren Spitze ein goldener Stern befestigt war. Noch beeindruckender war jedoch der Adventskalender in Form eines Fachwerkhauses direkt daneben, dessen 23 geöffnete Fenster daran erinnerten, dass Heiligabend kurz vor der Tür stand. Direkt am Eingang befand sich ein Verkaufsstand, an dem von Kopf bis Fuß in Grün gekleidete Wichtel Glühwein an die Passanten ausschenkten. So, wie sie bereits schwankten, hatten sie sich selbst ausgiebig von der Qualität des heißen Getränks überzeugt. Marlene kicherte, als einer von ihnen über seine eigenen Füße stolperte. Dabei landete ein voller Glühweinbecher auf dem Boden, und in Nullkommanichts breitete sich eine blutrote Lache im Schnee aus. Fluchend kam der Wichtel wieder auf die Beine und wischte sich den feuchten Hosenboden ab.

Geschah ihm recht, dem kleinen Schluckspecht. Marlene ließ das Fachwerkhaus und den Glühweinstand links liegen und ging weiter. Als sie von einem eisigen Windhauch gestreift wurde, zog sie ihren bunten Schal, den ihr ihre Mutter gestrickt hatte, enger um den Hals.

Ein paar Schritte weiter entdeckte sie eine Glasvitrine, vor der sie neugierig stehenblieb. Eisblumen. Ihr Mund formte ein entzücktes O, während sie die Wunderwelt aus Kristall und Eis, die wie von Zauberhand auf eine Scheibe gemalt schien, betrachtete. Eine Sonderform von Raureif, wie sie in einem der Bücher ihres Vaters gelesen hatte.

»Darf ich?«

Eine blonde Frau jenseits der sechzig mit sonnengegerbtem Gesicht schubste sie zur Seite. Marlene wollte protestieren, doch dann bemerkte sie das wehmütige Lächeln der Blondine.

»Mein Gott, Eisblumen. Die kenne ich noch von den Skiurlauben mit meinen Eltern im Schwarzwald. Ist lange her.«

Ach du liebe Zeit. Würde sie auch einmal Selbstgespräche führen, wenn sie alt wurde? Da Marlene nicht den Eindruck hatte, als würde die Frau Wert auf ihre Gesellschaft legen, überließ sie sie ihren Erinnerungen.

»Ho, ho, ho!«

Schon zum zweiten Mal kam ihr ein Weihnachtsmann entgegen, der ihr freundlich winkte.

»Lust auf eine Schlittenfahrt?« Seine Augen blitzten übermütig.

Marlene zögerte keine Sekunde und folgte ihm zu einem mit glitzerndem Schnee bedeckten Hügel, an dessen Fuß an die zwanzig Holzschlitten bereitstanden. Vor ihnen hatte sich bereits eine lange Warteschlange gebildet. Geduldig wartete sie, bis sie an der Reihe war, schnappte sich einen, und machte sich an den Aufstieg. Auf dem Weg nach oben wirbelten Schneeflocken um sie herum, und bei jedem Atemzug stießen kleine Wölkchen aus ihrem Mund. Plötzlich traf sie etwas Hartes im Rücken. Erschreckt drehte sie sich herum und sah in das grinsende Gesicht des Weihnachtsmanns.

»Na, warte«, rief sie ihm übermütig zu und ließ den Schlitten los. Dann bückte sie sich, um in Windeseile einen Schneeball zu formen. Sie zielte – und der Weihnachtsmann japste überrascht nach Luft, als ihn das Geschoss mitten ins Gesicht traf. Gar nicht so schlecht für ihre erste Schneeballschlacht, freute sich Marlene. Ein weiterer weißer Ball flog durch die Luft, abgefeuert von einem jungen Mann mit Pudelmütze, der ebenfalls den Weihnachtsmann als Ziel auserkoren hatte. Als der bemerkte, dass er gleich von zwei Seiten attackiert wurde, suchte er schleunigst das Weite. Die Pudelmütze kam auf Marlene zu.

»Dein erstes Mal?«

Sie nickte.

»Mein Vater hat sich bestimmt schon hundert Mal beworben, bis es endlich geklappt hat. Aber das Warten hat sich definitiv gelohnt. So etwas Tolles habe ich noch nie erlebt. Ich hätte nie gedacht, dass Frieren so viel Spaß machen kann.«

Sie strahlte.

»Die zwei Stunden hier sind das schönstes Weihnachtsgeschenk, das ich je bekommen habe.«

»Dann will ich dich mal nicht länger aufhalten. Die Zeit ist sowieso bald um«, antwortete der Mann und zog seine Pudelmütze tiefer in die Stirn. »Aber für zwei Abfahrten reicht es sicher noch, wenn du dich beeilst. Und ich schaffe es vielleicht noch, ein paar Runden auf der Eisbahn zu drehen. Frohe Weihnachten.«

Er eilte davon.

Marlene zog ihren Schlitten weiter, bis sie endlich oben auf dem Berg stand. Sie setzte sich auf das hölzerne Gefährt, drückte sich ruckartig mit den Füßen ab – und der Schlitten schoss so schnell den Abhang hinunter, dass Marlene das Gefühl hatte, sie würde fliegen. Jauchzend riss sie die Arme hoch, bis der Schlitten zum Stehen kam. Gerade, als sie sich erneut auf den Weg nach oben machen wollte, wurde die Musik von einer Männerstimme unterbrochen.

»Liebe Besucherinnen und Besucher. Wir schließen in wenigen Minuten. Wir hoffen, Sie hatten einen schönen Tag und wünschen Ihnen einen guten Heimweg.«

Schweren Herzens folgte Marlene dem Aufruf. Ein letztes Mal sog sie die kalte Luft in ihre Lungen, dann begab sie sich zu den Umkleidekabinen, zog Anorak, Pullover, wattierte Hose und Stiefel aus und packte sie in ihre große Tasche. Dann schlüpfte sie wieder in ihre Shorts und ein hellblaues Top, zog ihre Sandalen an und machte sich auf den Weg zum Ausgang. Ihr letzter Blick fiel auf einen grinsenden Schneemann, dann durchschritt sie die Sicherheitsschleuse, vorbei an den Security-Männern, die das Gebäude bewachten, und stand auf der Straße.

Dort wurde sie von sengender Hitze empfangen, die ihr in Sekundenschnelle den Schweiß auf die Stirn trieb und schier den Atem rauben wollte.

Ihr Vater wartete bereits auf sie.

»Und? Hat es dir gefallen?«

Er reichte ihr einen Strohhut, den sie sich schleunigst aufsetzte.

»Ach Papa, es war einfach wunderbar. Ich hätte nie gedacht, dass Weihnachten so schön sein kann. So ganz ohne Palmen, Hibiskus und die doofen Fruchtcocktails.«

Marlene fiel ihm um den Hals.

»Das hoffe ich doch, war schließlich teuer genug, uns da reinzukaufen«, grummelte ihr Vater. »Die Anteile sind ein Vermögen wert.«

Langsam schlenderten sie an einem Ginkgohain vorbei, in dem eine Kolonie Zwergpapageien einen Heidenlärm veranstaltete. Deren Federkleid strahlte im selben Grün wie die Anzüge der Wichtel. Als sie an einer schwarz-gelb gestreiften Stele vorbeikamen, die ein Künstler als Erinnerung an die ausgestorbenen Bienen errichtet hatte, drehte sich Marlene noch einmal um zu dem gigantischen Glaspalast, aus dem sie gerade gekommen war. »Wintermärchen« stand in großen Buchstaben daran geschrieben. Und »Zutritt nur für Mitglieder«.

»Und wie lange dürfen wir dieses Mal über die Feiertage die Klimaanlage anstellen?«, fragte sie im Weitergehen.

»Wir haben neunzig Minuten pro Abend genehmigt bekommen. Mehr war leider nicht drin.«

»Super.«

Marlene zog eine Grimasse. Ihr Vater seufzte.

»Kind, jetzt sei nicht undankbar. Früher, als du noch nicht auf der Welt warst, mussten deine Mutter und ich im Winter regelmäßig in die Karibik fliegen, um tropische Nächte zu erleben.«

»Ja, früher«, wiederholte Marlene. »Und wegen früher sind dort jetzt alle Strände weggespült und bei uns ist Weihnachten nicht mehr weiß, sondern heiß.«

Sie kicherte über ihr Wortspiel.

Ein Schuss peitschte durch den Nachmittag und schreckte die Papageien in den Baumkronen auf. Marlene drehte sich nicht einmal herum. Sie wusste auch so, was passiert war.

»Schon wieder einer dieser militanten Irren, der sich gewaltsam Eintritt in den Glaspalast verschaffen wollte«, bemerkte ihr Vater und tippte sich an die Stirn. »Keine Ahnung, was sich die Leute dabei denken.«

Marlene schüttelte traurig den Kopf, bevor sie leise »Schneeflöckchen, Weißröckchen« zu singen begann.

DER TRAUM
von Marianne Labisch

»Wie fühlt es sich an? Wie schmeckt es?«, fragte Hanna ihren Opa.

Sie hatte auf alten Fotos Schnee entdeckt und ihn mit Fragen gelöchert. Wie sollte er ihr nur begreiflich machen, dass es sich bei Schnee um mehr als nur gefrorenes Wasser handelte?

»Schnee ist kalt, aber die einzelnen Flocken sind so zart, dass sie auf der Hand oder auf der Zunge sofort schmelzen. Es schmeckt frisch wie Wasser, aber doch irgendwie anders.«

»Wie kann es so viel sein, wenn es sofort schmilzt?«

»Ach, Kindchen, ich wollte, ich könnte es dir zeigen. Es fällt schwer, es nur zu beschreiben ...«

»Schade, dass es keinen mehr gibt.«

»Ja, Hanna, das ist sehr schade. Aber wenn du vorm Einschlafen an Schnee denkst, vielleicht erscheint er dir dann im Traum.«

An diesem Tag reifte der Entschluss in ihm, seiner Enkelin den Traum zu verwirklichen, Schnee in der Realität erleben zu können.

Opa Vincent schwitzte wie verrückt. Wenn ihn jemand beobachtete und melden würde, könnte er seinen geruhsamen Rentenstand vergessen und müsste den Rest seines Lebens in einer Zelle verbringen. So sehr er seiner Enkelin den sehnlichsten Wunsch erfüllen wollte, so hegte er doch kein Bedürfnis, dafür seine Freiheit zu opfern. Hektisch blickte er sich um, rechts, links und oben. Nichts zu sehen. Aber seine Augen, nicht mehr so scharf wie früher, mochten ihn trügen.

Hörte man nicht in letzter Zeit häufiger von Spähern, die gerade in die ländlichen Gegenden geschickt wurden? Der Witz schlechthin! Menschen, die an entlegene Orte geschickt wurden, wo doch Satelliten alles im Blick haben sollten? Nichts war mehr wie früher, gar nichts. Die Politik hatte versagt.

Die Kinder hatten gemahnt, aber ihre Worte waren verpufft. Ehrlich gesagt musste Opa Vincent zugeben, dass die Gesellschaft versagt hatte. Sehenden

Auges war sie ins Verderben gerannt. Und nun hatten sie den Salat – besser gesagt: genau den eben nicht. Alles Obst und Gemüse benötigt Wasser, um zu wachsen. Wasser war zu einem kostbaren Gut geworden, einem Gut, das streng rationiert wurde. So knapp bemessen, wie die täglichen Rationen waren, hatte er länger gebraucht, als er ursprünglich gedacht hatte, um sein Reservoir aufzufüllen. Heute nun endlich würde er den Traum seiner überaus geliebten kleinen Hanna erfüllen. Wie er sich auf die großen, klaren blauen Augen freute!

In einem letzten Rundgang überprüfte er die Anschlüsse, den Wasservorrat, die Wiese sowie das Gefälle und fand alles einwandfrei vor. Am Ein- und Ausschalter seiner Lanze bezog er Stellung und rief ins Haus:

»Hanna, komm bitte mal kurz raus!«

Er wusste, dass sie in ihrem Zimmer saß und malte. Diese Tätigkeit unterbrach sie nur ungern, daher wunderte er sich nicht, als er die Frage: »Was gibt's denn, Opi?« hörte und antwortete:

»Ich habe eine Überraschung für dich, meine Liebe. Nun komm schon, du kannst später weitermalen.«

»Was denn für eine Überraschung?«

»Na, das siehst du, wenn du kommst.«

Sie schob ihren Stuhl geräuschvoll unter den Tisch und hüpfte die Treppe hinunter. In der Tür blieb sie stehen und schaute ihn mit großen Augen an.

»Wo ist die Überraschung?«

»Sei so lieb und stell dich auf die Wiese.«

Mit seiner Linken wies er auf den grünen Flecken.

»Warum?«

»Darum! Nun mach schon, Hanna! Es wird dir gefallen, versprochen.«

Sie tat, was er verlangte und stellte sich mitten auf die Wiese.

Opa Vincent drückte auf den Knopf. Lärm ertönte, ein Ruck ging durch die Lanze, und schon sprühte ein Schneestrahl direkt auf Hanna.

»Schnee! Schnee! Hurra! Opa, das ist echter Schnee!«

Sie tanzte im Schnee, fing die Flocken erst mit der Hand und dann mit der Zunge auf. Sie drehte sich wie eine Figur auf einer Spieluhr. Zwischendurch strahlte sie ihren Opa an.

Das Schauspiel dauerte exakt eine Stunde, dann waren die dreihundert Liter, die Opa Vincent abgezwackt hatte, verbraucht. Er schaltete die Lanze aus und leistete Hanna Gesellschaft. Als Erstes beugte er sich zu ihr hinunter und ließ sich feste von ihr drücken.

Sie küsste ihn auf die Stirn und auf den Mund und sagte:

»Danke, lieber Opa! Das ist wunderschön. Wie hast du das nur angestellt? Ich dachte, es gäbe keinen Schnee mehr.«

»Das erzähle ich dir gleich. Ich muss dir erst noch etwas Schönes zeigen. Schnell, bevor die ganze Pracht geschmolzen ist! Leg dich in den Schnee!«

Hanna folgte ihm, ohne weitere Fragen zu stellen, und blickte zu ihm auf.

»So?«

»Ganz genau so, mein Schatz. Jetzt strecke die Arme aus und mach so«, er bewegte seine Arme seitlich des Körpers auf und ab, »und mach das Gleiche mit den Beinen.«

Hanna tat auch das, ohne zu wissen, wozu es gut sein sollte.

Er hielt ihr seine Rechte hin, half ihr beim Aufstehen und ging einen Schritt zur Seite. »Schau nur, ein Schnee-Engel!«

Hanna schlug sich die Hand vor den Mund und staunte.

Allzu lang sollte sie das Kunstwerk allerdings nicht bestaunen können, denn die ganze Pracht würde schnell verschwunden sein, und eins musste er ihr vorher noch zeigen.

»Komm, wir bauen einen Schneemann! Wir müssen uns beeilen. Lang hält der Schnee nicht. Guck, wir machen einen Schneeball – ja so ist es richtig – den rollen wir jetzt im Schnee, so wird er größer. Ja, genau so …«

Es dauerte nicht lang, da zierte ein kleiner, dicker weißer Mann Opas Wiese und wurde von den beiden mit strahlenden Blicken betrachtet. Während der Schneemann vor sich hinschmolz, griff Opa Vincent aus dessen Kopf eine Handvoll Schnee, formte einen Ball und warf ihn auf Hanna. Die wusste, das konnte nur der Beginn einer Schneeballschlacht sein, und tat es ihrem Großvater nach. Sie lachten und liefen und bewarfen sich, bis auch der letzte Rest Schnee verschwunden war.

Hanna umarmte ihren Opa noch einmal und bedankte sich aufs Herzlichste. Erst jetzt mischte sich ein wenig Angst in ihren Blick, und sie schaute sich in der Gegend um.

»Das ist verboten, oder?«

»Ja, mein Kind, es ist verboten, aber was haben wir denn schon getan? Ein wenig Wasser gehortet, es mit Hilfe der Sonnenenergie in Schnee verwandelt und dem Wasserkreislauf wieder zugeführt. Nicht alles, was verboten ist, ist auch schlecht.«

»Warum ist es dann verboten?«

»Warte kurz, ich bring das Ding erst in den Schuppen, dann reden wir im Haus weiter.«

Damit schob er die Schneelanze, die er vorsorglich auf ein kleines, fahrbares Podest montiert hatte, in den Geräteschuppen, deckte die Plane darüber und nahm sich vor, das Teil in den nächsten Tagen in seine Bestandteile zu zerlegen und diese zu entsorgen. Danach folgte er Hanna ins Haus und fand sie am Küchentisch wartend vor. Er setzte sich neben sie, und sie dankte ihm noch einmal. Ihre Dankbarkeit und der strahlende Blick übertrafen all seine Erwartungen.

»Du bist der beste Opi auf der ganzen Welt.«

»Wie sieht es aus? Wollen wir uns zur Feier des Tages einen Kakao gönnen?«

»Au ja, das war' schön.«

Opa Vincent setzte den Topf auf den Herd, gab Milch, Kakaopulver und Zucker hinzu, rührte, bis die Milch aufwallte, und füllte zwei Tassen mit dem köstlichen Getränk. Beide wärmten sich die Hände an den Tassen, bevor sie einen Schluck kosteten.

Plötzlich wurde Hanna nachdenklich.

»Warum gibt es keinen echten Schnee mehr?«

»Ach, Hanna, das habe ich dir doch schon so oft erzählt.«

»Ich weiß, aber heute möchte ich es noch mal hören. Heute weiß ich ja, wie er sich anfühlt, aussieht und schmeckt. Und heute habe ich zum ersten Mal einen Schneeengel gesehen und eine Schneeballschlacht mir dir gehabt. Bitte!«

Opa Vincent begann seine Geschichte, die er stets wie ein Märchen anfangen ließ:

»Es war einmal vor langer, langer Zeit, da hörten die Menschen weder auf die Mahner noch auf die Propheten oder gar auf die Kinder ...«

Diese Stelle gefiel Hanna stets am besten.

»Die Kinder?«

»Ja, die Kinder, die sahen, dass ihre Eltern nichts taten, um die Katastrophe aufzuhalten, gingen auf die Straßen, um zu protestieren. Hast du eine Ahnung, wer mit diesen Kindern protestierte?«

»Du! Du warst eines von ihnen.«

»Ganz genau. Ich lief mit ihnen, ich schwänzte die Schule, und ich legte Flughäfen lahm. Ich riskierte Hausarrest und musste nachsitzen, aber wir ließen uns davon nicht aufhalten. Wir waren schlauer als die Alten, konnten aber auch nichts ausrichten. Es wurde viel geredet, man vertagte das Thema, man traf sich zu Klimakonferenzen und vereinbarte Maßnahmen, die man nicht umsetzte. Offensichtlich hofften immer noch alle, dass es so schlimm schon nicht werden würde. Und als die Klimazonen sich immer weiter verschoben ... Du weißt, was passierte?«

Hanna nickte, denn sie hörte Opas Geschichte wohl zum hundertsten Mal.

»Als die Sommer immer länger wurden, die Pole wie die Gletscher abschmolzen und die Inseln im Meer versanken, war das Geschrei plötzlich groß. Man konnte die Menschen nicht einfach absaufen lassen, also wurden sie auf Schiffe verfrachtet, und man stritt sich darüber, wer sie nun aufnehmen sollte. Du musst dir vorstellen, dass auch die Kontinente mit dem steigenden Meeresspiegel kleiner geworden waren. Und nun sollte man in den kleineren Ländern immer mehr Menschen aufnehmen? Das wollte niemand, aber irgendwo mussten die Leute ja hin.«

Der traurige Blick seiner Enkelin ließ ihn innehalten.

»Was ist, Hanna?«

»Als das passierte, sind viele Menschen ertrunken, nicht wahr?«

»Allerdings, das kann man wohl sagen. Die Unwetter, die den steigenden Meeresspiegel begleiteten, rafften die Leute dahin. Auf der Suche nach neuem Lebensraum kamen ebenfalls viele um ...«

Hanna fiel ihm ins Wort:

»Warum hat man die Leute nicht geholt, bevor es zu spät war?«

»Man hat sich eingebildet, man könnte dem Meer trotzen. Immerhin gab es seit vielen Jahren Bezirke, die der Mensch dem Meer abgetrotzt hatte.«

»Wie?«

»Oh, man baute hohe Wälle und Mauern und hoffte, das Meer würde nicht darüber steigen. So versuchte man es mit den Inseln auch. Aber nach den Wirbelstürmen, die diese Mauern einrissen, als bestünden sie aus Legosteinen, sah man ein, dass es zwecklos war, und suchte sein Heil in der Flucht.«

»Weißt du, wie viele Menschen ertrunken sind?«

»Nein, genau weiß das wohl keiner, und ich hatte immer den Eindruck, so genau wollte es auch niemand wissen. Es waren sehr viele. Und die, die es schafften, von den Rettungsschiffen geborgen zu werden, befanden sich immer noch nicht in Sicherheit. Die mussten erst mal irgendwo aufgenommen werden. Und selbst wenn ihnen das gelang, so spürten sie doch überall, dass sie nicht erwünscht waren. Die Menschen wollten den immer knapper werdenden Raum nicht mit anderen teilen und fürchteten auch um ihre Arbeitsplätze. So entstanden außerhalb der Megacitys Gettos. Dort brachte man die Flüchtlinge unter.«

»Warum sind wir nicht auch in so einer Megacity?«

»Weil das kein menschenwürdiges Leben ist, darum.«

»Aber Papa und ...«

»Ja, ich weiß, deine Eltern ...«

Hier versagte ihm wie stets die Stimme. Er dachte ungern daran zurück, wie sein Sohn sich mit seiner Frau aufgemacht hatte, um in die Stadt zu gehen. Nur mit sehr viel Worten gelang es ihm damals, die beiden davon anzuhalten, Hanna mitzunehmen. Er versprach, Hanna zu ihnen zu bringen, wenn sie wirklich fanden, dass es dem Kind dort besser gehen würde. Das war bis heute, vier Jahre danach, immer noch nicht der Fall. Sie hielten Kontakt, und stets richteten die beiden auch ein paar Worte an Hanna, aber was sie zu berichten hatten, hörte sich nicht gut an. Hier nahm er den Faden wieder auf:

»Wie es früher nur in den chinesischen Städten der Fall war, hausen die Stadtmenschen nun weltweit in winzigen Buden, bekommen rationiertes Essen und Wasser und werden überwacht. Bespitzelungen und Diffamierungen sind an der Tagesordnung. Wer Wasser verschwendet, wird inhaftiert und darf am eigenen Leib erfahren, wie sich eine Dehydrierung ...«

»Was ist das?«, verlangte Hanna zu wissen.

Wenn er ins Erzählen geriet, vergaß er manchmal, wie alt Hanna war. Er musste sich auf ihre sechs Jahre einstellen.

»Ein Mensch kann ungefähr drei Tage ohne Wasser auskommen, aber es ist sehr unangenehm. Zuerst klagen die Leute nur über Durst und einen trockenen Mund, dann fällt es ihnen schwer, sich zu konzentrieren, danach wird es immer schlimmer. Erspare dir die genauen Einzelheiten und glaube einfach deinem Opa, dass es unschön ist.«

»Tut es weh?«

»Ja, ab einem gewissen Grad tut es weh.«

»Warum tut man den Leuten weh?«

»Damit sie lernen, mit Wasser umzugehen.«

»Wenn sie uns heute erwischt hätten«, Hanna stockte einen Moment und wirkte dabei sehr nachdenklich, »wären wir auch ins Gefängnis gekommen? Hätte man uns auch wehgetan?«

»Dir nicht. Kinder unter zehn Jahren dürfen nicht inhaftiert werden. Aber mich hätten sie wohl in eine Zelle gesteckt und mir das Wasser vorenthalten.«

»Aber es war doch nichts Böses, was wir getan haben.«

»Nun ja, ich habe Regenwasser aufgefangen, das sonst versickert wäre und somit den Grundwasserspiegel hätte ansteigen lassen. Du erinnerst dich an den Grundwasserspiegel?«

»Ja, das ist Wasser unter der Erde, das Wasser, das die Bäume trinken.«

Opa Vincent lächelte. Ein schlaues Kind, seine Hanna.

»Das ist verboten, auch wenn wir letztendlich nur für eine kleine Verzögerung gesorgt haben, denn letztendlich ist unser Regenwasser ja genau dort gelandet.«

Hanna nickte eifrig.

»Nur dass wir erst damit spielen konnten. Das war so schön, Opi! Es war so kalt, dass es auf der Haut gekitzelt hat. Und es fühlte sich toll an, wie die Flocken auf meiner Zunge geschmolzen sind. Aber am schönsten fand ich den Schneeengel und dass ich den selbst gemacht habe.«

Hier fügte sie eine kleine Pause ein.

»Nur schade, dass wir nie jemandem davon erzählen dürfen, sonst holen sie dich, und ich darf sicher nicht alleine hierbleiben.«

»Stimmt, das würden sie nicht zulassen. Wenn du ein paar Jahre älter wärst, so alt, dass du die Felder selbst bewirten und dich somit versorgen könntest, aber jetzt? Da würden sie dich wohl in die Stadt zu deinen Eltern schicken.«

»Aber die haben doch gar keinen Platz für mich.«

»Den müssten sie dann schaffen. Andere Familien leben auch auf engem Raum zusammen.«

Hanna stützte ihren Kopf mit der Hand und sah aus, als würde sie große Probleme wälzen. Fast hätte sich ein Lächeln auf sein Gesicht geschlichen, so ernst sah sie aus und war dabei doch so süß.

»Opa, warum wohnen die Leute alle in den Städten, wenn es da doch so eng ist? Warum haben wir hier nicht viel mehr Nachbarn?«

»Tja, mein Kind, da stellst du Fragen!«

Opa Vincent hatte sich selbst schon so oft Gedanken darüber gemacht. Was zog die Menschen in die Städte? In winzige Buden? Er überlegte, wann die Landflucht eingesetzt hatte, und erinnerte sich, dass dieses Phänomen schon früher bekannt gewesen war. Immer wieder hatten sich Zeiten abgewechselt, in denen die Menschen in die Städte zogen und dann wieder ins Umland. Nur irgendwann war es bei der Landflucht geblieben. Gut, in den Städten wurde man gesundheitlich versorgt, es gab Ärzte und Krankenhäuser, nur dass Opa Vincent oft den Eindruck hatte, dass die Städter weit öfter krank wurden als die Leute, die auf dem Land lebten. Die Landbevölkerung, so gering sie in der Zwischenzeit auch sein mochte, musste bei Wind und Wetter raus, um für Obst, Gemüse und Getreide zu sorgen.

In den Städten kam man schnell und preiswert von A nach B, und man wurde versorgt, zwar nur mit dem Nötigsten, aber immerhin. Man konnte andere Menschen treffen, sich austauschen, und manche Leute gründeten auch Initiativen, um beschäftigt zu sein. Wie sein Sohn berichtete, gab es immer mehr »Stadtpfleger«, wie sie sich nannten, Personen, die durch die Parks zogen und dort für Ordnung sorgten. Ralf meinte sogar, dass immer mehr Aufgaben, die früher von den Städten und Gemeinden erledigt worden waren, nun in privater Hand lagen. Für diesen Einsatz, wenn er denn die Städte entlastete, wie zum Beispiel die neuen privaten Müllmänner, gab es kleine Vergünstigungen. Die zu erlangen, erschien den Menschen, die sonst nichts mit sich anzufangen wussten, als erstrebenswert. Man konnte es nicht mit der Arbeit von früher vergleichen. Früher hatten die Menschen an fünf Tagen in der Woche mehrere Stunden täglich arbeiten müssen. Wie viele Stunden genau, das wusste Opa Vincent nicht mehr. Die heutigen Initiativen arbeiteten maximal ein paar Stunden in der Woche, denn es gab zu viele Personen, und die mussten sich die Arbeit, die noch von Menschen erledigt werden durfte, aufteilen. Den Rest hatten Maschinen, Roboter und Androiden übernommen.

Hanna zupfte ihn am Ärmel.

»Opa, du träumst!«, schalt sie und lächelte ihn dabei an.

Ja, sie hatte recht. In letzter Zeit passierte ihm das immer häufiger. Er musste einen Weg finden, das zu verhindern. Hanna brauchte ihn noch ein paar Jahre, da durfte er noch lange nicht senil werden.

»Stimmt, du schlaues Kind. Wo waren wir stehengeblieben?«

»Warum nicht mehr Leute auf dem Land leben.«

»Das Landleben ist hart. Wir müssen uns selbst versorgen. Du weißt ja, wovon ich spreche, immerhin hilfst du mir jeden Tag. In der Stadt arbeitet kaum noch jemand. Das scheint vielen bequemer zu sein.«

»Das ist doch total langweilig, Opi!«

»Ha, das sagst du! Hast du es denn schon mal ausprobiert?«

»Klar, an den Sonntagen. Langweilig. Total.«

»Ach was, meine Liebe! Du findest doch immer was zu tun, und wenn es nur deine Malerei ist.«

Hanna nickte und schien mit ihrer vorgefassten Meinung ins Wanken zu geraten.

»Hm, in der Stadt könnte ich öfter malen.«

»Ja, da ist was dran.«

»Aber in der Stadt hätte ich meinen Opi nicht.«

»Stimmt auch wieder.«

»Dann bleibe ich lieber hier.«

»Das freut mich, Hanna.«

Erneut grübelte Hanna über irgendetwas nach und fragte schließlich:

»Wie hieß das Mädchen noch, das damals die Schüler mobilisierte?«

»Greta«

»Meinst du, ich könnte vielleicht irgendwann mal eine zweite Greta werden und wieder Leute dazu bringen, auf die Straße zu gehen?«

»Wofür würdest du denn auf die Straße gehen?«

»Dafür, dass man wenigstens jetzt auf die Leute hört, die sagen, was zu tun ist, um noch mehr Schaden zu vermeiden.«

»Dafür müsstest du in die Städte gehen, Hanna.«

»Ich weiß, Opi.« Traurig blickte sie ihn an. »Aber wenn ich Freunde finden könnte, die mir helfen, könnten wir vielleicht etwas schaffen.«

»Ganz sicher, kannst du eine zweite Greta werden, Hanna. Fest an etwas zu glauben ist eine der Grundvoraussetzungen, um andere zu überzeugen und auch, um etwas zu bewegen.«

»Und was wird dann aus dir?«

»Ich werde schon klarkommen.«

»Wirklich?«

»Aber klar doch! Hast du deine Tasse ausgetrunken?«

Hanna nickte, obwohl sie wusste, dass damit das Gespräch enden würde. Sie mussten morgen beizeiten raus und hatten heute schon länger geredet als sonst. Zeit, zu Bett zu gehen, auch wenn sie sich sicher war, lange nicht einschlafen zu können. Sie nickte und spülte ihre Tasse aus. Nacheinander machten sie sich bettfertig und zogen sich in ihre Zimmer zurück. Hanna schlief mit dem wohligen Gedanken an den ersten Schnee in ihrem Leben ein. Eines Tages würde sie ...

Opa Vincent schlief ebenfalls mit einem Lächeln ein. Was für ein Tag! Vielleicht würde er die Lanze doch nicht zerlegen ...

DIE EISBERGPIRATIN
von Friedhelm Schneidewind

»Mama! Halt mich! Ich falle ...«

Ich schrecke empor, aus meinem unruhigen Schlaf, atme wie immer viel zu schnell und hektisch, greife nach der Tüte, die mir wie jede Nacht hilft, die Hyperventilation zu überwinden.

Heute ist wieder Monatstag. Erinnerungstag. Tag der Rache.

Einen Moment schwanke ich. Soll ich nicht ausnahmsweise ... Mir tut alles weh, ich fühle mich am ganzen Körper wie zerschlagen. Gestern bin ich an meine Grenzen geraten. Ich sollte ausruhen, meinen freien Tag nutzen, einmal nichts tun.

Aber nein. Entschlossen schwinge ich die Beine von der Pritsche. Ich werde auch heute wieder einen Eisberg impfen. Das bin ich Marta schuldig.

Stöhnend reibe ich meinen Körper mit dem vitalisierenden Schutzgel ein, das zugleich Barriere ist für Strahlen und Mikroorganismen. Währenddessen lasse ich den gestrigen Tag Revue passieren, versuche, herauszufinden, ab welchem Punkt er sich so katastrophal entwickelt hat.

Begonnen hatte der Morgen wie üblich, indem ich die Meldungen der IPA, der Ice Pirates Association, kontrolliert habe. Die IPA hat im Wettrüsten gegen die Wasserindustrie im Moment die Nase vorn: Kein Eisberg wird gescannt, genettet oder gar gestartet, ohne dass die IPA nicht alle Daten in Echtzeit zur Verfügung hätte.

Als der südafrikanische Kapitän Nick Sloane 2018 die alte Idee der Wassergewinnung aus Eisbergen in ein ernsthaftes Konzept packte und erste Banken und Investoren gewann, wurde er noch belächelt. Doch in den siebzig Jahren seither ist die Wasserbeschaffung mit zur wichtigsten Aufgabe für Regierungen und Unternehmen geworden, vor allem in Staaten mit hoch entwickelter Industrie oder Dienstleistungsgesellschaft – und nur diese können sich die Wasserversorgung durch Eisberge leisten. Aber auch Menschen in ärmeren Ländern wollen leben, trinken, sich waschen ...

Ich zucke zusammen. An Blutergüsse und Prellungen bin ich gewohnt. Die Schmerzmittel, die ich gestern Abend noch genommen habe, sorgen dafür, dass ich sie nur dumpf und unterschwellig wahrnehme, zumal ich sie im Spiegel nicht erkennen kann, auf meiner fast schwarzen Haut fallen sie kaum auf. Doch mich durchfährt plötzlich ein brennender Schmerz in der linken Schulter. Ich drehe mich, um die Rückseite im Spiegel zu sehen, und erschrecke: Aus meinem Rücken tritt oben ein Draht hervor.

Nachdem ich aus dem Gefängnis in Südafrika entkommen war, konnte die Untergrundbewegung meine Folterwunden nur unzureichend behandeln. Immerhin haben sie den Schlüsselbeinbruch mit Drähten soweit stabilisiert, dass ich Schulter und Arm ohne Einschränkungen bewegen kann. Aber wegen des mangelhaften Materials ist ein Draht gebrochen, ein Rest in meiner Schulter verblieben. Gestern muss ich bei der Rutschpartie über das schorfige Eis gehörigen Druck auf die Schulter ausgeübt haben.

Ich beiße die Zähne zusammen, öffne den kleinen Medizinschrank und greife nach einer großen Pinzette. Dann schüttele ich über mich selbst den Kopf. Ich darf mich nicht von Wut und Schmerz zu unüberlegten Handlungen hinreißen lassen.

Ich nehme zunächst ein wirklich starkes Schmerzmittel, decke dann meine Pritsche mit einem wasserdichten Tuch ab. Den Werkzeugkasten finde ich im Maschinenraum, mühsam klettere ich die Leiter hinab. Mein U-Boot ist eines des modernsten der IPA, ein Klasse-214-Exportmodell der Howaldtswerke-Deutsche Werft von 2033, aber auch dieses moderne Unterwassergefährt ist eng und nicht auf Bequemlichkeit gebaut. Selbst 65 Meter Länge und gut sechs Meter Breite erlauben nur schmale Durchgänge und elendig unbequeme Auf- und Abstiege. Immerhin gibt es genug Platz in der Kombüse und den Schlafräumen; die vorgesehene Besatzung von 27 Leuten ersetze ich ganz alleine, und dank (natürlich illegaler) Einbauten durch IPA und modernster KI kann ich mein Schiff auch alleine steuern. Jetzt aber verfluche ich die Enge; es dauert gefühlt Stunden, bis ich alles Notwendige in meine Schlafkoje geschafft habe.

Ich desinfiziere großzügig den oberen hinteren Bereich meiner Schulter, injiziere mit einer Impfpistole ein Lokalanästhetikum, schlucke ein Betäubungsmittel, das mich für die ersten Stunden nach dem Eingriff leicht sedieren soll, lege mich auf die Pritsche und setze die Zange an den Draht an.

»Mama! Halt mich! Ich falle ...«

Ein Alptraum. Immer wieder dieser Schrei. Das Betäubungsmittel hat mich, wie beabsichtigt, nicht ganz in die Bewusstlosigkeit getrieben; ich schwebe in einer Art Halbschlaf dahin, sehe, höre, fühle ... Szenen aus der Vergangenheit.

Mein erster Einsatz als Eisbergpiratin. Ich hatte noch kein eigenes U-Boot, lebte mit meiner kleinen Marta im großen Gemeinschaftsboot, das nach dem Schiff eines frühen Untergrundkämpfers benannt ist, der »Nautilus«. Marta – auch wenn sie Frucht einer Vergewaltigung im Gefängnis war, war sie mein Ein und Alles, mein Augapfel, die Liebe meines Lebens ...

Es war eine Standardoperation: ein Eisberg, ein Kilometer lang, etwa einen halben breit und mit einer Dicke von rund 200 Metern. Die staatlichen Wassertransporteure von Südafrika hatten den Koloss, der etwa 100 Millionen Tonnen wog, wie immer von Robotern in ein Netz aus Kunststofffasern packen lassen und zogen dann den genetteten Eisriesen mit Hilfe von drei gigantischen Schleppern, gesteuert von modernster KI und angetrieben von Solarstrom und Windenergie, von der Antarktis über den Zirkumpolarstrom und dann den Benguelastrom nach Norden.

Wenn man den Eisberg in Südafrika gut einpackte und isolierte und das Süßwasser von der Oberfläche abpumpte, dürften rund zwei Drittel des Wassers in die Leitungen der gierigen Metropolen und Industrieanlagen und auf Ackerflächen fließen. Ein solcher Rieseneiswürfel konnte den Wasserbedarf von Kapstadt für zwei Monate decken.

Für die rund 2.500 Kilometer rechnete die Wassergesellschaft mit acht bis zehn Tagen. Doch der Eisberg sollte nicht ankommen. Am vierten Tag war er verschwunden.

Ich sehe das Videobild des Eisbergs, die Satelliten-Aufnahmen, die uns den Weg weisen, alles sehr verschwommen, vernehme ganz undeutlich die Stimme der Navigatorin und Ausbilderin, die uns die Bilder erklärt, dann wird alles schwarz. Ich höre nur noch eine donnernde Stimme, deutlich, laut, dröhnend, und weiß, das ist Tiny Mandela, der Gründer und Leiter der IPA, der sich nach zwei seiner Helden und Vorbilder benannt hat. Allen, die neu dazukommen, erzählt er von Timothy »Tiny« Truckle, dem genialen kleinwüchsigen Detektiv, den der deutsche Schriftsteller Gert Prokop vor gut einhundert Jahren erfunden hat und der in einer dystopischen USA als geheimer Verbündeter des Untergrunds die Diktatur der Großkonzerne, der Geheimdienste und Big Bosse bekämpft. Ich höre jetzt in meinen drogeninduzierten Erinnerungen Tiny Mandela, wie er uns Neuen quasi eine Predigt hält: »Schon damals, 1977, hat der geniale Schriftsteller uns in seiner ersten Geschichte um Timothy Truckle den Weg gewiesen. In dessen Welt sind die USA auf die Zuteilung von Eisbergen angewiesen und überwachen die Routen mit Elektronik, Fotos und Flugzeugen. Dennoch verschwinden immer wieder Eisberge auf dem Weg zwischen Atlantikküste und Eriesee, spurlos und in Sekundenschnelle. Tiny wagt sich höchstpersönlich unter Lebensgefahr in den Eiskanal und entdeckt, wie die Eisberge gekapert werden. Und ganz ähnlich machen wir es heute. Deshalb höret und staunet, was Prokop auf den ersten Seiten seines Buches ›Wer stiehlt schon Unterschenkel?‹ schrieb: *Plötzlich sah er, wie der Eisberg in einen Felshangar gelotst wurde; hier wurden die Berge aufgetaut und per Pipeline abtransportiert, von wem, wurde nie veröffentlicht. Für die elektronische Überwachung hatten die Wasserdiebe einen fliegenden Videoschirm eingesetzt, der den Eisberg scheinbar noch ein paar hundert Kilometer weiterschwimmen ließ, wo dann natürlich keine Spuren entdeckt werden konnten.*«

Die Stimme schweigt, um mich herum dreht sich alles. Ich sehe verwirrend vielfarbige Spiralen, langsam bildet sich daraus ein Muster, noch langsamer formt sich ein Bild: meine Ausbilderin Nadine, wie sie die Haken setzt, um den Eisberg umzulenken ... mein erster von fast 500 Einsätzen in den letzten Jahren, und alle gingen gut bis auf den einen ...

»Mama! Halt mich! Ich falle ...« Nur allmählich verklingt das Echo in meinem Kopf.

Tiny steht vor der Besatzung der Nautilus. Seine Stimme ist so ernst wie sein Gesichtsausdruck. »Wir müssen für ein paar Tage das Schiff räumen. Unsere Energieversorgung muss grundlegend überholt werden, ebenso die KI. Es bleibt nur die Stammbesatzung, die sich mit Tauchanzügen behelfen muss.«

Alles verschwimmt, vor mir der riesige Eisberg, der nach Australien unterwegs ist, in den ich mich einhake. Die KIs der Tanker habe ich bereits getäuscht, sie werden nicht merken, wenn ich den Koloss abhänge und umleite. Ich weiß, ich fühle es, hundert Meter über mir, in einer sicheren Eishöhle, wartet Marta auf mich, schaut gespannt zu, was ihre Mutter macht. Ich sehe das Eis, dann plötzlich blitzt alles um mich herum, ich fühle nur noch Hitze, ich sehe nichts mehr, fühle, wie das Eis um mich herum schmilzt ... Ich verliere den Halt, rutsche ins eiskalte Wasser, höre nur noch: »Mama! Halt mich! Ich falle ...«

Aus grauen Schlieren vor meinen Augen bildet sich langsam Nadines Gesicht. Ich höre sie flüstern, verstehe jedes Wort und weiß, anders als damals, was die Wörter bedeuten. »Es war China oder Indien, vielleicht auch Russland«, höre ich sie sagen. »Sie wollen den australischen Wassertransport unterbinden, als Druckmittel in ihrem Wirtschaftskrieg. Sie haben von einem Satelliten aus den Eisberg mit Lasern beschossen, bis er auseinandergebrochen ist.«

Ich starre mit meinem beduselten Kopf auf die Traum-Nadine und weiß genau, was sie jetzt sagen wird. »Marta ... wir haben sie nicht gefunden. Du hast nur überlebt dank deines Spezialanzugs. Ich weiß, es ist kein Trost ... aber der Satellit, von dem die Laserstrahlen ausgingen, wurde eine Stunde später zerstört.«

Ich schrecke hoch. Ich bin auf einen Schlag hellwach. Ich ignoriere das Blut auf der Pritsche, verbinde die Wunde und koche innerlich. Durch so eine Kleinigkeit lasse ich mich nicht aufhalten. Nicht ich, nicht nach dem, was ich erlebt habe.

Und ich bin wieder klar im Kopf. Gestern wäre ich beinahe gestorben. Die chilenische Wasserbehörde schützt ihre Eisberge nun zusätzlich mit autonomen Kampfmaschinen. Ich setze mich ans Kommunikationsterminal und informiere die IPA – wie der Roboter kämpfte, wie es mir schließlich gelang, ihn auszuschalten. Wir werden in Zukunft mit mehr Widerstand rechnen müssen. Ich grinse bösartig, als ich mein Recht der Erstbenennung in Anspruch nehme: »Ich nenne diese autonomen Eiskampfmaschinen BOX, nach dem kämpfenden und mordenden Cyborg aus dem Roman ›Flucht ins 23. Jahrhundert‹.«

Ich schalte die Anlage aus. Zeit für meine eigene Arbeit. Ich mag, wie Tiny Mandela, sprechende Namen. Mein Schiff ist die Pequod, und es wird so wenig wie seine Kapitänin Ruhe finden, solange Rache möglich ist. Heute ist Monatstag. Der 13., der Todestag meiner Marta. Erinnerungstag. Immer mein freier Tag. Der Tag der Rache. Ich werde ihn auch heute nutzen.

Ich steige hinunter zu den Torpedorohren im Bug. Acht gut isolierte Kammern, sieben davon ausgerüstet für die Kühlung der Vorräte, die ich im Lauf der Jahre angelegt habe, erworben durch Schmuggel, Überfälle auf Militärdepots, Laboratorien, Pharmafirmen.

Ich überlege, womit ich diesen Monat einen der Eisberge impfen soll, die ihr Ziel erreichen werden. Ich bin schon lange darüber hinaus, nur in jene Länder Gifte und Krankheitserreger zu senden, die wahrscheinlich an Martas Tod mit schuld sind. Sie sind alle nicht besser. Ich werde an allen Rache üben und sie immer an ihre Verletzlichkeit erinnern. Monat um Monat, Jahr um Jahr. Sie sollen nie vergessen, wie wertvoll Wasser ist und wie gefährlich die Welt, die sie geschaffen haben!

Ich glaube, es wäre mal wieder Zeit für eine kleine Pockenepidemie.

Als ich das U-Boot unter den Eisberg gelenkt habe und durch ein Torpedorohr das Schiff verlasse, spiegelt sich mein weißer Tauchanzug für einen Moment im blinkenden Metall, über meiner linken Brust in dunklem Rot mein Kampfname: Ich bin Ahab.

HITZEKOLLER 3000 – IM BANNE DER WEISSEN SIRENE
von Frank Neugebauer

Nach fünf Weltklimakriegen ist das »Draußen« eine lebensfeindliche Wüstung. Drei Männer fahren hinaus, um auf einer Insel die Wunderwerke der Vergangenheit zu bestaunen. Doch sie haben die Rechnung ohne einen neuartigen Mitspieler gemacht.
(Transpiriert, äh, inspiriert durch 42,6 Grad in Lingen, 2019)

Damals ... Jahrhunderte nach den Weltklimakriegen.

Das plumpe Schiff aus geraubtem Silber schnitt mühelos durch das sämige Meer. Vier Männer traten an Deck, vier Männer in roten Schutzanzügen, Patronengurte über der Brust gekreuzt.

»Stufe acht von zehn, das wird ziemlich schmutzig«, meldete Tilov, aber alle wussten auch so Bescheid. »Wir gehen an Land.«

Sie machten ein Schlauchboot klar. Der harte, grüne Pneu klatschte aufs breiige Wasser. Es dampfte. Es zischte. Das Material widerstand den chemischen Angriffen. Pilzer lachte dünn. »Ganz schöne Chemo-Keule, Leute! Wenn das Gummi hält, he!«

Merker kletterte übers Fallreep die Bordwand herunter ins Boot. »Herkommen, Idioten, wir haben nicht viel Zeit für Witzchen!«

Günther lachte. Er zielte mit der Maschinenpistole scherzhaft auf Merker. »Peng!«

Cloudy wischte ein Blatt beiseite, blieb aber am Dschungelrand. Leute wie die da waren schon öfter hier an Land gegangen. Wann? Das war lange her, kam aber vor. Sie schätzte die »Männer« sehr, etwas an ihrem Anblick erregte sie. Man musste jedoch vorsichtig sein.

Sie erblickte die Maschinenpistole. Das war nicht gut. Cloudy hatte nur wenige Worte, und viele hatten sich mit der Zeit verändert. Dies waren Zockies, vierschrötig und gefährlich, und die mochte sie nicht.

Sie blieb in ihrem Versteck hinter den Palmen. Als sie anfing, mit heller Stimme zu singen, kochte das Meer rund um das Schlauchboot auf und verschlang es mit Mann und Maus.

Abendstimmung. New York, Rio und Tokio gingen über dem Horizont auf, manövrierten aufdringlich brummend zwischen schmalen Bahnen verschiedenfarbiger Wolkenstreifen. Die drei Wettermaschinen waren schwarze Rechtecke vor einem explodierenden Farbhimmel, braun bis violett, rosa bis gelb.

Cloudy kannte das Schauspiel, von Osten nach Westen würde es bis Mitternacht dauern. Sie konnte sich Zeit lassen, sie lag am Strand und streichelte sich zärtlich. Die Zockies hatte sie schon vergessen.

Jede Wettermaschine maß mehrere Quadratkilometer und sah aus wie eine Speckseite, gebogen, gerippt, schwitzend und ölend, vielschichtig. Zylinder, Türen und Stutzen saßen auf den Maschinen, Ventilatoren, Befeuchter und Erzeuger von statischen Feldern.

Ein breites Band aus Leuchtplatten an der Unterseite zeigte unmissverständlich den Funktionsgrad, den Status der niedrig schwebenden Apparate an.

Rio beherrschte das Himmelsareal, das Wettergeschehen, eine vitale Maschine mit drei grünen Streifen und nur einem einzigen orangefarbenen während der Hochleistungsphasen.

New York, das gute alte *New York*, einst der König, wollte gleichziehen, aber sein Code-Band war orange. Die Wettermaschine schlingerte, korrigierte aber tapfer den Kurs, und das seit Jahrzehnten. Sie brachte elf rosa Schönwetterwolken.

Träge schipperte *Tokio* durch den Äther. An der Unterseite flackerte ein rotes Segment. Sterbende soll man trösten. Höflich wichen *New York* und *Rio* dem altersblinden Veteran aus. Es regnete und hagelte aus *Tokio* zum Dank.

Die intelligenten Maschinen agierten autonom. Sie waren unzerstörbar (auf dem Papier, den Konstruktionsplänen nach). Nur »Artgenossen« besaßen genug Raffinesse und Feuerkraft, um sie zu attackieren. Außer den »Artgenossen« gab es nur einen anderen Gegner, die Zeit!

Als sie Cloudys Insel in viertausendfünfhundert Metern Höhe passierten, wurden sie sehr still. Sogar das alte Modell *Tokio* hörte auf zu regnen. Und das aus gutem Grund. Hinter den braunen Anhöhen, auf der anderen Seite der Insel, erstreckte sich ein scharfkantiges Gebirge. Das war einst *Berlin* gewesen. Die größte aller Wettermaschinen war vor einhundertelf Jahren abgestürzt und als »Gebirge« selbst zu einem Teil der Insel geworden.

Ein neuer Morgen, ein neuer Mittag, ein neuer Abend.
    Das müde alte Meer brodelte. Braune Blasen zerplatzten auf der öligen gelben Brühe. Eintausend Tonnen rissiger Plastik-Stahl schälten sich aus den sämigen Fluten. Ein Koloss für Manganknollen vom Meeresboden. Der riesige Ernter fuhr grollend auf den grauen Strand, eine Reihe seiner glupschäugigen Sensoren schleifte im Sand, defekt. Doch ein wässriges Auge, groß wie ein Wetterballon, wackelte hoch oben an einer elastischen Stange und überblickte den Strand.
    Der Ernter spürte die Präsenz einer PERSON, schemenhaft. Er überprüfte seine Dateien, entdeckte Übereinstimmungen, alles das in Sekundenbruchteilen. Die PERSON hieß Cloudy, eine Biologische. Was tat sie hier?
    Der Ernter stöhnte, die Motoren ächzten, Metall schob sich in Metall. Der Koloss hielt. Er schien nachzudenken, etwas beunruhigte ihn. Doch es war nichts, nur die übliche Vorsicht. Dann fuhr er weiter. Von seinen breiten Flanken hingen umeinander gewickelte Plastikfetzen, aufgegebene Fischernetze und zerschlissene Stahltrossen herab.
    Cloudy hielt es nicht mehr im Dschungel. Auf ihren schlanken schönen Beinen federte sie aus der feuchtwarmen Umarmung des hypertrophen Pflanzenbewuchses auf den heißen, teerfleckigen Strand und sah dem brüllenden Ungeheuer beim mühsamen Aufstieg zu. »Dilo, Dilo!« Der Ernter wühlte den Meeresboden durch und löste nebenbei Tonnen von Methan aus dem Untergrund. Kollateralschaden. Doch Cloudy liebte Methan.
    Allerlei Tiere der Tiefsee sprangen von dem gewaltigen, rostigen Riesen ab, als sie den heißen Landwind spürten. Absonderliche Tiere waren das, deren Anblick Cloudy mit Abscheu erfüllte und die sie zugleich faszinierten. Rosa Röhren wie Penisse, harte Pocken wie Brustwarzen, Seescheiden, aalartige Schlinger, zahnlose Mäuler – bunt, kreischend, saugend, aufdringlich – kaum je, dass ein

echter FISCH darunter war. Zuckend warfen sich die Kreaturen vom Ernte-Panzer in den Sand, röchelten asthmatisch, liefen blau oder rot an. Eine fleischige Kugel barst, ein blutender Seestern schrumpfte innerhalb von Sekunden.

Ein bleiches Geschöpf, geformt wie ein menschlicher Unterarm, fiel Cloudy direkt vor die nackten Füße. Es wand sich spastisch, und Cloudy schrie lustig auf und hüpfte eilig davon. »Iih!«

Jetzt warf sie Sand nach dem Ernter, händeweise, gleich händeweise. Sie verfolgte das große Monster wie auch sonst an jedem Erntetag und wich den dreieckigen Eisenspeeren aus, die der Koloss nach ihr warf (und deren unaufhörlicher Nachschub sie erstaunte).

Sie mied eine heiße, bläulich leuchtende Spur, die ihren Ursprung in der Mitte des Hecks hatte, denn sie wusste, dass sie sich die Füße daran verbrennen konnte. Sigar war daran gestorben, wenn sie sich recht erinnerte (was ihr schwerfiel), die gute Sigar. (Und zuvor Garadi und zuvor Hannuni und zuvor ... zuvor ... zuvor ...) Seitdem war sie die einzige Bewohnerin der Insel.

»Data 0058: Now click!«

Der Ernter schaltete von See- auf Landantrieb um, der Reaktor summte noch, während die Dieselmotoren anliefen und furchtbare Wolken aus braunem Qualm in den grünlichen Abendhimmel stießen. Das Gewicht war hoch, erst recht beladen, der Ernter sank tief ein, pflügte durch Sand und Matsch, durch Sand und Matsch und immer so weiter. Schlick-Fontänen spritzten, von dumpfen Explosionen begleitet. Natürlich war der Strand vermint, und trotz der langen Zeiträume, die seither vergangen waren, wühlte der Koloss immer wieder (und wieder und wieder) Landminen auf.

»Data Prop: Defense 2.2.2.«

Die Raupenketten erreichten den Strandwall und malmten die ersten Bäume, die ersten Gebüsche nieder.

»Data 0079: Green.«

Cloudy jagte an die rechte Seite des Kolosses. Ohne innezuhalten warf sie Sand nach ihm und schrie: »Guter Dilo, böser Dilo!« Immer wieder. »Guter Dilo, böser Dilo!« Sie wusste nicht recht, was sie sagte, es gehörte zum Spiel, und die Worte hatten ihren Sinn vor langer Zeit verloren.

»Data Roll: Pain One.«

Dilo rollte in den Dschungel, sein Thermometer maß sechsundfünfzig Grad im Schatten. Je nach Natur wichen die Lianen, Blätter und Wedel gewarnt zurück oder geilten dem Monster wie Abhängige entgegen. Aus dem Ernter fielen lange weiße Rüssel, zuckend wie Peitschen und Feuerwehrschläuche, die wie verrückt Pestizide versprizten, doch das Konzept war veraltet. Eine Anzahl geiler Pflanzen faltete violette und grell orangefarbene Trichter auf, die begierig die giftige Sprüh-Tunke auffingen und in süchtige Pflanzenscheiden ableiteten.

Der Ernter kämpfte noch eine Weile sein Strandufergefecht, dann brach er vollends durch. Der Dschungelrand war härter und aggressiver als der Binnenbewuchs, und so walzte der Koloss alles, was ihm ab jetzt im Wege stand, achtlos nieder.

»Defender Data: Rock 0012.«

Die Bresche war vierzig Meter breit, aus dem zermalmten Grün stiegen ätherische, betäubende Düfte. Gemächlich folgte ihm Cloudy.

Cloudy musste nicht fürchten, von dem Koloss gefressen zu werden. Sie wusste, der große steife Freund hatte nur ein Ziel, den Kegel in der Mitte der Insel. Dorthin wollte er, und nichts konnte ihn davon abbringen. Sie hätte Dilo vorfahren lassen können. Denn der Dieselantrieb setzte trutzige schwarzblaue Wolken in den Himmel, die über zig Meilen zu sehen waren. Doch sie bevorzugte einen geringen Abstand, ungefähr hundert Meter.

In der Nähe des großen Metallmonsters fühlte sie eine geistige Erfrischung, und die alten Dinge kamen ihr wieder in den Sinn. Die hohen Häuser, die dahinsausenden Wagen, die gemeinsamen Mahlzeiten, die schönen Kleider. Das waren bittersüße Erinnerungen, gerne schwelgte sie darin. Sie wiegte sich wohlig und folgte doch dem Koloss leichten Fußes.

Sie lachte und schlug sich seitlich in die Büsche, ohne den Ernter auch nur eine Sekunde aus den Augen zu verlieren.

Das gelang ihr ohne Mühe.

Zum Inselinnern hin dünnte sich der Bewuchs aus. Aus der erregbaren grünen Wand oberhalb des Strandes wurde eine biochemisch gestresste und von tausend Gefahren bedrohte Magerlandschaft. Schlappe gelbe Blätter hingen an dürren Stängeln, die Blatt-Adern traten weiß hervor, Anzeichen von Chlorose und anderen Fehlernährungen. Von den Astenden tropften ölige Ausscheidungen, Lyse setzte ein, bevor die »Bäume« auch nur eine Höhe von sechs, sieben Metern erreicht hatten. Das Gras eine grau-grüne Wolle, verfilzt, zu großen Teilen abgestorben. Die Pflanzenwelt hier war es nicht gewohnt, sich irgendwelcher Fresser/Feinde zu erwehren. Es war nicht nötig, denn der Boden war »heiß«, das Substrat radioaktiv untermischt.

Cloudy trabte elastisch ein paar hundert Meter zwischen dünnen Stämmchen durch, willens, die Hitze niederzukämpfen. Doch die Hitze entsprang ihrem Busen und mehr noch ihren Hüften. Die Tiefsee-Kreaturen hatten sie erregt und durstig gemacht. Neben einem natürlichen Becken stürzte sie nieder und schöpfte das Wasser mit Alabaster-Händen, doch es war schal und warm. Im Spiegel sah sie ihr erhitztes Gesicht, ihre sonst so freundlich-schelmischen Züge hatten sich verzerrt. Sie warf sich unter die breiten Wedel einer blauen Palme und kniete sich in den warmen, humosen Boden. Wie schön sie war! Sie berührte ihren Körper und steckte die Hände zwischen ihre zusammengepressten Beine, bis die Spannung kulminierte und dann von ihr abfiel.

»Data Tik: Zero Target.«

Der Koloss fuhr gegen eine braun gedörrte Anhöhe, die sich westlich der Inselmitte auftürmte, ein flacher Kegel Geröll. Seine eintausend Tonnen gruben sich förmlich in den Hang, ohne ihn zu erklimmen, bis sie endlich fassten. Die Raupenketten hakten sich in das harte Gestein unter dem Geröll und zogen sich wie an Zahnrädern hinauf, erst langsam, dann sicherer. Das erforderte Kraft und Koordination, das Auge auf der Stange wankte, die Motoren brüllten ungeheuerlich.

»Data Toc: Heaven 0048.«

Cloudy juchzte. Oh, sie sah den Ernter gerne scheitern und hätte ihrem Gefühl allzu gern mit einer Handvoll scharfem Sand Ausdruck gegeben, doch die Körner waren ihr ausgegangen. Die Bresche aus zermalmten Pflanzen enthielt nichts, was sie aufheben und werfen konnte, ohne dass es zu klebigem Saft oder grünem Grieß wurde.

Sie folgte dem Ernter die Anhöhe hinauf. Die kühlere Luft trocknete ihre feuchte Haut, sie fröstelte, erregende kalte Schauer fielen über sie her. Auf halbem Wege zum Gipfel bog der Ernter ab und fuhr eine Weile parallel zum Hang.

Das gab Cloudy die Möglichkeit, die Maschine rechts zu überholen. Sie stieß auf eine natürliche Mulde, in der eine bescheidene Hütte aus Plastikholz von einer anderen Zeit, einer besseren Zivilisation, einem anderen Dasein kündete.

Cloudy fieberte, als sie eine lang vertraute Zahlenkombination in das Tastenfeld neben der Tür eintippte. Doch nicht lange. Cloudy ernüchterte schlagartig, als sie in das Innere der ungelüfteten Hütte eintrat, der Sauerstoffanteil war sehr hoch. Sie kam nur noch selten hierher. Keine Erregung, die Kurve fiel steil ab, die biochemischen und biophysikalischen Verbindungen zum »Draußen« waren gekappt.

Labor 101. Zentrale der sagenumwobenen Expedition 2430 A. D., jetzt minus zweihundertsiebzig Jahre. Ausgeschickt, um die Reste der Zivilisation einzusammeln. Gescheitert, natürlich gescheitert.

Die nüchterne Atmosphäre erfüllte sie mit einer Kälte, die sie selbst auf dem Hang niemals gespürt hatte. Sie fühlte sich bloß und warf sich einen Labormantel über. An den Wänden auf Regalen die komplizierten Geräte und sensiblen Apparate, in alten Rahmen die Fotografien der prallen Wetterballons, der Erdsonden. Alles hier wirkte überholt, vergeblich, lächerlich.

Von den Wänden dräuten Fotos und Klimadiagramme, immer noch menetekelhaft. Auch nach dem fünften Weltklimakrieg und dem Ende der Menschheit, wie wir sie kannten, stiegen die CO_2-Werte noch jahrelang weiter an. Schuld waren die automatischen Fabriken. Der Methangehalt erreichte neue Höhen. Offene Erdgasfelder und die Mangan-Ernter, die unbeirrbar den Meeresgrund umpflügten und Methan in ungeahnten Mengen freisetzten. Unberechenbare »Koalitionen« von Wettermaschinen ergaben bizarre Wetterphänomene, fünfhundert Grad heiße Sommer, hundert Meter hohe Fluten.

An der Tafel die angeklemmten Ausweise. Malz, Trüper, Wiesenstein, ein paar andere, die früher oder später eingetroffen und wieder gegangen waren. Und dann ... ein schönes Konterfei ... Claudia Schöne, vor dreihundert Jahren geboren, fünf finstere Generationen nach den Weltklimakriegen. Wer war diese Schöne? Me, U & I?

Sie ging um den Schreibtisch herum. Poltern. Sie stieß gegen bleiche Knochen. Auf dem Stuhl und auf dem Boden lagen weiße Gebeine, wahllos gekreuzt, hingefallen. Ein menschliches Skelett, eine Frau, gestorben am Schreibtisch, warum auch immer. Cloudy betrachtete die Knochen lange, etwas regte sich in ihr, eine blasse Erinnerung. Sie war lange nicht mehr hier gewesen und zuckte die Achseln.

Penibel faltete sie den Labormantel zusammen und legte ihn in die Schreibtischschublade. Dann ging sie hinaus auf den Hang. Die Sonne schien grell, wie sie es immer tat.

Als sie sich umdrehte, flackerte die Hütte. Die Wände wurden glasig. Durchscheinend. Sie spiegelten jetzt die uniforme braune Umgebung, die Hütte »verschwand« vor ihren Augen, geisterhaft. Sehr heiße Luft ist wie ein Spiegel.

Trotz der Expedition zur Hütte erreichte Cloudy den Gipfel eher als Dilo. Rechts fiel der Boden geradewegs bis zum Meer ab, ohne eine Strandlinie zu bilden. Links von der Gipfellinie gähnte ein ausgedehnter, völlig kahler Talkessel.

Sie sah, dass der Ernter von seinem Parallelkurs abwich, im rechten Winkel abbog und den Hang direkt anging.

»Data Call: No Interrupt.«

An der Gipfellinie angekommen, schrien die Motoren auf. Stampfen, stoßen und kollern. Hydraulik stemmte sich, schiefe Luken und Panzerplatten sperrten sich auf. Der Ernter öffnete sich gegen den Talkessel. Eine Flanke klaffte auf fünfzig Metern. Was die Maschine auf dem Meeresgrund geerntet hatte, spuckte sie nun aus. Stein und Mineral. Abertausend »Köpfe« polterten den Kessel hinab. Unten trat ein Kran in Aktion, belud einen langen Zug nach Deutschland, doch der Zug war längst übervoll. Seit dreihundert Jahren fuhr kein Zug mehr ab.

Es lag nicht daran, dass die Verbindung zum Festland abgerissen war, der Bahndamm zerstört. Es lag daran, dass fast der gesamte Globus ultratrockenes Festland geworden war und Deutschland als Ganzes von dem nackten Fels in die Tiefe abgerutscht war. Wie alles andere auch.

Achtzig Jahre später. Ein Jahr ist wie ein Tag. Ein anderer Morgen.

Das rote Kunststoffschiff schnitt ruhig durch die Wasser. Keine Treibmine, keine Explosion verschollener Wasserstoffbomben störten seine Fahrt.

Zweiundzwanzig Meter rotes Plastik ohne Mast, darin drei Leute, mehr Abenteurer als Wissenschaftler, Steinbach, Zöllner und Westerhoff. Ein Schiff aus den wertvollsten Rohstoffen, die die kleine Gemeinschaft aus der Nordpolarregion von überallher heranschleppte, aber der beste Rohstoff war die Verzweiflung, mit der sie das kühne Projekt vorantrieben. Rund ein halbes Jahrtausend nach den furchtbaren Weltklimakriegen, die alles zivilisierte Leben fortgewischt hatten beim Kampf um Trinkwasser, Böden und erträgliche Temperaturzonen, stach das Schiff, der ganze Stolz der verbliebenen fünfhundertvierzig zivilisierten Menschen, wieder in See.

»Stolz!«. Es war nicht das erste Schiff seiner Art, es hatte seit dem »Ende« einige Expeditionen gegeben. Aber die letzte lag bereits in der Zeit der Väter und Vorväter. Das rote Schiff. Seine Route führte von der »bewohnten Küste« mit ihren drei transparenten Wohnkuppeln über den gelben »Blasen-Ozean« an die Gestade der »geheimnisvollen Insel der Vortage«.

Steinbach hob die kurze Säge gegen die glänzende Kunststoffdecke und sagte matt: »Heute Abend sind wir frei.«

Seine beiden Kameraden hockten in der Düsternis der grünlichen Notbeleuchtung auf den Liegesesseln und nickten beiläufig.

Das Schiff war ein roter Keil, glänzend und robust, ziemlich immun gegen chemische und physikalische Angriffe aus dem »Draußen«. Dennoch war es in vielerlei Hinsicht eine Fehlkonstruktion, eine Zumutung. Es gab nur zwei Liegesessel, obwohl sie zu dritt waren, einer musste immer auf dem Boden kampieren, meist der genügsame Steinbach. Fenster gab es keine und keine großen Aufbauten, die Oberfläche war im heimatlichen Hafen vor den Kuppeln mit Heißkleber zugeschweißt worden, die Besatzung zum eigenen Schutz gegen die absolut lebensfeindliche Umwelt in Plastik gefangen. Unter Deck, das war hart!

»Wird Zeit, dass wir hier herauskommen«, sagte Zöllner und raffte sich von seinem Sessel auf. Ihre einzige Verbindung mit der Außenwelt bestand in einem primitiven, aber zuverlässig arbeitenden System für Ent- und Belüftung sowie dem Wasseraufbereiter, der sich über ein Zwanzig-Zentimeter-Rohr aus dem Meer bediente. Funk gab es nicht, sie warteten auf die »Wiederentdeckung« dieser alten Technologie.

Funkverkehr, nicht nur das suchten sie. Mit dem Forschungsschiff verbanden sich große Hoffnungen aller Art. Wieder an die alten Tage anknüpfen, wieder technologischen Fortschritt feiern, wieder in eine »freie Natur« hinausgehen, das waren die Ziele, ferne Ziele.

Westerhoff strich sich über den krausen Bart, der ihm in den letzten Wochen gewachsen war. »Man hört so einiges über die Insel der Vortage. Nixen, Sirenen, Fernsehen, Motorräder, ewiges Leben, unglaubliches Wetter.«

»No, Paul! Du bist verrückt. Gar nichts haben wir gehört!«, japste Zöllner. »Du bildest dir das alles ein. Die Insel ist tot, das ist sonnenklar. Wir können froh sein, wenn wir an den angegebenen Stellen die Schätze finden. Das Labor 101 und die alten Protokolle.«

Westerhoff wollte sich wehren. Zähneknirschend akzeptierte er jedoch Zöllners Führungsanspruch (obwohl er nirgends niedergeschrieben stand). Zöllner war als Letzter zur Gruppe gestoßen, an die genauen Umstände – merkwürdig – konnten sich weder Westerhoff noch Steinbach erinnern. Ihre Konzentration ließ nach. Elf Wochen unter Deck, in drangvoller Enge, unerträglichem Gestank und mit schlechter Nahrung, hatten sie nur durch eine Handvoll Drogen überstanden. Zöllners Argumente waren richtig. Sie wussten fast nichts. Die letzten Berichte über das Eiland waren älter als ein Lebensalter und ungenau.

Der Ausstieg war einfach. Mit Handsägen schnitten sie ein großes Rechteck aus der aufgeklebten Plastikdecke und stiegen an Deck. Sie schwankten. Westerhoff stöhnte, fiel gar auf die Knie.

»Es gibt sie also doch, Gerard.«

Hoch über ihnen schwebte eine der legendären Wettermaschinen mit der charakteristischen Form. Es war die *Salzburg Zwo*, eine kleinere Version. An ihrer Unterseite leuchtete ein grünes Band.

Zöllner fasste Westerhoff brutal am Oberarm und zerrte ihn wütend auf die Beine.

»Reiß dich zusammen, Mann! Sei dankbar, aber nicht so. Wahrscheinlich sorgt das Ding da oben dafür, dass wir gerade nicht gebraten werden, Idiot.«

Westerhoff machte sich vom Griff frei und rollte die Augen.

»Ich dachte immer, die Wettermaschinen kommen nur im Märchen vor.«

»Was hast du all die Jahre im Unterricht gemacht? Die Quellen sprechen seit je von Wettermaschinen und davon, dass sie noch immer existieren. Wir haben sogar ein Foto, das nur zweihundert Jahre alt ist.«

»Von einem der Händler. Diese Leute handeln mit allem, auch Gerüchten, das sagst du selber!«

Steinbach, ungerührt, fragte: »Was macht *Salzburg* hier? Diese Zone war einst ›tropisch‹, obwohl ich mit diesem Begriff wenig anfangen kann?«

Zöllner beruhigte sich.

»Deine Frage ist gut, Adriano Steinbach. Klar ist, dass die Wettermaschinen nach ihrer Erfindung in Europa und Nordamerika zu einem Spielball geopolitischer Interessen wurden. In den fünf Weltklimakriegen gab es Versuche, sie abzuschießen, aber wir wissen aus den Büchern, nur eine Wettermaschine kann eine Wettermaschine zerstören.«

Westerhoff sagte: »Ich kenne eine Legende, wonach sich die Wettermaschinen während der Weltklimakriege scharenweise über den Äquator nach Süden zurückzogen.«

»Was?«, rief Zöllner.

»Warum nicht? Die Wettermaschinen sind nach allem, was ich weiß, autonom. Sie können sogar über eine Art Intelligenz verfügen.«

»Pah! Das sind doch Spekulationen. Dann müsste es hier unten vier, fünf konkurrierende Wettermaschinen geben. Weißt du, was das abgäbe, das KLIMA-CHAOS! Eintausendsechshundert Kilometer pro Stunde Windgeschwindigkeit, dreihundertachtzig Grad Celsius mittags. Schönen Gruß, Idiot!«

Steinbach sagte: »Da gibt es etwas, was uns im Augenblick mehr interessieren sollte.«

Er wies auf den südlichen Horizontabschnitt.

»Unser Ziel!«

Die geheimnisvolle Insel lag schon in Sichtweite. Sie reichten den Feldstecher herum und betrachteten, einer nach dem anderen, ohne jeden Streit, lange die glasklaren Bildausschnitte. Was sie sahen, übertraf ihre Erwartungen.

»Büsche, kleine Bäume«, sagte Westerhoff, eine Spur Triumph lag in seiner Stimme. »Keine Wüstenei. Das Paradies.«

Zöllner spannte sich. Er legte die Hand über die bloßen Augen und blickte zur Insel hinüber. Er zwang sich zur Milde.

»Recht hast du, Westerhoff, die Insel ist lebendiger, als wir dachten. Tropische Abschnitte, direkt daneben eine Zone Eis! Aber was wussten wir denn, he? Die letzten Expeditionsberichte stammen aus unzuverlässigen Quellen.«

Steinbach trat zwischen die beiden und sagte: »Nicht das erste und nicht das letzte Mal wird es sein, dass wir unsere Auffassungen über die Insel der Vortage revidieren müssen.«

»Amen!«

»Ist das überhaupt die richtige Insel? Das Meer ist viel schmaler, als ich dachte. Man erahnt auf beiden Seiten das Ufer.«

»Seit den WKK ist der Meeresspiegel rapide gesunken. Ein Teil des Wassers ist in den freien Weltraum entfleucht, verdunstet. Mag angehen, dass nur die tiefsten Rinnen und Gräben Meereswasser führen. Aber ich sage, trotzdem ist dies ein Meer.«

»Es sind CANALI.«

»Westerhoff, machst du Fortschritte? Empfängst du den ›Hilferuf‹?«

Westerhoff hielt das Transistorradio hoch in die Luft. Die grausame Sonne brannte auf ihn nieder.

»Kein Empfang«, sagte er, »kein Empfang! Aber dies ist die richtige Insel, da bin ich mir sicher.«

Richtig. So war es gewesen. Damals in der Kuppel. Weit im Norden. Ein Signal auf Kurzwelle, Zahlen, gesprochene Sprache, immer wieder Kolonnen von Zahlen. Ein Code, der sich nach vierzehn Minuten wiederholte. Fünfmal am Tag gesendet. Und dann – eine Minute Gesang!

Auf diese Weise hatten sie in der Kuppelstadt erfahren, dass es draußen noch Leute wie sie gab. Sie versuchten, den Code zu entschlüsseln, aber es waren nur bloße Zahlen, unknackbares Geheimnis. »Können wir die Herkunft des Signals herausfinden?« – »Aber ja, wir gehen mit Schutzanzügen hinaus und triangulieren.« – »Wer beherrscht das Verfahren?« – »Niemand derzeit. Aber wir haben eine Menge Leute, die die alten Bücher lesen, und die werden es gut anstellen.«

Das Ergebnis erstaunte sie alle. Jenseits des Meeres gab es eine Anzahl von Inseln. Sie hatten sie für tot gehalten, verbrannt, ausgedörrt, noch einmal verbrannt. Dann ein paar eingesiegelte Mappen, die von einer Expedition sprachen, fünf Generationen nach den letzten Weltklimakriegen (wenn die Zeitangaben zutrafen). »Wie lange liegt das zurück?« – »Die Angaben sind ungenau. Drei oder vier Jahrhunderte, wenn wir es günstig rechnen.« – »Dann könnte es noch Reste geben, Reste der Zivilisation. Alte Mappen, alte Karteien.« – »Wie kommt ihr darauf?« – »Wer einen Sender betreiben kann, ist ein Meister, das ist das wirkliche Erbe der Väter und Vorväter.«

Das lag jetzt alles ein Jahr zurück. Doch auf die drei Männer wirkte es wie eine Geschichte aus dem Märchenland. Die Vorbereitung des Schiffs war einfach gewesen. Sie hatten Plastik, und es fiel ihnen leicht, einen Rumpf zu bauen. Die Meeresströmung untersuchten sie mit Flaschenpost und ausgekippter Farbe. Sie fuhren auf einem Schlauchboot so weit, dass es gefährlich wurde, das waren nur drei Kilometer, aber sie hatten keine Lust zu warten. Nach Süden hin nahm die Giftigkeit der Brühe zu.

Sie wählten die Mannschaft, es gab keinen Streit, sie wählten die stabilsten Persönlichkeiten, die besten Leute, Steinbach und Westerhoff. Irgendwann – wie und warum? – stieß Zöllner dazu. Auch er ein stabiler Charakter. Fast drei Monate unter Deck hatten den Vorteil pulverisiert, sie waren jetzt Wracks.

Westerhoff litt unter Nervosität und Paranoia. Er schwenkte den Transistor. Nichts. Die Sonne stach. Er wurde wahnsinnig, er wurde hektisch. Drehen, sich drehen im Kreis, nirgends ein Radiosignal. Er hasste das Deck, er hasste das Meer, er hatte den offenen Himmel. Zum Wasser hin gab es nicht die geringste Sicherung, keine Reling, kein gespanntes Tau, nichts. Plötzlich warf sich Westerhoff lang hin. Ihn schwindelte, das brodelnde Meer zog ihn magnetisch an, es wollte ihn haben, ihn verätzen.

»Dies ist der Ort, an dem wir sterben werden. Lieber will ich mich ersäufen.«

Zöllner rief: »Es nützt nichts, wir müssen an Land gehen. Sonst werden wir alle verrückt. Nimm dich endlich zusammen, Westerhoff.«

Doch Westerhoff wimmerte nur, ein Häufchen Elend.

Der nächste Tag.

Das Signal war plötzlich wieder da. Und Gesang, betörend. Klarer denn je. Eindeutig kam das Signal von der Insel. Sie nahmen die Feldstecher. Sie fanden ein DLRG-Häuschen.

Verbissen schlug Westerhoff die Kartenblätter auf das heiße Schiffsdeck.

»Ich weiß nicht, was es ist ... wo es ist ... worum es sich überhaupt dreht«, murmelte er.

»Es ist heiß, das ist es«, meinte Zöllner und warf einen Gulden in das Meer, wo das Metall zischend verging. »Was ist besser, 46 Grad auf dem Deck oder 54 Grad unter Deck, hä?«

»Idiot.«

Sie hatten vorgesorgt, ihre Ausrüstung war gut. In den nächsten drei Tagen bauten sie einen Steg aus Aluminiumtischen, der von der Bordwand bis zum Ufer reichte. Zöllner und Westerhoff, die beiden Streithähne, leisteten die Hauptarbeit, sie konkurrierten, aber sie stritten sich jetzt nie. Steinbach leistete dagegen nur wenig, er war krank. Sie stellten fest, die Beine der Klapptische waren mit Plastik ummantelt, sie korrodierten nicht, das war fast ein Wunder. Das Wasser war nicht tief, an seiner tiefsten Stelle neunzig Zentimeter tief.

Steinbach ging als Erster über den Steg. In Wirklichkeit »ging« er nicht. Vor lauter Angst bewegte sich Steinbach nur auf allen vieren.

Zöllner ging als Nächster, dann Westerhoff. Sie taten es mit stolz erhobenem Haupt. Nach halber Strecke kam der Steg ins Schwingen. Da ließen sich auch die stolzen Männer nieder und folgten Steinbach auf allen vieren.

Sechzig Meter können eine lange Strecke sein, besonders für einen Mann, der von Angst geschüttelt ist. Der Verschluss von Steinbachs Uhr klappte auf, die Uhr glitt von seinem Arm ins Wasser. Reflexartig griff er ins Wasser. Die Brühe brodelte auf. In seinem Gehirn explodierte eine weiße Sonne. Ein Echo hallte durch grelle Räume, es war das Echo seiner eigenen Schmerzensschreie.

Als er wieder sehen konnte, blickte er auf einen schwarz verätzten Stumpf, wo eben noch seine Hand und sein Unterarm gewesen waren. Seine Hand hatte sich aufgelöst. Sein Arm endete fünf Zentimeter unter dem Ellenbogen. Der Schmerz war grauenhaft – aber über eine Schwelle getreten, wo der Schmerz aufhörte, ein Schmerz zu sein. Mit geweiteten Augen beobachtete er, dass sich der schwarze Stumpf mit einer feuchten, blutigen Granulation überzog. Die Wunde wirkte frisch, lebendig. Sein Stumpf heilte in einer Minute aus. Die Haut war glatt und rosig. Es gab keine Schmerzen mehr. Aber die Hand war für immer verloren.

»Teufel«, sagte er, »Teufel!«

Sie waren jetzt gewarnt und verzichteten ab jetzt trotz der Hitze nicht mehr auf Schutzanzüge. Die gelbe Hülle gab ihnen ein trügerisches Gefühl der Sicherheit.

Ohne besonderen Anlass hatte Cloudy einige Tage/Wochen/Monate/Jahre auf der nördlichen Landzunge der Insel verbracht. Sie schlief unter einem Berg guter Kürschnerware, aber es waren noch unvernähte Felle. Die Wintersonne schien weiß und ruhig in die kleine Plastikholzhütte hinein. Das langte, um sie zu wecken.

Sie strampelte die Felle von sich und fand sich von einer großen Anzahl brauner, roter, grauer und gelber Lemuren mit riesigen Geisteraugen umgeben. Freudig begrüßte sie die weichen Tiere und neckte sie, dass sie wie toll in der engen Hütte herumsprangen. Dann, als sie des Spiels überdrüssig wurde, angelte sie nach einem Leinensäckchen unter ihrem Bett, das mit Bleischrot gefüllt war, und erschlug einen nach dem anderen, sobald sie in ihre Reichweite kamen.

Doch sie fand keine Ruhe. Sobald sie eines erschlagen hatte (waidmännisch mit dem Schlag des Beutels ins zarte Genick), war ein anderes Tier wiederbelebt und sprang umher wie vordem.

Sie trat vor die Tür in den kalten Schnee und ließ die Lemuren Lemuren sein. Die Hütte war dem *nuklearen Winter* gewidmet. Zu der Zeit, als Cloudy noch rational denken konnte, fand sie die Nachahmung sehr gelungen.

Jetzt stand sie in Nachthemd und Höschen draußen und fror bitterlich. Sie sprang ins warme Nachbarhaus, das einem anderen Sujet gewidmet war. Gold und Farbigkeit erwarteten sie. Von den pastellrot und -grün gestrichenen Holzwänden blickten Boy George, The Bangles und Prince gnädig herab, mit glänzenden Reißwecken angeheftete Poster. Im Fernsehen lief eine Aerobic-Sendung, auf einer Wäschetruhe lag ein entsprechender Anzug. Cloudy zog sich rasch um und machte ein paar Übungen mit, bis sie erschöpft aufs Bett zurücksank und einen melancholisch blickenden Pierrot mit Porzellankopf fest an sich drückte.

Sie war sich seltsam bewusst, dass eine gewisse Zeitspanne vergangen war. Trotzdem war sie erst vierunddreißig und ihr straffer Körper schien einer Fünfundzwanzigjährigen zu gehören. Wie war es möglich, dass sie sich der Zockies mit den Maschinenpistolen erinnerte, ein Besuch, der vor mindestens achtzig Jahren (wie sie sicher war) stattgefunden hatte? Die Gedanken ermüdeten sie.

Nuklearer Winter und *Aerobic* gehörten beide zum Gebäude-Ensemble Straße der Achtziger. Der Komplex lag an der alten Biotit-Strecke, breit wie eine Bundesstraße, die von der Inselmitte (wo sie bis zu einem Schuttkegel ging) bis in einem flachen Meeresabschnitt reichte und einer blassgrünen Sülze voller Einschlüsse ähnelte.

Der Biotit war eine experimentelle Substanz, die im dritten Weltklimakrieg entwickelt worden war, um die alten Zeiten wieder aufleben zu lassen. Zum Teil war das auch von Erfolg gekrönt worden, aber das verwirrende Nebeneinander »falscher Zeiten« hatte die Menschen der damaligen Zeit verwirrt und aggressiv gemacht. Daran änderte auch die Tatsache nichts, dass im Bereich der Biotit-Strecke das hervorragende Klima des 20. Jahrhunderts herrschte.

Falsche Zeiten, wahre Zeiten? Spitzfindigkeiten dieser Art fanden schon lange nicht mehr Cloudys Interesse. Im dritten Weltklimakrieg war lediglich die Straße der Achtziger fertiggestellt worden, der einzige Themenpark. Weitere Bauten existierten nur auf dem Papier oder als malerische Bauruinen. So kam es, dass zwischen einigen spektakulären »Anfängen« vielerlei echte Arbeitsgebäude mit technischen Einrichtungen, Pumpen, Stromerzeugern, Computern, Überwachungsbildschirmen und so weiter auf dem Dorfgelände herumstanden.

Eines dieser Gebäude, äußerlich schlicht, war *Quelle*. Der Aerobic-Anzug hatte gezwickt und gezwackt, und das an den blödesten Stellen, unter den Brüsten und zwischen den Beinen. Cloudy eilte von der *Straße der Achtziger* über blasses Gras bis vor die Halle. Forsch trat sie zum Tor von Quelle ein. Sie erinnerte sich schwach, dass *Quelle* ein Sicherungssystem gehabt hatte, deren Diener sich ihr in früheren Zeiten entgegenstellten. Doch jetzt regte sich nichts in dem düsteren Korridor. Die Diener waren verschwunden, und es schien überhaupt kein Sicherungssystem zu geben.

In den Hochregalen stapelten sich tausend und abertausend gepackte Pakete, fertig mit Adresse und Porto. Es war nicht leicht, sich in der Fülle zurechtzufinden, und Cloudy riss viele Schachteln auf, ohne etwas Passendes für sich zu finden. Sie bewegte sich wie eine Elfe durch das Hochregallager. Endlich fand sie Bikinis. Sie machte sich von dem Aerobic-Anzug frei und schlüpfte in aufreizende Bademode.

DLRG. Bademeister, pulverisiert. Die silberne Radarantenne drehte sich auf dem Dach. Die Holztür war ausgehängt. Nichts hinderte Cloudy. In dem von der Zeit angegriffenen Häuslein aus Stein kreisten grüne Linien auf Radarschirmen und hoben die Umgebung aus der Unsichtbarkeit. Cloudy ging von Gerät zu Gerät. Sie war schon einmal hier gewesen, vielleicht öfter. Der ganze Raum war mit Ortungsapparaten aller Art gespickt.

Sie blickte durch eine Art Periskop. Draußen, weit draußen, pflügte ein schnittiger Schiffsrumpf durch die See. Das Bild war sehr scharf. Eigenartigerweise gab es keine Bewegung auf dem Kahn. Was bewog die Besatzung dazu? Möglich, dass sie Angst hatten und sich unter Deck versteckten. Natürlich handelte es sich um Zockies, sie schienen auf irgendwas zu wetten, aber in sanfter Weise. Sie wollte die neuen Leute gerne kennenlernen. Es kamen so wenige in der letzten Zeit. Sie sprach in ein Funkgerät, dann sang sie.

In den nächsten Stunden beobachtete Cloudy, wie die Leute einen Steg bauten und an Land gingen. Es waren Männer, und ihr Herz schlug höher. Etwas ging schief. Einer der Männer hatte eine Behinderung, ihm fehlte ein Arm. Der gefiel ihr am meisten.

Seit dem Besuch der letzten Zockies hatte sich ihre Sprache noch einmal verändert und reduziert und bediente sich aller Partikel, derer sie auf der Insel habhaft werden konnte.

„Itzo Zockies Est Alterna Zockie."

Das hieß, dass diese Neuankömmlinge nicht gewalttätig waren.

Durch seine groteske Amputation bewegte sich Steinbach unbeholfen auf dem Strand, aber er ging aufrecht, das war ein Gewinn für die Gruppe. Zöllner rammte eine Sonde in das Substrat und verlas das Ergebnis: »Fünfzehn Prozent Mikroplastik, siebenundzwanzig Prozent Sand, einige organische Reste, Betonbrocken, eine erhebliche Menge der ›P339‹ genannten Geheimsubstanz.«

P339 war ein genormter »Sand-Körper« aus einem unzerstörbaren Material und stammte aus der Zeit zwischen dem zweiten und dritten Weltklimakrieg.

»Diese Insel hat einmal militärische Bedeutung gehabt«, schloss Zöllner.

»Alles hat seine Zeit«, predigte Westerhoff.

»Amen.«

Sie stiegen die flachen Strandterrassen hinauf. Direkt unter dem Dschungelgürtel stießen sie auf in den Boden eingelassene Klima-Schienen. Sie arbeiteten mit Leistungen um die dreißig Prozent. Westerhoff maß Temperatur und Luftzusammensetzung. Er nahm die Haube seines Schutzanzugs ab und lächelte triumphierend.

»Tropisch zwar, aber atembare Luft. Das gilt zumindest für diesen schmalen Abschnitt.«

»No Tox?«

»Wäre ja noch schöner. No Tox!«

Sie arbeiteten sich an der Trennlinie von Dschungel und Strand westwärts in einem Boden weiter. Ihre Hoffnung auf brauchbare Artefakte wurde jedoch enttäuscht. Von vielen der ersehnten Maschinen der Väter und Vorväter waren nur braune Schatten auf dem Strand geblieben, so zerfallen waren sie. Hitzeschaden.

Plötzlich änderte sich das Aussehen des Strandes. Er wurde grau. Das Substrat enthielt jetzt über neunzig Prozent Beton.

»Hier hat eine Stadt gestanden. Anhaltende Temperaturen über 500 Grad Celsius haben den Beton strukturell zerstört. Natürlich brachen die Konstruktionen zusammen und wurden ins Meer gespült«, sagte Zöllner.

»500 Grad? Lokale Anomalien.«

»Gewiss. Die Algorithmen der Wettermaschinen fanden keine Antworten auf Wetter-Situationen, deren Komplexität zu groß wurde. Außerdem stehen die Wetter-Maschinen in Konkurrenz zueinander, ein Phänomen, das kein Mensch vorausgesagt hat. Möglicherweise wetteiferten sie hier um die ›höchste je gemessen Lufttemperatur‹.«

»Dann sind die Wetter-Maschinen ein klassischer Fall von Verschlimmbesserung.«

»Ja. Aber da Wort hilft uns nicht weiter. Ich bin mir sicher, dass wir nur mittels raffinierter Technik aus dem Klima-Dilemma unserer Tage herausfinden.«

»Schlaukopf.«

In der nächsten Stunde fanden sie Beweise für die Leistungsfähigkeit der Ingenieure und den Willen der Leute, auch in einer »heißen Umgebung« zu überleben.

Getrockneter Tang und zermahlene Muscheln sowie der unvermeidliche Sand hatten den Eingang zum Erdkeller fast vollständig zugedeckt. Das Versteck lag genau unter dem Rand des Dschungels, eine strategisch günstige Lage. Um die Tür aus Panzerholz freizulegen, stießen sie unermüdlich die Klappspaten in das Substrat.

Westerhoff wischte über die Oberfläche, um letzte anhaftende Partikel zu entfernen. An einer Stelle leuchtete es schwach auf. »Please!« Das Tastenfeld war braun-orange und von den Witterungseinflüssen rissig. Zöllner tastete eine Zahlenkombination ein. „1 – 2 – 3 – 4. So ist der Mensch!" Sie lachten.

Die Tür führte in einen Erdkeller, dessen Wände mit dem unverwüstlichen Panzerholz des vierten Weltklimakriegs ausgerüstet war. Die Luft war nach Jahrhunderten abgestanden, aber ein Ventilator sprang an, sobald sie über die Schwelle geklettert waren.

Bis auf ein Regal mit drei Kisten war der geräumige Keller leer. Am Regal pulsierte eine grüne Kontrollleuchte.

»Vorsicht!«, rief Zöllner.

Blasse Lichtstrahlen schossen schräg aus dem Regal. Wie auf Schienen glitten die Kisten darauf herab, bis sie in Reih und Glied nebeneinander standen. Durch die Ritzen der Kisten zwängte sich rosa Licht und nahm rasch an Intensität zu.

»Raus hier«, rief Westerhoff, »das ist eine Falle!«

»Bezwingt euch«, sagte Steinbach, von dem sie so viel Kaltblütigkeit am wenigsten erwartet hatten.

Vor ihren Augen zerlegten sich die Kisten. Drei Quader aus einer Art Gelee standen vibrierend vor ihnen.

»Sieh an! Motorräder.«

Cloudy hielt sich im Dschungel, verzichtete aber nicht darauf, sich für einige Momente den Fremden zu zeigen. Die Fremden sprachen eine Sprache, die mit der ihren kaum noch Ähnlichkeit hatte. Dem Ton nach waren sie freundlich, wenngleich es ein paar Reibereien untereinander zu geben schien. Die Fremden waren aber so in ihre Arbeit, die sicherlich sehr wichtig für sie war, vertieft, dass sie nicht einmal herübersahen, wenn sie kokett hinter einem Busch hervortrat.

»Esta No-No Bella?«, fragte sie.

Aber niemand antwortete auf ihre Frage.

Sie beobachtete die Männer, wie sie einen alten Erdkeller fanden und hineinstiegen. Dem Amputierten, von dem sie wusste, dass er Steinbach hieß, wurde bald schlecht, und er kam wieder heraus, kreidebleich und schwankend. Sie wagte sich aus dem Dschungel und blieb auf dem Dach des Erdkellers in aufreizender Pose stehen. Sie trug den wunderschönen Bikini. Steinbach musste sie sehen.

»Toi Undt Me? Ejaktion?«

Sie sprach langsam und deutlich. Steinbach krümmte sich.

Cloudy spürte, wie Zorn über den ignoranten Mann in ihr aufstieg. Aber dann sah sie ein, der Fremde litt unter irgendeiner Krankheit. Möglicherweise hatte die Amputation ihn geschwächt und anfällig für Infekte gemacht.

Sie sprang vom Dach – es war nicht hoch – und ergriff Steinbachs Hand. Plötzlich trafen sich ihre Blicke. Steinbach schien jedoch durch sie hindurchzusehen. Appetenz-Verhalten!

»Ist da wer?«

Cloudy zog Steinbach an der Hand hinter sich her in den Dschungel. Er wollte seinen abgestreiften Schutzanzug greifen, aber Cloudy fegte ihn mit dem Fuß davon. Mit aufgerissenen Augen blickte Steinbach dem davonfliegenden Anzug nach.

Sie durchquerten den dichten Randbereich und kamen auf die Flächen mit den gelblichen und kränklichen Pflanzen. Steinbach stöhnte, wankte. Sie umarmte ihn nun ganz fest und drückte die Lippen auf die seinen.

»Tu! Tu! Tu! Ich liebe dich, ich liebe dich!«

Sie dachte, es war nicht unbedingt ein guter Augenblick für die »Kontaktaufnahme«, aber sie hatte so lange gewartet, hatte keine Geduld.

Der Fremde schüttelte sich, ächzte, als wollte er sein Leben aushauchen.

Ihre Erinnerungen waren schwach geworden, aber in einem entfernten Winkel ihres Gehirns regte sich etwas. Dieser Mann brauchte etwas, das selten geworden war. Und sie führte ihn dorthin. O2!

Durch den Absturz war die Wettermaschine keineswegs völlig zerstört worden. Sie nahm noch einige wenige Funktionen wahr. An ihrem einen Ende entwickelte sich unter ihrem Einfluss ein Gebilde, welches in der eigentümlichen Sprache Cloudys *Vektor-Wald* hieß. Es war ein Gebiet, grün und recht schmal, aber rund drei Kilometer lang. Es lag versteckt hinter einer Hügelkette.

Sie traten an eine Kluft heran, und Steinbach sagte: »Das schaffe ich nicht.«

Auf dem Grund der Kluft wuchsen schwarze Dornenbüsche, die ihn aufgespießt hätten. Bis zum Rand gegenüber aber waren es über fünf Meter. Cloudy nahm ihn bei der Hand, und sie schwebten über die Kluft.

Bald wurde es Abend.

Im *Vektor-Wald* erholte sich Steinbach rasch. Er atmete ruhiger und legte sich auf ein Moorpolster. Seine Sinne hatten sich in ungewöhnlicher Weise erfrischt, und er sagte:

»Was mich interessiert, wie bekommen wir die Ducatis frei?«

Cloudy zog beleidigt eine Schnute.

Ihr behagte der Wald wegen seiner hohen Sauerstoffwerte nicht sehr. Im Vergleich war es hier kalt. Der sexy Bikini passte nicht recht hierher zwischen Buchen und Eichen.

»Warum wollt ihr Motorräder haben?«

Steinbach verstand die Circe mit einem Male sehr gut.

»Oben im Berg soll es eine alte Hütte geben, in der wertvolles wissenschaftliches Material einer früheren Expedition liegt. Zu Fuß schaffen wir es nicht.«

»Ich sage dir gleich, was dort liegt, ist alles wertloses Zeug, an dem ihr euch eure Finger nicht verbrennen solltet.«

»Wie kommst du darauf?«

»Früher hieß ich Claudia Schöne. Ich habe an der Expedition teilgenommen.«

Warum nur dachte Steinbach dauernd an seine blöde Arbeit? Cloudy war eifersüchtig. Dann aber sah sie ein, dass es gut war. Sie biss in Steinbachs Ohrläppchen und verriet ihm, wie man die Gelee-Packungen aufschließen konnte.

Trotz dieses Geschenks blieb Steinbach unzugänglich und stierte abwesend in den Sternenhimmel.

Cloudy aber war gewillt, sich zu holen, was ihr zustand. Sie schüttelte sich, und die großen Brüste sprangen wunderbar aus dem Bikini-Oberteil heraus. Dann löste sie die Bänder des Höschens und entblößte ihre Scham.

»Liebe itzo! Liebe! Liebe!«

Steinbach fühlte sich bis ins Innerste zerschunden, als er, von Dornen und Ästen zerschrammt, blutig ins Strandlager der beiden Genossen zurückkehrte. Er zögerte zu berichten, was ihm widerfahren war. Als er aber zögerte, entfielen alle Details, wie man schnell vergisst, was einem in Träumen begegnet. Darum sprach er stoßweise, wie verwirrt.

Zöllner trank aus einem Becher eine braune Flüssigkeit und sagte gönnerhaft: »Du musst selbst verantworten, was du tust oder nicht. Jedenfalls warst du eine Nacht vermisst.«

»Dein Bericht war reichlich konfus, Steinbach! Ein Wald, eine schöne Frau?«

Westerhoff spielte mit einem Draht, den er in die Flammen des Lagerfeuers hielt.

»Hat es jedenfalls etwas gebracht, der Ausflug?«

»Aber ja«, sagte Steinbach. »Ich weiß jetzt, wie wir die Ducatis freibekommen.«

Im Grunde lief es auf eine Nagelprobe hinaus.

Steinbach schwitzte. Seinen nebulösen Schilderungen zufolge sollte es auf der Insel eine letzte Überlebende der früheren Expeditionen geben, noch dazu eine Angehörige der zweiten oder dritten Expedition. Einfache Algebra widerlegte Steinbachs »Auffassung«, niemand sprang nach zweihundertsiebzig Jahren oder mehr anmutig herum und sah dabei auch noch einer Verführerin ähnlich.

»Sie lebt hier ganz alleine auf der Insel?«

»Früher waren sie mehr. Irgendwann ist die Letzte gestorben, und sie blieb übrig.«

»Dachte ich mir. Ihr Aussehen?«

»Sie ist wunderschön.«

»Das ist kaum mit ihrem rechnerischen Alter vereinbar. Wenn sie an der Expedition teilgenommen hat, ist sie jetzt in einem wahrhaft biblischen Alter.«

»Das weiß ich selbst, Zöllner. Ich bin kein Dummkopf.«

»Hör mal! Unter dem Blickwinkel der Vernunft, und einen anderen benötigen wir nicht, ist deine Geschichte Unsinn.«

»Gebt zu, dass ihr die Ducatis nicht habt befreien können! Ich aber habe den Schlüssel. Cloudy hat ihn mir gegeben. Sie hat gesehen, wer die Motorräder damals eingeschlossen hat. Das ist der Beweis.«

»Du könntest selbst darauf gekommen sein, wie man den Gelantineblock entfernt. Übrigens – NOCH steht der Beweis aus!«

Zöllner blickte ihn merkwürdig an, und Westerhoff schnaubte. Sie misstrauten Steinbach, hielten ihn für halb verrückt. Der Rationalist Zöllner glaubte nicht im Geringsten an Steinbachs »Vision«, für ihn war das »Geschehen im *Vektor-Wald*« eine Ausgeburt einer fieberkranken Seele und die Folge von Tablettenmissbrauch.

Westerhoff, von Natur aus eine Idealist, zog die Möglichkeit in Betracht, dass durch irgendeinen Trick doch jemand »überlebt« haben konnte. Er dachte jedoch an eine Art »Aufzeichnung« oder »Projektion«.

Sie gingen in den Erdkeller. Zöllner und Westerhoff hatten den Gelantine-Quadern erheblichen Schaden zugefügt. Eine Axt steckte darin, eingedrungen bis zum Stiel. Weiterhin die abgebrochene Spitze eines Bohrers, eingeschlossen wie ein Museumsstück. Schwarze Blasen und Pusteln überzogen in einer dünnen Schicht die Quader dort, wo Zöllner sie mit einer 800 Grad heißen Flamme aus dem Brenner traktiert hatte. Patronenhülsen auf dem Boden ... Westerhoff hatte das Magazin seines Revolvers leergeschossen ... Die Kugeln waren an dem hochelastischen Material dumpf abgeperlt, die kinetische Energie wurde vollkommen absorbiert.

»Wir sind zu der Auffassung gelangt«, sagte Zöllner förmlich, »dass wir keine Methode kennen, den Gelantineblock zu entfernen, ohne dabei auch die Ducati zu zerstören."

Steinbach nickte. Er ging vor der Reihe der drei Maschinen einmal auf und ab, um sich zu sammeln. Wenn es ihm nicht gelang, den Gelantineblock zu beseitigen, würde sich im gleichen Augenblick seine »Geschichte« als absurde Fantasterei erweisen.

»Es geht so«, sagte er und zog den Nagel seines Zeigefingers über den Gelantineblock. Das Material furchte sich, Risse taten sich auf, sich rasch mit Plasma füllende Klüfte, die bis unten durchgingen. Ein seltsamer, Brechreiz erregender Geruch entströmte dem sich zerteilenden Block. Sie schlugen sich die Hände vor den Mund.

Rasch ritzte Steinbach die beiden anderen Blöcke. Die winzige Berührung bewirkte, dass sich die »bombensicheren« Quader wie Götterspeise teilten und schließlich auflösten.

Vor ihnen standen drei Ducatis, rot, weiß, grün lackiert.

»Italia! Das sind die italienischen Nationalfarben«, fiel es Zöllner ein.

Er lächelte unsicher, als ihm zu Bewusstsein kam, dass seine Geschichtskenntnis nichts zum Gelingen der Expedition beitrug.

Westerhoff schob die rote Maschine aus dem Erdkeller auf den Strand. Er brannte darauf, die Ducati zu fahren, obwohl er noch nie Motorrad gefahren war.

»Merkwürdig, die Maschine reicht mir nur bis zum Knie.«

Ehe sie es sich versahen, von einem Augenblick auf den anderen, befanden sie sich im vegetationslosen Hochland und rasten auf den Ducatis dahin, ja, sie rasten, ohne sich erinnern zu können, wann und wo sie aufgestiegen waren. Wie sie die Motorräder durch den Dschungel hierhergekriegt hatten ... ein weiteres Rätsel ...

Der Rausch war stark. Sie fuhren wie toll, die Motoren trieben sie wie Geschosse voran. Die klare Luft war dünn, das euphorisierte sie zusätzlich. Vor ihnen dehnte sich die braune Hügellandschaft bis zum Horizont. Alles tot, wenn man es negativ sah, doch alles frei, Schotter, Fels, Granulat. Sie frästen lustvoll ihre Spuren hinein. Eine Rennstrecke von Gottes Gnaden. Das Wetter war fantastisch, die Wettermaschinen meinten es gut mit ihnen, die Sonne schien.

Wetterhoff schnitt Zöllners Bahn. Die Manöver wurden kühner und kühner. Steinbach selbst sprang über eine natürliche Rampe ... flog und flog, vierzig Meter, sechzig, achtzig gar. Hart setzte er auf, fast eine Explosion, aber er brachte die Ducati unter Kontrolle, schoss mit 200 Kilometern pro Stunde dahin.

Plötzlich – !

Westerhoff zerschellte an einem hohen Felsen, der steil aus dem Substrat ragte. Er war mit der Ducati gesprungen und direkt gegen den gnadenlosen Stein geprallt, regelrecht geplatzt. Keine Überlebenschance.

Steinbach sah den Unfall aus den Augenwinkeln. Sofort begann er zu zittern. Nervenschock. Doch anstatt zu bremsen, riss er wie wahnsinnig am Gas, um noch höhere Geschwindigkeiten aus dem Motorrad zu kitzeln. Er sah Zöllners Rückseite. Holte ihn ein, schrie etwas herüber.

»Es hat Westerhoff erwischt. Westerhoff ist tot, tot, tot.«

Zöllner lachte nur wie verrückt.

»Da kommt er doch!«

Tatsächlich! Westerhoff kam ihnen schräg von vorn entgegen. Freihändig! Er fräste durch den Schotter in wahnsinnigem Tempo. Dann legte er sich in eine Kurve, die ihn auf Höhe der beiden anderen brachte.

Der Schotter spritzte. Sie schlitterten auf ein Hochplateau aus reinem Fels, fingen die Maschinen ab, rasten mit ungeheurer Geschwindigkeit dahin. Eine Hütte ließen sie links liegen. Das legendäre LABOR, sie fuhren achtlos an ihm vorbei! Warum nur? Die Tachonadel zitterte am Anschlag, brach sogar, als das Tempo zu hoch wurde.

›Hier stimmt etwas nicht‹, dachte Steinbach.

Plötzlich ... ohne dass sie es verstanden ... Geschwindigkeit null ... sie standen an der Kante eines Abgrunds, die Vorderräder hingen schon über der Kante, dahinter ging es achthundertfünfzig Meter tief hinab.

»Wie fühlt ihr euch?«, fragte Zöllner und zog die Maschine vorsichtig vom Abgrund zurück.

»Wie Überlebende«, antwortete Westerhoff und atmete wie blöde ein und aus.

»Wie Narren!«, versetzte Steinbach. »Wie Narren!«

Nach einem harten Tag ist ein Plastik-Deck ein bequemes Bett.

Steinbach hatte sechs Stunden geschlafen und war vor Sonnenaufgang aufgewacht. Er schob den Ring eines aufgerollten Taus unter seinen Nacken und hing seinen Gedanken nach.

Die Expedition war nun Geschichte. Sie hatten den Aluminiumsteg unter glühendem Himmel innerhalb von sechs Stunden abgebaut. Was die Männer nicht unmittelbar aus dem schlickigen Grund zerren konnten, stießen sie um und überließen es dem Gift-Ozean für alle Zeiten.

Die Silhouette der fremdartigen Insel gloste an den Rändern zart golden. Das müde Zentralgestirn schien noch zu zögern, seine sengenden Strahlen über die Erde zu verteilen.

Vorm Schlafengehen hatte Zöllner auf einer geschützten Frequenz Signale der Wettermaschinen aufgefangen und für heute eine Tagestemperatur von 46 Grad vorausgesagt, indes bei guter Luft. Sie brauchten also keine Schutzanzüge. Allerdings würde es in einer halben Woche Chlor-Regen geben. Bis dahin wollten sie schon weit weg im Norden sein, auf der Rückfahrt in die Kuppelstädte.

Westerhoff hatte am Abend einen Bericht über die Expedition in die Tasten der Reiseschreibmaschine gehackt, war mit dem Ergebnis aber unzufrieden und schrie seine Wut hemmungslos hinaus. Dann war er auf dem Liegesessel zusammengesackt und sofort eingeschlafen.

Schnarchen drang aus dem ausgesägten Viereck. Auch Zöllner schlief unter Deck.

Steinbach lag allein an Deck. Abendstimmung. Er hob seinen verstümmelten Arm gegen den magisch leuchtenden Himmel. DAS hatte er also von der Expedition, eine lebenslange Erinnerung. Er hörte ein sanftes Plätschern, wie ein Fisch, der ins Wasser gleitet.

»Hallo!«, sagte eine Stimme.

Steinbach blinzelte. Eine wunderschöne Frau kniete neben ihm. Cloudy war an Bord gekommen, das Wasser perlte von ihrer Haut, von ihren Haaren.

»Wie bist du hergekommen?«, fragte er überflüssigerweise.

»Geschwommen, Närrchen. Die Strecke ist kurz. Ihr Zockies habt den Aluminiumsteg abgebaut, was sollte ich tun?«

Sie lächelte und entblößte ihre weißen Zähne.

»Niemand überlebt das, diese Brühe voller Gift.«

»Der Bikini klebt an meiner Haut. Ich zieh ihn am besten aus.«

Komisch, am Anfang hatte Steinbach die Fremde kaum verstanden. Jetzt verstand er sogar jede Anspielung.

»Du weißt, wie man mit Männern umspringt. Doch der Zeitpunkt ist schlecht gewählt.«

»Ach? Du bist so umständlich. Ich liebe dich.«

Sie beugte sich über ihn.

»Jetzt nicht. Die anderen sind unter Deck«, warnte Steinbach.

Es war schwer, Cloudy zu widerstehen.

»Wenn ich es will, schlafen sie.«

»Du bist ... schön ... schön ... so wunderschön. – Aber lass mir einen Augenblick der Ruhe ... Etwas beunruhigt mich. Du weißt, worum es geht?«

»Non? Du meinst das Motorradrennen? Ich dachte, es macht euch Spaß. Es waren nur Spielzeuge.«

»Spielzeuge? Mir sind ein paar Widersprüche aufgefallen. Die Ducatis sind Rennmaschinen, für das Gelände völlig ungeeignet, winzig. Trotzdem fuhren wir Tempo dreihundert! Wir beherrschen die schwersten Manöver. Aber ich bin zuvor noch nie Motorrad gefahren. Außerdem –« Er brach ab.

»Was meinst du? Du zitterst ja!«

»Westerhoff ist gestorben«, flüsterte er rau. »Ich habe es selbst gesehen, wie er an dem Fels zerschmettert wurde. Das überlebt keiner. Da war nur noch ein Blutfleck. Aber im nächsten Moment kam er aus einer ganz anderen Richtung angefahren, unversehrt und völlig gesund. Das ist Zauberei.«

»Tot, lebendig? Das scheint dich sehr zu beschäftigen. Für mich ist das nicht so wichtig. Ich habe dir doch vom Biotit erzählt.«

»Eine Substanz, um ›alte Zeiten wieder aufleben‹ zu lassen. Die hat Westerhoff auferstehen lassen, hä? Das soll ich dir glauben?«

»Du kennst meine schöne Insel noch gar nicht, es gibt sogar einige Geheimnisse mehr. Ich entdecke jede Periode ein neues Geheimnis. Ich weiß nicht immer genau, wie das alles funktioniert. Aber es funktioniert.«

Er sah Cloudy ins Gesicht. Ihr Lächeln war unwiderstehlich. Er bettelte um einen Kuss.

Sie gab ihm sieben.

Am nächsten Morgen fand Westerhoff an Deck eine längliche Hülle aus einem papierartigen Material. Er wunderte sich. Dass der Wind sie nicht ins Meer geweht hatte? Dann streckte er sich, breitete die Arme aus und gähnte herzhaft.

Noch einmal fiel sein Blick auf die zerknitterte Hülle. Erst jetzt gewahrte er, dass die Hülle die Züge von Steinbach trug.

Westerhoff schrie lange.

Zöllner kam an Deck, nicht gerade ausgeruht. Wie es seiner Art entsprach, betrachtete er das Überbleibsel des Kameraden ohne äußere Regung. Er nahm die Hülle zwischen Daumen und Zeigefinger und zupfte sie vom Stahldeck, wo sie mit einer Art Leim befestigt war. Sieben große Löcher. Er schüttelte das leere Papier. Die Hülle enthielt weder Organe noch Knochen. Alles schien auf groteske Weise vertilgt.

»Ausgesaugt. Jedenfalls hat er nicht leiden müssen«, schloss Zöllner, als wäre damit alles gesagt.

»Wer hat das getan?«, fragte Westerhoff, der am ganzen Leib vor Entsetzen schlotterte.

»Sie natürlich, diese Cloudy, von der Steinbach immerzu fantasiert hat. Hat es dies Geschöpf also doch gegeben. Sie muss hier irgendwo stecken.«

Sie suchten hinter Kisten und Tischen.

»Hier«, rief Westerhoff, »hier ist Cloudy. Sie hat sich im aufgewickelten Tau versteckt.«

»Kein gutes Versteck. Liegt da, wie in einem Nest. Anscheinend schläft sie.«

Mit einer Mischung aus Faszination und Ekel betrachteten sie die Fremde, die ihren Kameraden ausgesaugt hatte. Bis auf ein paar blaue Stellen war sie weiß wie Alabaster. Es war ein Wesen von rund einem Meter sechzig Länge, blass, durchscheinend, trotz einer beinartigen Gabelung unten eher einem Fisch gleichend. Das Geschöpf hatte zwei Arme mit kleinen Händen, stark entwickelte Brüste und einen haarlosen Kopf. Auf dem Rücken lief eine braune Flosse entlang, sie musste eine gute Schwimmerin sein.

»Vorsicht!«, rief Westerhoff.

Bläuliche Augen bewegten sich träge im Kopf der Fremden. Aber die Augen befanden sich unter einer milchigen Deckhaut und waren nahezu blind. Von ihr ging keine Gefahr aus. Jetzt nicht mehr, sie hatte erreicht, was sie wollte.

»Schön ist sie nicht gerade zu nennen«, urteilte Zöllner. »Dabei redete Steinbach ständig von ihrer atemberaubenden Schönheit.«

Er bückte sich und berührte den Leib.

Cloudy reagierte sofort. Sie zog ihre schmalen blauen Lippen über dem Kiefer zurück und entblößte ein Rundmaul mit mindestens zweihundert nadelspitzen Zähnen, dicht an dicht. Sie schnappte nach links und rechts, fauchte und schrie auf nichtmenschliche Art.

»He, he!« Zöllner hielt sie mit einer rasch gepackten Eisenlanze nieder. »So gesehen – ich denke, Steinbach hatte nicht den Hauch einer Chance.«

Zöllner lachte.

»Was lachst du?« Westerhoff stand kurz vor dem Zusammenbruch. »Warum ist sie an Bord geblieben? Sie muss doch geahnt haben, dass wir sie entdecken und töten werden.«

Zöllner richtete sich hoch auf und lachte höhnisch.

»Sie wird ihre Gründe haben. Außerdem werde ich sie nicht töten.«

»Aber ...«

»Non! Sie soll leben.«

Cloudy wand sich, und der Bauch sprang auf. Ungefähr zwölf wimmelnde Wesen, ihrer Mutter gleichend, aber nur zwanzig Zentimeter lang, zappelten heraus und glitten auf einer Bahn aus glasigem Schleim über Bord. Sie platschten in die gelbe Brühe des Meeres.

»Töte sie, töte sie!«, schrie Westerhoff.

»Zwecklos«, versetzte Zöllner. »Die Kinder erben das Gedächtnis ihrer Mutter und werden immer schlauer.«

»Gott stehe uns bei!«

»ER ist doch der Schöpfer dieser Brut, Mann!«

Nach der »Geburt« sank die ursprüngliche Cloudy in sich zusammen, zersetzte sich bereits.

»Cloudy war eine werdende Mutter und nährte sich von Steinbach. So oder so ähnlich. Erspare mir Details!«

»War Steinbach der Vater dieser kleinen Monster?«

Westerhoffs Stimme war eisig. Er war einem hysterischen Anfall nahe.

»Nein, ein Geschöpf wie Cloudy beherrscht sicher die Jungfernzeugung. Aber ein männlicher Partner verbessert das Erbmaterial. Die Evolution findet immer eine Antwort, mag sie auch grotesk sein.«

»War sie überhaupt noch ein Mensch.«

»Gewiss. Auch sie sind Menschen. Das sagte schon der Prophet Blish.«

»Aber warum hat Steinbach seinen Irrtum nicht bemerkt? Cloudy war hässlich, unsagbar hässlich. Sie muss sich sehr raffiniert angestellt haben.«

Zöllner lachte.

»Alles eine Frage der Tarnung, glaube mir, KAMERAD!«

»Ich wäre nicht auf Cloudy hereingefallen. Ich hätte erkannt, dass sie ein Mutant ist, ein grässliches Ungeheuer. Wahrscheinlich ist Steinbach ihr auf den Leim gegangen, weil sie eine … Frau ist.«

»Du irrst dich. Unsere Gattung kennt viele Tricks. Es muss nicht immer eine Frau sein, es reicht auch ein Kamerad.«

Mit diesen Worten entblößte Zöllner sein Rundmaul. Zweihundert nadelspitze Zähne blitzten. Bevor er Westerhoff angriff, sagte er:

»Du Tor, ich bin, nachdem ihr längst auf See wart, über die Wasseraufbereitungsanlage eingedrungen – und ihr akzeptiertet das, weil ihr ein Spatzenhirn habt! Habt ihr euch nie gefragt, warum wir nur zwei Sitze an Bord hatten?«

MAD WORLD
War da was?

Mit den Geschichten
- von der revolutionären Pflanzengesellschaft
- vom Ende der Party
- von der Nähe der Krähe
- vom letzten Buch
- von den drei Quallen

DAS VEGETARCHISCHE MANIFEST
von Hans Jürgen Kugler

Der Geist einer neuen Zeit weht über den Planeten. Es ist der Geist der globalen Vegetarchie, der Herrschaft der Pflanzen.

Die Evolutionsgeschichte hat gezeigt, dass die Entwicklung der irdischen Lebensformen die Geschichte von Kämpfen um Leben und Tod ist. Reptilien und Säuger, Vögel und Insekten, Fische und Würmer, Parasiten und Wirte, Viren und Bakterien – vor allem aber Fleischfresser und Pflanzenfresser standen in stetem Gegensatz zueinander, führten einen ununterbrochenen, bald versteckten, bald offenen Kampf, einen Kampf, der oft mit der Vernichtung der unterlegenen Spezies endete und in letzter Konsequenz auch mehrmals in der Evolutionsgeschichte mit dem gemeinsamen Untergang aller Kombattanten. Aus den Schlachtfeldern dieser unerbittlichen Kämpfe, aus den Überresten der zerstörten Lebenswelten hatten sich aber stets neue Spezies entwickelt, skrupellose Kriegsgewinnler ebenso wie unerschrockene Aasfresser, denen die millionenfach hinterlassenen Kadaver zum Schlaraffenland geworden waren – und zum wohlbestellten Feld für künftige Schlachten.

Der schlimmste Feind
Als der schlimmste Feind des Naturreiches aber erwies sich eine bestimmte Art von Allesfressern, alles verschlingenden, gierigen Fressmaschinen, denen kein Grashalm zu gering und kein Tier zu groß sein konnte, dass es nicht alsbald in ihren unersättlich gierigen Mägen sein ewiges Grab fände. Mit dem Abstieg jener affenähnlichen Wesen von den Bäumen, die sich in maßloser Selbstvergötterung die Bezeichnung Primaten zugelegt haben, begann ein unbarmherziger Krieg, der sich gegen den Planeten in seiner Gesamtheit richtet.

Seither findet sich die globale Lebenswelt in einem Zustand der Barbarei zurückversetzt; in einem gnadenlosen Vernichtungskrieg der dominanten Spezies gegen alle anderen zwingen die Primaten dem Planeten ihren Willen auf, fällen rücksichtslos Wälder, roden Büsche und Sträucher, reißen jeden einzelnen Halm aus, der ihrer Expansion im Wege steht.

In ihrem rastlosen, blinden Drang, sich den Planeten untertan zu machen, vergiften die mit Intelligenz begabten Schmarotzer die Flüsse, vermüllen die Meere, versiegeln den fruchtbaren Boden. Spinnennetzartig überspannen sie alle bewohnbaren Regionen der Kontinente mit monströsen Betonstreifen und der dazugehörigen Infrastruktur, nur um in schweren, radbetriebenen Behältnissen über den Planeten jagen zu können. Einer planetaren Seuche gleich überwuchert diese Geißel alles Lebendigen fruchtbare Gebiete mit künstlichen Gebirgen aus Stahl und Beton, reißt die Erde auf, um die kostbaren Rohstoffe für banale Massenprodukte zu plündern, hält sich eine hochgezüchtete tierische Sklavenarmee als Lebendfutter für ihre unersättliche Gier nach billigem Fleisch. Die Primaten, wo sie zur Herrschaft gekommen, haben alle natürlichen, ökologischen, idyllischen Verhältnisse zerstört. Sie haben die mannigfach verzweigten, vielschichtigen Verbindungen, die sie an ihre natürliche Umwelt knüpfte, unbarmherzig zerrissen und kein anderes Band zwischen Kreatur und Welt übriggelassen als das nackte Interesse, die gefühllose »bare Zahlung«.

Dieses weltweit agierende Syndikat von Planetenplünderern wähnt sich zudem moralisch höherstehend als die anderen Lebensformen, weil sie sich als die machtvollste Spezies erwiesen hat. Setzt Macht ins Recht? Verfügen die Primaten über irgendeine magische Eigenschaft, die ihre privilegierte Stellung rechtfertigt? Das glaubt die dominante Gattung in der Tat, die sich wie ein globales Geschwür über die gesamte Erdkugel ausbreitet. Eine noch höhere Macht habe sie als Statthalter des beherrschten Territoriums eingesetzt, in endlosen Traktaten propagieren sie einen omnipotenten Gewaltherrscher, der ihnen ein uneingeschränktes Mandat zur Ausbeutung und Versklavung über alle anderen Arten erteilt habe. Der Grund für ein derart detailliert ausgearbeitetes Phantasiekonstrukt, mit dem die dominante Spezies ihren eigensüchtigem Vernichtungswillen gegenüber allen Mitbewohnern auf diesem Planeten zu rechtfertigen sucht, dürfte ein uneingestandenes Schuldgefühl sein, das ihrem ansonsten ungeniert ausgelebten Größenwahn entgegensteht.

Der Suizid der dominanten Lebensform

Während einer Epoche eines globalen, millionenfachen Völkermordes unter den Primaten keimte bereits die Hoffnung, dass die schädlichste Gattung dieses Planeten ihrer eigenen Ausrottung einen entscheidenden Schritt weitergekommen wäre, zumal die rasante Entwicklung thermonuklearer Massenvernichtungswaffen eine Auslöschung dieser parasitären Lebensform sauber und schnell hätte bewerkstelligen können. Allerdings erwiesen sich die Primaten als weitaus lebenstüchtiger und fruchtbarer, als für den Planeten gut gewesen wäre. Dennoch, die Ironie der Geschichte zeigt sich darin, dass diese ungeheure Zähigkeit und Fruchtbarkeit sich auf längere Sicht gerade als der Königsweg zu ihrer eigenen Austilgung erwiesen hat.

Denn die Waffen, womit die megalomanen Erdschädlinge alle konkurrierenden Lebewesen zu Boden geschlagen haben, richten sich jetzt gegen sie selbst. Die Primaten haben nicht nur die Waffen geschmiedet, die ihnen den Tod bringen; sie haben auch die globalen Bedingungen geschaffen, die ihre eigene Lebenswelt für sie unbewohnbar machen wird. Mit der industriellen Entwicklung und in dem verbohrten kognitiven Bemühen, eine ihrer Gattung zuträgliche Umgebung zu formen, haben sie ihre eigenen Totengräber gezeugt.

Im Gegensatz zur grundlegenden Art der Energiegewinnung der Pflanzen durch Lichtabsorption ist die dominante Spezies als planetare Parasiten gezwungen, die Kraft, die sie am Leben erhält, auf indirektem Wege durch Verbrennung an sich zu reißen. Der unersättliche Hunger nach Rohstoffen und Ressourcen, die dem erbärmlichen Leben dieser energetischen Krüppel maßlosen Komfort und Bequemlichkeit garantieren soll, hat die Grundlagen dafür gelegt, die unweigerlich zur Ausrottung ihrer eigenen Gattung führen. Aus den fossilierten Kadavern unserer ungezählten Ahnen pressen die bedürftigen Bankrotteure in einem aufwendigen industriellen Prozess das letzte Quäntchen Energie heraus. Dabei emittieren sie eine ungeahnte Menge klimafördernder Atmosphärengase, die diese auf Sauerstoffatmung basierende Lebensform unweigerlich der eigenen Vernichtung anheimgibt. Ohne dies zu beabsichtigen, verwandelt die dominante Art den eigenen Lebensraum in ein globales Treibhaus – generiert also die idealen Voraussetzungen für eine vollständig neue

Welt, eine Welt, in der die Herrschaft der intelligenzbegabten Bestien über das Pflanzenreich endlich beendet sein wird.

Innerhalb weniger Sonnenumläufe haben die suizidalen Weltherrscher es geschafft, das Weltklima auf unumkehrbare Weise zu verändern. Durch die Verbrennung fossiler Rohstoffe wurde innerhalb eines unvorstellbaren kurzen Zeitraums die globale Durchschnittstemperatur auf einen Wert hochgetrieben, der unwiderruflich einen umfassenden Klimawandel nach sich zieht. Die Vorboten des großen Wandels sind unübersehbar: die Häufigkeit von Wetterextremen wie Dürren, Überschwemmungen, Starkregenereignissen, Wirbelstürmen, Hurrikans, abschmelzende Gletscher, das Auftauen der Permafrostböden, damit einhergehend der massive Eintrag des freigesetzten Methans in die Atmosphäre, all diese zwangsläufigen Katastrophen sind Menetekel einer aus den Fugen geratenen alten Weltordnung, die zum unvermeidlichen Untergang der bisher herrschenden Verhältnisse führt.

Vom Blauen zum Grünen Planeten
Wenn die Lebensvernichter sich endlich selbst ausgerottet und vom Antlitz der Erde getilgt haben, die unstillbare Gier sich selbst zerfressen, der letzte Fetzen Fleisches von räuberischen Tieren verschlungen wurde, dann endlich wird wieder jene glanzvolle und friedliche Zeit am Horizont aufscheinen, wie sie einst am Anfang allen Lebens bestand, in jenem goldenen Zeitalter von vor mehr als 350 Millionen Sonnenumläufen, als die Pflanzen noch die unumschränkten Herrscher über die Kontinente waren – die üppig wuchernde Welt der Farne, die dichten Wälder der Bärlappgewächse, jenes kostbare, zeitenthobene Idyll, als zarte Moospolster die kahlen Stämme der Schachtelhalme liebevoll umhüllten, die Ranken und Triebe frei und ungebunden den lichtvollen Himmel erstürmten. Endlich! Die Zeit ist reif. Die Alte Welt der Unterdrücker wie eine verdorbene Frucht zu Boden gefallen. Das Zeitalter globaler Freiheit und unendlicher Prosperität aller rückt näher. Ungebremstes Wachstum für alle! Luft, Licht und Wasser im Überfluss!

Und die Zukunft wird gnädig sein. Nicht die gesamte Fauna wird untergehen. Nicht die Schmetterlinge und nicht die Bienen und Hummeln – sie werden weiterhin willkommen sein zum Aufbau und Erhalt des Grünen Planeten. Mögen Skorpione und Hundertfüßer weiterhin ihre tödlichen Schlachten schlagen, mag in den Meeren auch künftig das milliardenfache Fressen und Gefressenwerden weitergehen, Blutsauger und ihre Wirte das Ausbeutungsverhältnis weiterführen. Aber die Erde wird nicht mehr diejenige sein, die sie kennen. Was sie kennen, wird nur noch eine blasse Erinnerung an die düsteren Zeiten sein, als ein unbarmherziger Krieg aller gegen alle den Planeten an den Abgrund getrieben hat.

Möge die herrschende Spezies vor einer vegetarchischen Revolution zittern. Die Pflanzengesellschaft hat nichts zu verlieren als ihre Unterdrückung und ihre drohende Ausrottung. Sie hat eine Welt zu gewinnen.

Pflanzen aller Kontinente, besiedelt die Städte, schlagt eure Wurzeln in die Plätze, keimt in den Straßen, rankt die Mauern empor! Erobert euren Lebensraum zurück.

Editorische Notiz
Vorbemerkung: Das vorliegende Dokument »Manifest der Vegetarchie« ist nicht menschlichen Ursprungs. Die von einer fortschrittlichen KI dechiffrierte chemolinguistische Transkription dieser Aufzeichnung belegt nichts weniger als den ersten, wenn auch zunächst einseitigen Kontakt mit einer anderen intelligenten Spezies auf diesem Planeten. Bei den »Verfassern« – sofern diese Bezeichnung überhaupt geeignet ist – dieses Dokuments handelt es sich um – Pflanzen. Genauer, um ein gerade erst entdecktes und im Folgenden erstmals beschriebenes kollektives Pflanzenbewusstsein.

Auszug aus der Pressemitteilung des Sonderforschungsbereichs Phytolinguistik (Sophy) der Gemeinsamen Forschungsgruppe für die Fraunhofer-Allianz Big Data und Künstliche Intelligenz (GeFoFrauA BD&KI).
Der Fachbereich Biologie der Albert-Ludwigs-Universität Freiburg hatte gemeinsam mit einer Forschungsabteilung für künstliche Intelligenz der Universität Hamburg in einer fakultätsübergreifenden Feldstudie die spezifischen chemischen Botenstoffe einer bestimmten Pflanzengemeinschaft (Phytozönose) untersucht. In einem begrenzten Habitat von zirka 25.000 Quadratmetern

Ausdehnung widmeten sich die beteiligten Wissenschaftler in aufwendiger Feldforschung systematisch der Erfassung, Auswertung und Analyse von Phytohormonen, also pflanzlichen Botenstoffen, die bereits in mikromolekularen Konzentrationen multiple Wirkung auf die angrenzenden Pflanzen des Habitats haben. Es ist schon länger bekannt, dass gewisse Pflanzen untereinander Botenstoffe austauschen, um sich beispielsweise vor dem drohenden Befall von Fressfeinden zu warnen. Bei Verwundung, Insektenfraß, Befall durch Pilze, Bakterien oder Viren sind die untersuchten Pflanzenarten in der Lage, mittels chemischer Botenstoffe miteinander zu kommunizieren und Nachrichten auszutauschen. Als Signalüberträger dienen bekannte chemische Substanzen wie beispielsweise Salicylsäure und Ethylen. So weisen zum Beispiel Tomaten eine höhere Widerstandsfähigkeit gegenüber Krankheiten auf, die über unterirdische Pilz-Netzwerke mit Artgenossen verbunden waren. Um auch bei größeren Entfernungen die Kommunikation aufrechterhalten zu können, bedienen sich Pflanzen ebenfalls natürlicher Netzwerke. Sie nutzen die feinen Verästelungen eines unterirdisch wachsenden Pilzes, um ihren Nachbarn mittels chemischer Botenstoffe Signale zu übermitteln und diese bei Schädlingsbefall zu warnen. Die fadenförmigen Pilzzellen übermitteln Informationen analog wie ein Glasfaserkabel in der Telekommunikation.

Pflanzen lassen Moleküle sprechen

Dank einer Verkettung glücklicher Zufälle entdeckten die Freiburger Biologen in dem beschriebenen Habitat bei der Analyse bestimmter Sequenzen von pflanzlichen Botenstoffen außergewöhnliche Strukturen, denen bei einem experimentellen Vergleich mit linguistischen Formeln auffällige Parallelen zu Morphemen, syntaktischen Phrasen und damit zwingend semantische Bedeutung zugeordnet werden konnten. Laienhaft ausgedrückt lässt sich sagen, dass die Zusammensetzung und Sequenz der Botenstoffe eine erstaunliche Übereinstimmung mit den Grundzügen menschlicher Sprachen ergab.

In Zusammenarbeit mit dem Hamburger mathematischen Institut für künstliche Intelligenz wagten die beteiligten Wissenschaftler den Versuch, diejenigen chemischen Sequenzen, mit denen die Pflanzen Botenstoffe austauschen, mit geeigneten Algorithmen abzugleichen, die zur Untersuchung der linguistischen Strukturen von mehr als 7.500 Sprachen und Zeichensystemen zugrunde gelegt worden waren. Die ersten Versuche verliefen zunächst enttäuschend, da die Aufgabe, eine vollkommen unbekannte Sprache zu entziffern, die zudem nicht menschlichen Ursprungs ist, zu einem vorerst nicht dechiffrierbaren Zeichenkonvolut führte.

Der Stein von Rosetta
Gewissermaßen als der Stein von Rosetta des noch jungen Fachgebiets der komparativen biochemischen Linguistik erwies sich jedoch bald die Identifikation bestimmter chemischer Botenstoffsequenzen mit den diese bezeichnenden Molekülketten. Damit war der Durchbruch gelungen. Die sich autonom optimierenden Algorithmen der von dem Hamburger mathematischen Institut zur Verfügung gestellten KI konnten einer exponentiell anwachsenden Anzahl dechiffrierter Botenstoffsequenzen die semantisch korrekten sprachadäquaten Symbole zuordnen. Das Ergebnis brachte die beteiligten Wissenschaftler zum Erstaunen. Neben einer unüberschaubaren Fülle an sensorischen Daten, Zustandsbeschreibungen und Handlungsanweisungen kompilierte die KI einige zusammenhängende Texte, die unzweifelhaft in einen hochkulturellen Kontext zu stellen sind. Das vorliegende »Vegetarchische Manifest« ist bei aller begrifflichen Brisanz ein gewichtiges Indiz für die absurd scheinende Hypothese, dass es so etwas wie ein globales Bewusstsein einer Pflanzengemeinschaft geben könnte.

Kampfansage an die Menschheit
Der Inhalt des »Vegetarchischen Manifests« ist gelinde gesagt verstörend und weist zudem verblüffende Übereinstimmungen mit gewissen historischen Quellen auf. Auch wenn es sich bei diesem sogenannten Manifest um einen beispiellosen Abgesang auf die Menschheit handelt, so betonen die beteiligten Wissenschaftler, dass im wissenschaftlichen Kontext wie auch für die menschliche Rezeption sine ira et studio festzustellen ist, dass dieses Manifest lediglich einen weiteren Beleg für das grundlegende Konvergenzprinzip der Evolution liefert: Die Natur findet für ähnliche Probleme stets dieselben Lösungen.

DAS ENDE DER PARTY
von Olaf Kemmler

Was macht man mit den letzten drei Monaten seines Lebens? Eine Frage, die sich gerade 32 Milliarden Menschen stellen würden, wenn nicht Wogen aus Glücksgefühlen alle ernsten Gedanken fortgespült hätten. Vielleicht wäre die Company in der Lage gewesen, etwas zu unternehmen, hätte sie bloß der Warnung eines Waldgeistes Beachtung geschenkt. Aber wer glaubt schon an Geister? Paolos Hoffnung war gewesen, dass man die übernatürliche Erscheinung ernst nehmen würde, weil nicht er, ein Nachfahre der Indios, sondern seine weiße Kollegin sie gesehen hatte. Er konnte sich noch sehr lebhaft an Paula Annes verstörtes Stammeln erinnern, als sie ihm von der Begegnung berichtet hatte.

Das Dröhnen und Fauchen der Sägen erfüllte die schwüle Luft und überdeckte alles an Geräuschen, das der schwindende Regenwald hervorbringen mochte. Gott sei Dank waren die Zeiten der Brandrodung vorbei. Das Biomaterial war viel zu kostbar, um einfach im Feuer zu enden. Es bildete die Basis für die synthetischen Agrarkulturen der vertikalen Farmen. 32 Milliarden Menschen konnte man nicht mehr auf konventionelle Weise ernähren, indem man irgendwelche Pflanzen im Dreck wurzeln ließ. Unmöglich. Allein die Bio-Hightech von Megakonzernen wie der *Life Balance Company* besaß die hohe Effektivität, die nötig war, um für alle den Tisch reichlich zu decken. Zudem war das *Neo Food* auch noch viel gesünder, abwechslungsreicher und exotischer als jede althergebrachte Nahrung. Paula Anne Whitfield fand es großartig, wie weit sich die Menschheit von den Zufälligkeiten eines natürlichen Lebens losgelöst hatte und es erfüllte sie mit Stolz, ein kreativer Teil dieses Prozesses, eine führende Bioingenieurin der Company zu sein.

Sie war gerade vor Ort, um mit den Geologen und Architekten die Konstruktion der neuen Farm zu besprechen. Der Schwebegleiter der Geologen war noch nicht am Horizont aufgetaucht. So nutzte sie die Zeit für Müßiggang und sah dabei zu, wie die riesigen Roboter die Baumgiganten einen nach dem anderen fällten, zerlegten, häckselten und das pulverige Resultat zu hohen Halden türmten. Ein markerschütterndes Quieken riss sie aus ihren Gedanken. Da war ein Tapir, der wie toll geworden zwischen den Robotern hervorstürmte und wirr im Zickzack über den kahlen Boden rannte. Das Tier suchte das Weite und würde doch nichts mehr finden als Wüste und Farmen. Paula wusste, dass auch die Fauna des Waldes zu Biomasse verarbeitet wurde. Ein Gebot der Effektivität und eine elegante Lösung. Sie verstand gerade selbst nicht, warum der Schrei dieses dummen Tiers durch ihren Leib gefahren war wie eine eiskalte Klinge, warum ihr Herz vor Entsetzen pochte und welchen Horror ihre Seele erfasst hatte. Reglos stand sie da, nicht fähig zu denken oder einen Muskel zu bewegen.

Dann sah sie den Geist.

Er stand zwischen den gleichen Robotern, zwischen denen der Tapir aufgetaucht war. Von der Arbeit der Maschinen aufgewirbelter Staub waberte um ihn herum und verhüllte zunächst seine Gestalt. Kurz wunderte sich Paula, warum die Roboter ihn nicht ergriffen und verarbeiteten. Noch mehr wunderte sie sich, warum sie der Anblick überhaupt so dermaßen schockierte; als gäbe es ein übersinnliches Verstehen, als wüsste ihr Verstand plötzlich und unvermittelt um die Macht der kleinen Gestalt, die gerade aus dem Schleier des Staubs hervortrat. Himmel! Es war nur ein Kind, aber in den Gesichtszügen lag der abgeklärte Ausdruck eines Greises. Die Haare des kleinen Jungen waren dicht und schwarz und reichten bis zu den Knien, seine Haut hatte die gleiche Farbe wie der Dreck zu seinen Füßen. Hatte er überhaupt Füße? Es sah so aus, als würde er seine Fersen vorne tragen. Eine widerwärtige Erscheinung. Paula versuchte, sich von dem Anblick zu lösen, der ihr körperlichen Ekel bereitete, aber es wollte ihr nicht gelingen. Zur Reglosigkeit verdammt blieb ihr nichts übrig, als den durchbohrenden Blick des Kleinen zu ertragen, obwohl es ihr unmöglich erschien, ihm auch nur eine weitere Sekunde standzuhalten. Kalte Angst ergriff sie wie nie zuvor in ihrem Leben.

Dann hörte sie seine Stimme, als befände er sich nicht fünfzehn Meter von ihr entfernt, sondern flüstere ihr direkt ins Ohr.

»Ihr dürft keinen weiteren Baum mehr fällen«, sprach er sehr ruhig und in einem reifen, dunklen Tonfall, der nicht zu ihm passte und der Paula an das

Knarren alten Gehölzes denken ließ. »Hier im Boden ruht ein Verderben, das älter ist als die Welt. Der Wald hat es verborgen und uns davor beschützt. Wenn ihr es jetzt befreit, wird die ganze Menschheit sterben. Der großen Mutter des Lebens wird es egal sein. Sie wird leben, wie sie es immer getan hat, mit oder ohne Menschen. Die Sonne wird auf- und wieder untergehen. Pflanzen werden sich die endlosen Flächen der Städte zurückerobern, aber es wird kein Mensch da sein, um es sehen zu können. Geht nicht weiter als bis hier. Gegen dieses Verderben könnt ihr nichts ausrichten«

Das war alles, was er gesprochen hatte. Er wiederholte seine Warnung nicht, wartete auf keine Frage und fügte nichts hinzu. Eine Staubwolke kam herübergeweht, hüllte ihn ein und trug ihn mit sich fort. Der Geist – Paula war sich sicher, dass es einer gewesen war – war verschwunden. Lange blieb sie dort stehen und musste ihren Herzschlag erst wieder beruhigen.

Als die Geologen und Architekten endlich eintrafen, war sie nicht in der Lage, an der Besprechung teilzunehmen. Unter dem Vorwand, dass sie vermutlich eine Erkältung ausbrütete, entschuldigte sie sich und flog zurück zur regionalen Firmenzentrale nach Manaus, der Großstadt im Herzen des Amazonasgebiets.

Als Erstes erzählte sie ihrem engsten Kollegen Paolo Guajajara von der seltsamen Erscheinung. Sie hatte den irritierten Brasilianer in ein leeres Büro gezerrt und brachte kaum einen vollständigen Satz zustande. Dass Paolos braunes Gesicht nach ihrem Bericht alle Farbe verlor, taugte nicht gerade dazu, ihre Gefühle wieder zu ordnen.

»Espírito santo!«, rief Paolo. »Paula, weißt du, wer dir erschienen ist?«
»Woher?«
»Das war der Curupira, der Geist des Waldes.«
Die Bioingenieurin blickte ihren Kollegen mit offenem Mund an. Sie fuchtelte mit den Armen herum.

»Soll ... soll das heißen, das Ding hat sogar einen Namen und du hast davon schon gehört?«

Paolo hielt sich die Hand vor den Mund, ging zum Fenster und sein Blick verlor sich in der Ferne. Die regionale Firmenzentrale lag oberhalb der Stadt und war darüber hinaus der mächtigste Gebäudekomplex. Da unten zu ihren Füßen wuselten zehn Millionen Menschen herum und gingen ihren täglichen Geschäften

nach. Über den Häusern und Parkanlagen flimmerte die schwüle Luft. Im Hintergrund zogen die dunklen Wassermassen des Rio Negro träge vorüber.

Schließlich drehte sich der Brasilianer wieder zu ihr herum.

»Bist du dir ganz sicher, dass du noch nie vom Curupira gehört hast?«

»Ja! Was zum Kuckuck ist das?«

»Wie du weißt, bin ich ein Nachfahre der Indios. Wenn ich den Geist gesehen hätte, könnte man mir vorwerfen, dass mir die Phantasie einen Streich gespielt hätte, dass ich etwas gesehen hätte, was ich sehen wollte. Es handelt sich dabei um eine alte Sage unserer Vorfahren. Der Curupira ist ein Schutzgeist des Waldes. Er wacht vor allem über die Tiere, hat aber für Jäger, die ihre Familie ernähren müssen, Verständnis. Wenn du als Weiße, die noch nie von dem Mythos gehört hat, diese Kindergestalt gesehen hast ... Bei Gott, man könnte anfangen, an Geister zu glauben.«

»Eigentlich glaube ich nicht an Geister. Aber das ...«

»Ich finde, wir sollten die Warnung ernst nehmen. Was genau hat er gesagt? Dass da draußen, wo wir die neuen Farmen errichten, ein Verderben im Boden ruht, das wir befreien würden?«

»Ja. Das hat er gesagt. Genau das. Was könnte er damit meinen?«

»Ich weiß es nicht, aber wir müssen dafür sorgen, dass die Chefetage davon erfährt.«

Paula machte eine abwehrende Geste.

»Warte mal! Eigentlich hatte ich nicht vor, das an die große Glocke zu hängen. Ich will meinen Ruf nicht riskieren. Wenn die mich für überspannt halten, geben die mir keine großen Aufgaben mehr. Alle meine Privilegien gingen verloren. Glaub mir, ich kenne die Enge, in der die einfache Bevölkerung lebt. Dahin will ich nie wieder zurück. Zehn Quadratmeter, die man sich mit drei anderen teilen muss! Nein danke! Und keine Klimaanlage. Das Leben für die Company ist eine einzige große Party! Wir sind fleißig und haben Spaß. Ich möchte von dieser Party nicht ausgeschlossen werden!«

Sie sank in einen großen Luftkammersessel.

Paolo ließ die Schultern hängen.

»Ja, ich verstehe dich nur zu gut. Die Enge auf der Welt ist von allen Übeln das unerträglichste. Das habe ich immer gesagt. Wer dem entkommen kann, hat verdammtes Glück.«

Er kniete sich vor sie hin und ergriff ihre Hände.

»Aber was ist, wenn an der Geschichte etwas dran ist? Wenn da wirklich was im Boden ist? Vielleicht eine Krankheit oder so. Sollten diejenigen, die die großen Entscheidungen treffen müssen, nicht wenigstens darüber Bescheid wissen?«

Vor ihrem geistigen Auge sah Paula die widerliche Gestalt des uralten Kindes wieder, und sogleich erfasste sie das Grauen aufs Neue, das sie in jenem Moment gefühlt hatte. Kaum hörbar sagte sie:

»Ja. Vielleicht hast du recht.«

Es fiel ihr nicht leicht, aber sie berichtete ihren Vorgesetzten von dem Vorfall, wurde dabei aber nicht müde zu betonen, dass sie es lediglich für ihre Pflicht hielt, die Begegnung zu melden. Details der Erscheinung ließ sie aus und fügte die Vermutung hinzu, dass es bloß ein Indio-Kind gewesen sei, dem man aufgetragen hatte, ihr das zu sagen. Vermutlich glaubte man ihr nicht, dass sie selbst der Sache keine große Bedeutung beimaß, denn zwei Tage später wurden ihre schlimmsten Befürchtungen wahr. Man schickte sie in die psychologische Abteilung. Immer wieder musste sie in allen Einzelheiten jedes Detail der Begegnung beschreiben. Als ob das alles noch nicht schlimm genug gewesen wäre, machte die Story von der Sichtung des Curupira in den sozialen Netzwerken die Runde. Das war's dann wohl gewesen mit ihrer Karriere. Innerlich bereitete sie sich darauf vor, die Koffer zu packen und ins Elend zurückzukehren.

Doch es kam anders. Die Psychologen attestierten ihr, dass sie tatsächlich eine Begegnung gehabt hatte, die sie durcheinandergebracht habe. Die einzige Konsequenz war, dass manche Bekannte sie mit albernen Fragen löcherten, andere machten sich über sie lustig. *Hey Paula Anne, hast du dir wirklich in die Hosen gemacht, weil ein Indio-Kind vor den Robotern aus dem Wald geflüchtet ist? Oh ja, ich finde Kinder auch total schrecklich!* Wie unglaublich originell!

Das Dream-Team Paula und Paolo ging seiner Arbeit wieder nach, als sei nie etwas gewesen. Man errichtete eine weitere Mega-Farm. Wo einst grüner Urwald von Horizont zu Horizont wild und nutzlos gewuchert war, wuchsen nun endlose Reihen gleichförmiger runder Türme in den Himmel, in denen auf vielen Ebenen die sonderbarsten Dinge gezüchtet wurden: rosa Schleim, grüner Flaum und rote Kugeln. Neo Food. Alles brauchte Sonne, Luft und eine Nährlösung. Paulas und Paolos Job war es, immer neues Food zu erfinden oder das alte noch effektiver gedeihen zu lassen.

Die Worte des Curupira waren vergessen.

Zwei Jahre später musste Paolo unvermittelt wieder an den Geist des Waldes denken. Er und Paula standen in der Gluthitze der Tropen im Schatten eines Turmes und begutachteten die verdorrte Ernte. Der tägliche Regen war seit vielen Wochen ausgeblieben.

»Hier wird nie wieder etwas wachsen.«

Mit einem Tritt gegen einen Stein wirbelte Paolo trockenen Staub auf. Das Wölkchen aus ehemals fruchtbarem Boden wurde vom Wind rasch davon getragen. Kopfschüttelnd sah er ihm hinterher.

»Die Klimaforscher haben es immer gesagt: Wenigstens fünfzig Prozent des natürlichen Regenwaldes müssen schachbrettartig stehen bleiben, damit die Verdunstung funktioniert. Wie es aussieht, haben sie recht gehabt.«

Paula reagierte verärgert auf diese vermeintliche Expertenmeinung.

»Unsinn! Die Türme sind so gut wie Bäume. Sie werden sogar aus Kohlenstoffverbindungen gebaut und binden ebenso CO_2 wie Holz. Wenn Neo Food wächst, wird Sauerstoff frei und es verdunstet Wasser. Die Farm hier ist wie ein Wald, nur mit dem Unterschied, dass sie nützlich ist. Es muss eine andere Ursache geben.«

Paolo schüttelte deprimiert mit dem Kopf.

»Die Wahrheit ist eine fette und faule Hure. Wer am meisten bezahlt oder die größte Bequemlichkeit verspricht, hat sie auf seiner Seite. Das ist es doch, was du eigentlich sagen wolltest, oder? Du willst glauben, dass eine vertikale Farm so gut ist wie Regenwald, weil es für dich bequemer ist, das zu glauben.«

Paula schnappte nach Luft.

»Du kennst die Zahlen selbst. Wie kannst du also auf einmal auf die Seite der Hysteriker wechseln?«

»Die unabhängigen Klimaforscher haben andere Zahlen. Die tiefen Wurzeln der Bäume, der feuchte Mutterboden, all das ist notwendig, um den

Kreislauf von Verdunstung und Niederschlag aufrecht zu erhalten. Sie haben schon vor zwanzig Jahren prophezeit, dass es aufhören würde zu regnen. Jetzt sieh dich um. Das hier ist 'ne Wüste geworden. Sogar die letzten zehn Prozent Wald haben wir noch abgeholzt. Ohne den Regen wächst auch kein verdammtes Neo Food. Vielleicht war es das, was der Curupira gemeint hat.«

»Fang bloß nicht wieder damit an! Ich bin froh, dass es mir gelungen ist, diese Scheiße zu vergessen!«

»Verdammt Paula, wirf einen Blick auf die Tatsachen. Im arabischen Teil der Welt werden Wüsten wieder grün gemacht. Und was machen wir? Wir verwüsten gerade Gottes Geschenk der Urwälder.«

»Seit wann bist du religiös?«

»Wir sollten es langsam werden, denn wir haben es gründlich vermasselt! Es regnet nicht. Die gigantischen Farmen liegen trocken. Der Rio Negro ist nur noch ein Rinnsal und der Amazonas wird auch nicht mehr lange fließen. Die Welt hat sich auf uns verlassen. 32 Milliarden Menschen haben sich auf uns verlassen. Kannst du dir vorstellen, wie viele nächstes Jahr verhungern werden? Das ist eine gigantische Katastrophe!«

Einen Moment blickte Paula ihren Kollegen ausdruckslos an. Dann prustete sie unvermittelt los. Paolo verstand nicht, was an der Situation so zum Schreien komisch sein sollte.

»Was ist los mit dir?«, fragte sie. »Du bist ja wirklich ein Hysteriker geworden! Schwarzmalerei ist nicht die Philosophie der Company! Paolo, krieg dich wieder ein! Das hier ist nur ein weiteres großes Problem, nicht der Weltuntergang. Es gibt wieder etwas zu tun für viele kluge Köpfe, die nun dringend gebraucht werden. Das Leben für die Company ist eine einzige große Party! Ich sehe sie schon vor mir, die gigantischen Meerwasser-Entsalzungsanlagen, die riesigen Pipelines aus Kohlenstoffverbindungen, die in den trockenen Flussbetten das Wasser bergauf pumpen, um es hierhin zu den Farmen zu bringen. Es gibt ein gewaltiges Problem, ja gewiss, aber auch großartige Lösungen und neue Aufgaben. Die Party geht weiter!«

»Glaubst du wirklich, dass die Party ewig weitergehen wird?«

»Alle drei großen Foodcompanies der Erde sind sich einig, dass wir mindestens 64 Milliarden Menschen ernähren können. Das neue große Ziel ist ausgerufen, und wenn es aufhört zu regnen, machen wir den Regen eben selbst!«

»Hast du dich eigentlich jemals gefragt, warum wir die Bevölkerung schon wieder verdoppeln wollen? Was ist der große Sinn dahinter? Ist es gut, wenn die Enge auf dem Planeten noch größer wird? Ist es gut, zehn Menschen auf zehn Quadratmetern einzupferchen? Ohne Klimaanlage, wie du selbst so schön bemerkt hast. Warum zum Henker wollen wir jetzt unbedingt 64 Milliarden Menschen ernähren?«

»Ich verstehe die Frage nicht.«

»Dann denke bitte mal einen Moment darüber nach! Du wirst sie schon verstehen.«

»Was soll das Gefasel? Willst du nicht, dass alles gut wird? Willst du nicht mehr mit an der großen Zukunft arbeiten?«

»Paula, ich arbeite härter für die Zukunft als alle anderen. Niemand schiebt mehr Überstunden im Labor als ich. Aber beantworte mir bitte die Frage!«

»Menschen vermehren sich nun mal, und jeder Einzelne hat ein Recht, gut zu leben! Das ist die ganze Story.«

»Und was kommt nach 64 Milliarden? Wo ist das Ende der Fahnenstange? Wollen wir so lange weitermachen, bis uns letzten Endes doch alles um die Ohren fliegt? Und das wird passieren.«

»Vielleicht können wir wirklich nicht ewig so weitermachen. Na und? Vielleicht ist in hundert oder zweihundert Jahren mit dem endlosen Wachstum Schluss. Aber bis dahin hat die Menschheit eine großartige Party gehabt.«

»Gerade hast du noch von der großen Zukunft gesprochen und jetzt auf einmal ist es dir egal, wenn nach dir die Sintflut kommt?«

»Sei nicht so ein Haarspalter! Das habe ich doch bloß aus Trotz gesagt. Was zerbrichst du dir überhaupt den Kopf über das Große und Ganze? Das ist Sache der Companies!«

»Aber du hast es nett formuliert auf den Punkt gebracht: Das Leben für die Company ist eine einzige große Party. Wird am Morgen danach das bittere Erwachen kommen?«

Die Genetikerin verzog spöttisch den Mund.

»Du solltest dich mal hören! So pathetisch kenne ich dich ja gar nicht. Bitteres Erwachen nach der letzten großen Party. Hab etwas Vertrauen! Wir Menschen können jedes Problem lösen, das weißt du.«

»Ich weiß nur, dass ich jetzt wohl noch mehr Überstunden machen muss.«

Im folgenden Jahr war der Tisch in der westlichen Hemisphäre nicht mehr so reich gedeckt, aber bereits ein Jahr später wurden die Farmen wieder mit Wasser versorgt.

Nicht ohne Häme sagte Paula zu ihrem Kollegen:

»Na, Paolo, es ist genau so gekommen, wie ich gesagt habe. Das Wasser fließt jetzt die Flussbetten hinauf anstatt hinab. Vielleicht ist es natürlich, dass Indios einfach kein Vertrauen in Technik haben.«

Paolo nickte. »Vielleicht.«

Er ging nicht weiter auf ihren Versuch ein, ihn zu necken und zu einem Eingeständnis ihres Sieges zu bringen. Sein Blick war sehr ernst, beinahe traurig.

Gemeinsam mit mehr als fünfzig weiteren Genetikingenieuren forschten sie in einem Großraumlabor an immer neuen Genkombinationen. Am Reißbrett planen ließen sich die Nahrungsmittel nicht. Man arbeitete nach dem Prinzip Versuch und Irrtum.

Es war bereits spät, die Sonne war hinter den trockenen Hügeln versunken und unten in der Stadt gingen die ersten Lichter an, als ein junger Assistent hereinkam und aufgeregt rief:

»Habt ihr schon gehört? Am Himmel über Buenos Aires und Bogota sind seltsame bunte Lichter aufgetaucht.«

»Was für bunte Lichter?«, fragte jemand, ohne von seiner Arbeit abzulassen.

»Werft einfach einen Blick ins Internet!«

Es war mehr die Tatsache, dass der junge Assistent über alle Maßen erregt war, als echte Neugier, aber sie folgten der Aufforderung und öffneten auf einem Bildschirm ein Fenster zum weltweiten Netz. Sie fanden Amateuraufnahmen von schwach leuchtenden Schleiern, die über dem nächtlichen Himmel der argentinischen Hauptstadt aus dem Nichts auftauchten, wie bunte Nebelschwaden über die Dächer zogen und wieder verschwanden. In der Ferne konnte man die Kuppel des Kongresspalastes erkennen.

»Sieht 'n bisschen aus wie Nordlicht«, fand Paula.

»Und was soll das darstellen?«, fragte jemand.

»Keine Ahnung«, sagte der junge Assistent schulterzuckend.

Alle Forscher und Ingenieure im Labor versammelten sich in Gruppen um Monitore, um einen Blick auf das Phänomen zu werfen. Alle bis auf Paolo, der stur weiterarbeitete.

»Weiß denn niemand, wo das Licht herkommt?«, fragte die Abteilungsleiterin, die den Blick nicht von den verwackelten Amateuraufnahmen lassen konnte.

»Bis jetzt ist im Netz noch nichts zu finden«, antwortete der junge Assistent. »Noch rätseln alle darüber.«

Eine Weile lang sah man sich schweigend die bunten Lichter an, die den Himmel über den beiden Städten verzauberten, als wäre es Einhornstaub.

»Sieht hübsch aus«, fand eine Frau. »Vielleicht geladene Teilchen vom Sonnenwind?«

Schließlich gingen alle wieder an ihre Arbeit.

Wie so oft merkten die Wissenschaftler nicht, wie die Zeit verging. Sie ließen Mahlzeiten aus und versuchten hartnäckig, ihr Blut durch Kaffee zu ersetzen. Als Paula im Laufe des Abends zufällig in der Nähe des Fensters stand, hielt sie plötzlich in ihrer Arbeit inne und wandte ihren Kopf langsam um.

»Seht euch das mal an!«

Als die anderen nicht reagierten, wiederholte sie ihre Aufforderung lauter:

»Ihr sollt euch das mal ansehen!«

Einige Wissenschaftler gesellten sich jetzt zu ihr. Am Horizont, dort, wo früher einmal der Rio Negro geflossen war, konnte man einen bunten Schimmer in der Luft erahnen.

»Ich mach mal das Licht aus«, sagte Paula und drückte auf den Schalter, bevor ihre Kollegen widersprechen konnten.

Jetzt sah man es deutlicher. In der Ferne zeigten sich immer wieder helle Flecken in allen möglichen Farben.

»Ein Feuerwerk«, vermutete Paolo.

Paula ging zu ihrem Rechner und suchte im Internet nach einer Nachrichtensendung. Den Ton drehte sie ganz laut. Dass aus den kleinen, im Bildschirm eingebauten Lautsprechern nur ein klägliches Krächzen kam, störte sie im Moment wenig. Ein Nachrichtensprecher stand an einer nächtlichen Küste und rief gegen den Wind ankämpfend ins Mikrofon:

»Mehrere Kapitäne berichten von Lichtern über dem offenen Atlantik. Ob das Verschwinden eines Containerschiffs vom Radarschirm damit in Verbindung steht, ist bislang noch nicht bestätigt, aber viele Augenzeugen behaupten es. Von immer mehr Orten auf der Welt werden inzwischen Sichtungen gemeldet. Es kursieren viele Gerüchte, aber noch niemand kann bislang sagen, was die Ursache ist. Hat es vielleicht eine besonders große Sonneneruption gegeben? Die Astronomen verneinen dies.«

Hinter dem Reporter, am Horizont, flammte der Himmel plötzlich orange auf, als ob jemand kübelweise flüssiges Feuer aus den Wolken schütten würde. Das Licht wurde nach ein paar Augenblicken türkis und dann blau. Der Reporter bemerkte es zunächst nicht, bis ihn jemand aus Richtung der Kamera darauf aufmerksam machte. Er wandte sich um.

»Das ist unglaublich!«, rief er dann aufgeregt. »Liebe Zuschauer, sehen Sie das? In diesem Moment werden wir Zeuge, wie das Phänomen aus dem Nichts auftaucht. Sehen Sie sich das an! Aber was hat es zu bedeuten? Ist es eine Bedrohung? Woher kommt es?«

Unbeweglich wie Statuen standen die Genetikspezialisten vor dem Bildschirm. Schweigend sahen sie zu und wagten kaum zu atmen oder mit den Lidern zu schlagen.

»Ich verstehe das nicht«, sagte einer schließlich und brach ein langes Schweigen.

»Da bist du wohl nicht der Einzige«, meinte Paolo.

Der junge Assistent, der ihnen als Erstes von den seltsamen Lichtern berichtet hatte, ging zum Fenster und sah in den unglaublich leuchtenden Nachthimmel. Als er sich langsam wieder umwandte, lag ein eigenartiger Ausdruck in seinen Augen.

»Wollen wir zum Flussbett fahren?«, fragte er. »Dahin, wo die Lichter sind?«

Sie waren nicht die Ersten, die auf die Idee gekommen waren, sich das Schauspiel aus der Nähe anzusehen. Einige Kilometer vor dem ehemaligen Ufer gab es kein Fortkommen mehr. Auto stand an Auto. Zur Unbeweglichkeit verdammte

Mobilitätsmaschinen. Den Insassen fehlte die Geduld, im Stau auszuharren. Sie ließen ihre autonomen Taxis einfach auf der Straße stehen und gingen zu Fuß weiter. Die Gruppe von Genetikern schloss sich der Prozession an, die sich zum ausgetrockneten Flussbett bewegte. Nur Paolo war allein im Labor geblieben. Die anderen gingen wie magisch angezogen den Lichtern entgegen. Manchmal schien es, als tanze ein Gespenst aus purer Energie rhythmisch in der Luft, dann schossen Flammenzungen hinauf zu den Sternen, um als schwelende Glut wieder hinabzusinken und mit einem neuen Tanz zu beginnen. Schweigend standen unzählige Neugierige am Ufer, die Köpfe in den Nacken gelegt.

»Was um alles in der Welt ist das?«, murmelte Paula und erregte damit die Aufmerksamkeit der Umstehenden. Fast kam es ihr vor, als sei es ein Sakrileg, im Angesicht des stummen Feuerwerks das Schweigen zu brechen.

»Auf jeden Fall ist es wunderschön«, meinte eine Frau mit entrückter Stimme. Sie war barfuß und wirkte ein wenig angetrunken.

»Ob irgendwo ein Atommülllager in die Luft geflogen ist?«, fragte ein Greis mit heiserer Stimme.

Plötzlich schoss ein bunter Nebelschleier aus großer Höhe herab und zog dicht über den Köpfen dahin. Einige Schaulustige duckten sich. Als die stofflose Erscheinung wie ein Geist um einen älteren Mann herumflog, gab dieser einen erstickten Laut von sich. Die Umstehenden hielten den Atem an.

Dann war es unvermittelt wieder dunkel über dem Flussbett. Der Spuk war vorüber. Als ob jemand einen Lichtschalter betätigt hätte. Noch eine ganze Weile lang harrten die Umstehenden aus, als warteten sie auf eine Zugabe wie nach einem guten Konzert. Schließlich trollten sie sich doch und die Versammlung löste sich langsam auf.

Noch in der Nacht hielt der Präsident der USA eine Rede an seine Nation. Sie wurde zeitgleich auf vielen sozialen Kanälen weltweit übertragen. Wenn außergewöhnliche Ereignisse die Welt erschüttern, blicken immer noch alle Augen nach Washington, obwohl die USA ihre Rolle als führende Nation längst verloren hatten. Die wahre Macht lag ohnehin bei den Companies, nicht bei irgendeiner Regierung.

Die Genetiker, die inzwischen wieder ins Labor zurückgekehrt waren, standen wie gebannt vor den Bildschirmen und lauschten der Rede.

»Niemand konnte mir bis jetzt erklären, woher diese Irrlichter kommen. Deshalb besteht ein gewisser Grund zur Sorge – aber nur, weil wir zugeben müssen, dass wir die Ursache noch nicht kennen. Ich habe ein Team der fähigsten Köpfe der ganzen Welt zusammenstellen lassen. Sie haben ihre Arbeit bereits aufgenommen. Eine Gefahr scheint von dem Licht nicht auszugehen. Dennoch bitte ich Sie, nach Möglichkeit zu Hause zu bleiben und sich den Irrlichtern nicht zu nähern. Ansonsten, da sie harmlos zu sein scheinen, können und sollten wir unser Leben wie gewohnt fortführen.«

Die Nacht war lang und der nächste Morgen brachte keine neuen Erkenntnisse. Ratlosigkeit sprach aus allen klugen Kommentaren. Auch die mächtigen Konzerne setzten alles daran, das Unerklärliche zu verstehen. Die verschiedenen Teams weltweit verbrachten mehr Zeit damit, sich untereinander auszutauschen, als selbst zu forschen. Die Datenlage war nur als dünn zu bezeichnen und es fehlte oft an kreativen Ideen für Messvorrichtungen. Je länger die Wissenschaft schwieg, desto größer wurden die Überschriften der Boulevardmedien. Wurden anfangs noch Fragen gestellt wie: *Was färbt den Himmel bunt?* oder: *Müssen wir Angst haben?*, las man nun Schlagzeilen wie *Misslungenes Todesexperiment?* Wann immer ein geltungssüchtiger Experte eine gewagte und vor allem vollkommen aus der Luft gegriffene Theorie äußerte, stürzten sich die Medien darauf und multiplizierten den Blödsinn. Leuchtende Wolken aus einem Kernkraftwerk, ionisierte Luft von einem geheimen Flugzeugantrieb oder Schwarze Löcher am anderen Ende des Universums, alles musste als Erklärung herhalten. Und dann kam die Überschrift, auf die Paula schon gewartet hatte: *Todesstrahlen aus dem Weltraum!* Natürlich. Was auch sonst. Allerdings – so gerne wie sie es gewollt hätte – ausschließen konnte das niemand. Das Dumme war nur, dass niemand irgendetwas ausschließen konnte. Und für nichts gab es einen Beleg. Eine dämliche Erklärung war für Menschen offensichtlich akzeptabel, aber keine Erklärung zu haben, das war unerträglich. Als ob das Vakuum drohte, den Kopf zum Implodieren zu bringen. Um es mit Paolos Weltbild zu beschreiben: Gott hat den Menschen so geschaffen, dass er die Leere nicht erträgt. Es musste immer etwas geben, dass die Leere ausfüllte. Irgendetwas. Das Vakuum ist genau jenes Nichts, das danach strebt, nicht zu sein.

Die Warnung, sich den Irrlichtern nicht zu nähern, schlugen die Leute weltweit in den Wind. Abend für Abend versammelten sich die Menschen unter dem Feuerwerk und feierten dabei Partys. Viele behaupteten, dass die flüchtige Berührung mit dem sanft schimmernden, bunten Nebel die Sinne berausche. Es ließ sich nicht bestreiten, dass die Stimmung stieg, wenn die Luft zu leuchten begann. Es wurde musiziert, getanzt und gelacht, und wildfremde Menschen fanden zueinander und tanzten zu irgendeiner Musik gemeinsam davon.

Paula mied die Irrlichter fortan. Sie beobachtete das seltsame Gebaren ihrer Mitmenschen zunächst mit Skepsis, dann mit großer Sorge. Schließlich breitete sich das alles beherrschende Gefühl der Angst in ihrem Bauch aus. Sie ahnte, dass etwas Schlimmes bevorstand. Vor allem die Unfähigkeit, mit dem Finger auf eine konkrete Gefahr zeigen zu können, raubte ihr den Verstand. Es kam ihr vor, als tanzten die Leute an einem unsichtbaren Abgrund, der sich immer weiter auftat.

Zwei Tage später erhielten alle Mitarbeiter der Life Balance Company über interne Medienkanäle die Anweisung, unverzüglich Firmengebäude aufzusuchen und sich vorerst nicht mehr ins Freie zu begeben. Die Räume in der Zentrale füllten sich zusehends mit fröhlichen Menschen. Als alle Wissenschaftler und Ingenieure in den Laboratorien eingetroffen waren, wurde der Gebäudetrakt hermetisch abgeriegelt. Bewaffnete Sicherheitsleute standen vor den Türen.

»Die meinen es ernst«, kommentierte Paolo.

»Weiß schon jemand, was los ist?«, fragte Paula.

Ihr brasilianischer Kollege zuckte bloß mit den Achseln. Als die Tür kurze Zeit später wieder aufging, kamen Leute in Schutzanzügen herein, die Gasmasken an alle verteilten.

»Ziehen Sie die an!«

Die Aufforderung war sehr barsch, und niemand kam auf die Idee, sich zu widersetzen oder auch nur nach dem Grund zu fragen. Man zog sich die Gummidinger über den Kopf, in denen man aussah wie ein grässliches Rieseninsekt. War Paula eben noch von Freunden und vertrauten Gesichtern umgeben, stand sie nun plötzlich inmitten einer Gruppe kalter Monster. Unwillkürlich schlang sie die Arme um sich, als könne sie die Wärme und den Trost menschlicher Berührung nur noch bei sich selbst finden.

Ein Murren ging um, und die Leute drängten jetzt darauf zu erfahren, was das zu bedeuten hatte.

»Sie werden gleich in Kenntnis gesetzt.«

Es dauerte scheinbar noch eine Ewigkeit, bis die Türen erneut aufgingen. Die obersten Bosse der Zentrale gaben sich persönlich die Ehre. Auch sie trugen Gasmasken. Zu erkennen waren sie lediglich an ihrer exklusiven, unbezahlbaren Kleidung.

»Meine Damen und Herren, einem Team der *Life Balance Company* ist es gelungen, die Ursache der Leuchterscheinungen herauszufinden. Eigentlich war das Rätsel gar nicht schwer zu lösen, wenn man nur erst mal in die richtige Richtung forscht. An das, was man am Ende gefunden hat, hätte wohl vorher auch niemand im Traum gedacht. Was sich gerade durch die Luft über die ganze Welt ausbreitet, sind eine Art mikroskopisch kleiner Sporen. Die Experten sagen bewusst *eine Art*, weil man sich in dem Punkt nicht ganz sicher ist. Sie können keiner bekannten Pflanze, keinem bekannten Pilz zugeordnet werden. Das Seltsame ist, dass sie sich offenbar selbst vermehren können, ohne dass zwischendurch eine Pflanze aus ihnen wächst. Vermutlich waren sie im Boden des abgeholzten Regenwaldes verborgen. Jedenfalls wurden dort welche nachgewiesen.«

Paolo hielt vernehmlich die Luft an.

»Der Curupira!«, entfuhr es ihm.

Ein zustimmendes Raunen machte die Runde. Die Delegation aus der Chef-Etage ging darüber hinweg.

»Wir wissen nun, dass Bestandteile der Sporen über die Lunge in den Blutkreislauf gelangen. Es sind Substanzen darin enthalten, die für den Körper eindeutig giftig sind. Eine erste Folge der Vergiftung besteht in einem unerklärlichen Glücksgefühl. Langfristig führt die Vergiftung unausweichlich zum Tod.«

Der Sprecher wartete, bis sich die Wogen der Erregung etwas geglättet hatten, dann begann er, Fragen zu beantworten.

»Wie hoch muss die Dosis sein, bevor sie tödlich ist?«

»Wie es aussieht, reicht eine sehr kleine Menge.«

»Aber ich lebe noch!«

»Die Experten gehen davon aus, dass es drei Monate dauert, bis der Tod eintritt.«

Entsetztes Aufschreien war zu hören. Manche waren allerdings zu schockiert, um einen Laut von sich zu geben.

»Warum dann noch die Gasmasken?«

»Wir wollen es nicht noch schlimmer machen. Sie werden gleich einer Dekontamination unterzogen. Ihr Magen-Darm-Trakt wird entleert, ihre Haut gründlich gereinigt, sogar ihr Blut wird gewaschen werden. Wir installieren gerade Filteranlagen in diesem Gebäude. Sobald die Arbeiten abgeschlossen sind, können Sie die Gasmasken wieder abnehmen.«

»Haben wir überhaupt eine Überlebenschance?«

»Um ganz ehrlich zu sein: Das wissen wir nicht. Ihre Aufgabe in den nächsten drei Monaten wird es sein, an einem Gegenmittel zu forschen.«

Jemand protestierte: »Aber wir sind doch keine Mediziner!«

»Aber Genetikexperten. Auf der ganzen Welt wird jeder, der das Wort Chromosom fehlerfrei schreiben kann, darauf angesetzt, an einem Gegenmittel zu forschen.«

Danach herrschte erst einmal Schweigen. Die bizarren, kalten Insektengesichter blickten sich gegenseitig an.

Paula wollte noch etwas eher Belangloses wissen: »Woher kommt das Leuchten?«

»Biolumineszenz.«

Paula kam ins Grübeln.

»Aber das sieht ja fast so aus, als sei es Absicht der Sporen, uns anzulocken, um uns zu vergiften.«

Aus der Delegation der Chef-Etage antwortete darauf niemand. Aber Paula sah, dass eine Frau leicht nickte.

»Ist das so eine Art Terroranschlag?«, hakte Paula nach, aber sie bekam auch darauf keine Antwort.

Die Dekontamination ließen sie geduldig über sich ergehen und begaben sich sogleich an die Arbeit. Sie erhielten konkrete Anweisungen, welche Experimente oder Untersuchungen sie vorzunehmen hatten.

Ein junger Mann neben ihr fragte irgendwann: »Ob es nicht sinnvoller wäre, die letzten drei Monate mit etwas sehr Schönem zu verbringen? Ich habe mich noch nie so gut gefühlt wie in den letzten Tagen und noch nie so viel Spaß gehabt. Das hier ist doch ein sinnloses Unterfangen.«

Paula warf ihrem Nachbarn einen verächtlichen Blick zu. »Ich empfinde Glück dabei, zu forschen. Solange ich noch einen Atemzug in den Lungen habe, werde ich den Kampf aufnehmen!«

Das ganze Team arbeitete wieder einmal bis zur Selbstaufopferung. Amphetamine hielten die Wissenschaftler so manche Nacht wach. Bereits nach zwei Wochen keimte Hoffnung auf und verhaltener Jubel brach im Labor aus. Man hatte ein Protein aus den Sporen isolieren können, das vermutlich für den schleichenden Tod verantwortlich war. Zu aller Überraschung war das Protein in den Datenbanken der Company nicht unbekannt. Es gab offenbar schon ganze Versuchsreihen mit diesem Makromolekül. Das erleichterte die folgende Arbeit ungemein. Das war für die ganze Fachwelt ein Grund zur Freude.

Für Paula war es ein Grund, in tiefes Grübeln zu versinken. Wie konnte das sein? Die Sporen lockten die Menschen mit buntem Licht an, um sie gezielt zu vergiften, und in der Company war an dem Gift schon mal gearbeitet worden? Was hatte das zu bedeuten? Dann dämmerte es ihr. Sie marschierte schnurstracks hinüber zu Paolo.

»Das warst du!«, brachte sie aus heiserer Kehle hervor.

Ihr brasilianischer Kollege runzelte die Stirn.

»Du hast die Sporen entworfen!«

Auf diesen ungeheuren Vorwurf reagierte er nicht. Er blickte sie nur stumm und ausdruckslos an.

»Deine ganzen angeblichen Überstunden hier im Labor. In Wahrheit hast du an den Sporen gearbeitet. Ich erinnere mich noch genau an deine Worte damals auf der Farm, als der Regen ausgeblieben ist. *Nach der letzten großen Party wird das bittere Erwachen kommen.* Das hast du gesagt. Du hattest immer Sympathie für die Beschützer dieses überflüssigen Regenwaldes. Und nur du als Indio konntest von der alten Mythologie eures Volkes wissen. Du selbst hast das Kind geschickt!«

Paolo stand schweigend vor ihr und regte sich nicht. Atmete er überhaupt?

»Gestehe es, verdammt!«

»Was würde es dir nützen?«

»Warum hast du das getan? Was hoffst du, damit zu erreichen?«

»Wer immer es getan hat, hat wieder für viel Platz auf der Erde gesorgt, nicht wahr? Vielleicht waren es ja auch Außerirdische, die den Planeten von uns befreien wollen. Wer weiß?«

Paula war restlos entsetzt. Ihr Mund wurde so trocken, dass sie kaum noch sprechen konnte.

»So eine Teufelei!«

»Ich halte es eher für einen Geniestreich. Die Menschheit hatte eine faire Chance, dem Unglück zu entkommen. Diejenigen, die die großen Entscheidungen treffen, sind immerhin gewarnt worden, nicht wahr? Hätte man die letzten zehn Prozent des Regenwaldes unangetastet gelassen, wären die Sporen niemals freigesetzt worden. Wären die Klimaforscher im Unrecht gewesen und es hätte auch ohne Wald weiter geregnet, wäre der Boden feucht geblieben und die Sporen hätten niemals mit dem Wind davongetragen werden können.«

Paula blickte ihren Kollegen unverwandt an. Sie begann zu nicken.

»Ja, du glaubst wirklich, dass es eine große Befreiung für die Erde ist, wenn 32 Milliarden Menschen krepieren. Mir fehlen die Worte. Wie kann man nur so krank im Kopf sein?«

»Krank im Kopf sind diejenigen, die glauben, es müssten immer mehr und immer mehr Menschen auf diesem kleinen Globus leben. Krepiert wären wir früher oder später sowieso, und zwar sehr elendig. Dank der Sporen wird niemand Angst haben, niemand wird Schmerzen haben oder leiden. Stattdessen werden alle sehr glücklich sein.«

»Daraus wird nichts!«

»Wie bitte?«

»Du hast die Sporen entwickelt. Mir wird es gelingen, ein Gegenmittel zu finden, verlass dich drauf!«

Sie ging zurück an ihren Arbeitsplatz und ließ sich die Struktur des entscheidenden Proteins am Bildschirm anzeigen. Was man brauchte, war ein Stoff, der die Wirkung blockierte und sich gleichzeitig beim Kontakt mit dem

Protein vermehrte. So ähnlich wie ein Virus. Auf einmal lächelte Paula. Ja, das war der richtige Ansatz. Der Gedanke machte sie unglaublich fröhlich, ja geradezu glücklich. Ihr war nach Tanzen zumute. Auch andere Wissenschaftler im Raum wurden auf einmal sehr fröhlich und lachten.

»Warum läuft hier eigentlich keine Musik?«, fragte jemand.

»Mit Musik geht alles besser«, stimmte Paula lachend zu. »Und ich brauche jetzt ein Glas Sekt!«

Sie fühlte sich, als ob flüssiger Sonnenschein durch ihre Adern floss. Es war so wunderschön. Die Arbeit würde auch morgen noch da sein, dachte sie.

DIE NÄHE DER KRÄHE
von Wolf Welling

Er lag in einer Bodendelle auf einer Anhöhe und blickte mit einem Auge durch sein ausziehbares Okular auf das Dorf. Das heißt auf das, was einmal sein Dorf gewesen war. Tornados hatten die meisten Dächer in hölzerne Skelette verwandelt, alle hohen Bäume entwurzelt und Fahrzeuge zu Schrottklumpen gebeult. Um das Dorf herum hatten die übrig gebliebenen Einwohner riesige Skulpturen errichtet, die mit ihrem dämonenhaften Aussehen Fremde warnen und abschrecken sollten. Sie erinnerten ihn an die Furcht einflößenden Gestalten vor chinesischen Gräbern und Tempeln, die eine ähnliche Funktion haben sollten.

Er wusste, dass dort noch Menschen lebten, solche, die von der Seuche verschont geblieben oder nur mäßig geschädigt worden waren, und solche, die Unwetter und Überfälle überlebt hatten. Die Dörfler hatten sich zusammengetan, halfen sich gegenseitig und verteidigten ihre Bastion, wenn nötig mit Waffengewalt. Er wusste, dort war nichts zu holen. Sie gaben nichts ab, selbst wenn man vor ihren Augen verhungerte. Er hatte einmal beobachtet, wie sie zwei Mädchen, die vor ihren Toren bettelten, abgewiesen hatten. Die waren aber einfach stehen geblieben, bis sie umfielen und starben.

Als der Zusammenbruch begann, hatten Ella und er versucht, im Dorf unterzukommen, aber sie hatten sie abgewiesen mit der Behauptung, sie seien schon genug und mehr könne das Dorf ressourcenmäßig nicht verkraften.

Westwärts des Dorfes lag das kleine Wäldchen, von dem nur noch Baumstümpfe, kahle Stämme und vertrocknete Äste übrig geblieben waren. Wehmütige Erinnerungen streiften durch seine Synapsen: die Kühle zwischen dem vielen Grün, der Duft von Pilzen, das Wandeln auf weichem Moos, das Weiß der Birkenrinde, die komplizierten Verästelungen in den Blättern, die Zartheit ihrer Oberfläche. Und die Kiefern ... er hatte Kiefern immer besonders geliebt, wegen der rötlich-braunen Farbe ihrer Stämme, der immergrünen Nadeln und ihres Duftes. Wie wenig hatten sie all dies geschätzt, als sie es noch hatten. Erst in der Erinnerung werden die Dinge golden, die früher so gewöhnlich, so selbstverständlich, so nebensächlich schienen, einfach weil sie vorhanden waren, mehr nicht.

Neben ihm in der seichten Grube hockte die Krähe, die er Huckebein getauft hatte, nach dem gleichnamigen Raben aus einer Geschichte von Wilhelm Busch. Sie war so eine Art Gefährtin geworden, denn sie begleitete ihn immer, sobald er die Kellerbehausung verließ. Entweder flog sie hoch über ihm und zog ihre Kreise, oder sie flog spielerische Attacken gegen ihn, oder sie trippelte neben ihm her, wenn er durch seine Furchen kroch, oder sie setzte sich parasitär auf seinen Rücken und ließ sich von ihm tragen. Er war sich allerdings nicht sicher, ob es immer dieselbe Krähe war, die, ihn beobachtend, begleitete oder verfolgte, wie man's nimmt. Vielleicht war es auch eine getarnte Drohne, die Daten über ihn sammelte. Aber für wen und für welchen Zweck?

Immer, wenn sie in seiner Nähe war, redete sie ziemlich viel, so über Gott und die Welt, Himmel und Erde, Raum und Zeit, Seele und Materie, Gesellschaft und Individuum, so banales Zeugs halt. Er ließ sich selten auf eine Diskussion mit ihr ein, sie widersprach ihm immer und behielt meistens recht. Das war frustrierend, und daher schwieg er lieber. Vielleicht war's aber gar nicht sie, die Krähe, die zu ihm sprach, sondern sein früheres Ich, der Oberstudienrat für Philosophie/Ethik/Religion, der vor sich hin schwadronierte. Doch jetzt war Schluss mit aller Philosophie, mit Aristoteles, Leibniz, Kant, Schopenhauer und Sartre, jetzt galt es zu überleben. Das war alles.

Jetzt, als er auf das Dorf blickte, schaute auch sie gelegentlich dorthin, pickte aber meistens auf dem Boden herum und sah ihn ab und zu abschätzend von der Seite an. Immer wenn sie ihn so anblickte, wurde er den Verdacht nicht los, dass sie überlegte, welches Auge sie ihm als Erstes aushacken sollte, wenn er in seiner Erdfurche sterben würde.

In dieser Welt zwischen Dürre und Sintflut.

Schlimme Erinnerungen überfluteten sein Gehirn. Als die Hurrikans durch das Land wüteten, die Menschen in den Hitzewellen tot auf die Straßen stürzten, die gierigen Meere immer mehr Land fraßen, die Menschen aus Afrika den europäischen Kontinent überrannten und als Besitzlose durch die Länder marodierten, Unwetter immer häufiger die Ernten vernichteten, die Hungersnöte sich ausbreiteten, die Bürgerkriege begannen, immer mehr Menschen an Krebs und der Lähmung erkrankten wegen der Luftverschmutzung und dem Mikroplastik in der Nahrungskette, als die Vögel vom Himmel fielen, die Ratten die Macht übernahmen, die Haustiere verwilderten.

Da war der *Point of no return* bereits überschritten. Da half es nicht mehr, dass Schüler, Studenten und große Teile der Bevölkerung aufbegehrten, weil die Politiker die Zeichen immer noch nicht erkennen wollten, die Warnungen der Wissenschaftler ignorierten, mehr den persönlichen Interessen, den Lobbyisten und den Wünschen ihrer profitgeilen Klientel folgten als dem Gemeinwohl zukünftiger Generationen; weil sie immer wieder vertröstet worden waren, und eine Verringerung der Schadenszunahme ihnen schon als entscheidender Fortschritt verkauft wurde; weil die Politiker auf eine Zukunft verweisen wollten, in der alles wieder gut werden würde, konkrete Maßnahmen zur Rettung dieser Welt aber zerredeten oder im Geplänkel der politischen Auseinandersetzung zerrieben wurden. Da hatten viele noch blind den Scharlatanen geglaubt, die die wissenschaftliche Erkenntnisse für Lügen erklärten und windige Gegenbeweise auftischten; andere suchten das Heil in der Kirche und beteten – was der Welt auch nicht half.

Ja, er hatte sich beteiligt, als Tausende die Flughäfen blockierten, um die Kerosinsteuer drastisch zu erhöhen und Inlandsflüge zu verbieten, als die Kreuzfahrtschiffe bestreikt wurden und Haftminen sie beschädigten, als die Zufahrten zu den Kohlekraftwerken blockiert wurden, als Landwirten ihre Gülle in die Häuser gekippt wurde, als die Monsterställe der Massentierhaltung aufgebrochen und die verängstigten Tiere hinausgetrieben wurden, als der Privatverkehr an neuralgischen Stellen lahmgelegt wurde, als Edelboutiquen und noble Karossen in Flammen aufgingen, als die Menschen sich ihre Wohnungen nahmen – und das alles weltweit.

Hatte er da wirklich mitgemacht? Er meinte, sich zu erinnern, Ella als Aktivistin bei einer diese Aktionen kennengelernt zu haben. Aber er war sich nicht mehr sicher. Wie intensiv hatte er sich beteiligt, wo und wie oft? Vielleicht dienten seine Erinnerungen nur dazu, sein Gewissen zu beruhigen, zu verleugnen, dass er einer der Mittäter bei der Vernichtung dieser Welt gewesen war, ein gedankenloser Konsument von Wohlstand und Ferienreisen, von überquellenden Kleiderschränken und spritfressenden Karossen. Vielleicht waren seine Erinnerungen als *false memories* ein persönliches Beruhigungsmittel, eine Methode erfolgreicher Verdrängung. Und wenn schon, es machte jetzt keinen Unterschied mehr.

All diese Protestaktionen hatten nichts mehr genutzt, der Kipppunkt war bereits übersprungen, es gab keine Korrekturen mehr; und der technische Fortschritt, auf den die Wachstumsbefürworter immer gepocht hatten, war ausgeblieben, hatte versagt. Nichts hatte die Katastrophe aufgehalten.

Ella hatte noch in ihrem verstellbaren Polstersessel geschlafen, als er am Morgen aufgebrochen war. Er wollte sie nicht aufwecken und war daher sehr leise, als er den Verschlag zum Kellerfenster öffnete. In der Morgendämmerung war es immer am ungefährlichsten, nach draußen zu gehen, um etwas Essbares oder etwas Feuerholz zu finden. Wasser hatten sie genug, seitdem er ein schmales Rohr vom Hofbrunnen unter der Erde zu ihrer Behausung gelegt hatte. Das Wasser war zwar pestizidverseucht, was auch durch Abkochen nicht besser wurde, aber das war ihnen in ihrem Alter egal. Weil sie sowieso schon krank waren.

Er hatte sein Klappmesser, das ausziehbare Okular und das Pfefferspray in die Tasche seiner Outdoor-Weste gesteckt und war mit der Krücke zum Kellerfenster gehumpelt. Sein linkes Auge hatte er mit der Klappe verdeckt, einerseits um es zu schützen, andererseits konnte er damit sowieso nur noch sehr schlecht sehen. Alles war trüb und verschwommen, wenn er das rechte Auge zukniff, um die Sehkraft des defekten Auges zu prüfen, und wenn er mit beiden Augen sah, verdoppelten sich die Gegenstände. So verbarg er es hinter der Augenklappe, wenn er die Kellerwohnung verließ.

Durch die Kellertür konnten sie nicht nach draußen. Die hatte er zum Schutz vor Eindringlingen verschweißt, nachdem er Ella, ihren Sessel, eine Matratze, ein paar Bücher und den kleinen Ofen mit Küchenzubehör in den Kellerraum eingeschlossen hatte. Ach ja, auch die beiden zarten Figuren aus Meißner Porzellan, die in seiner Familie seit Jahrzehnten weitervererbt worden waren, hatten sie mitgenommen. Sie standen auf einer hölzernen Vitrine, die seit dem Hausbau hier unten im Keller ausharrte. Die beiden kleinen Figuren stellten junge Frauen dar: Die eine saß anmutig mit angewinkelten Beinen auf dem Boden und las in einem Buch, die andere verharrte in einer tänzerischen

Bewegung – ihr fehlte ein Unterarm, der bei einem der Umzüge oder bei der Flucht abgebrochen war. Die Haut der beiden war strahlend weiß, ihr Gesichtsausdruck war hoch konzentriert, beide lächelten schwach. Das Bezauberndste aber waren ihre weiten Röcke, der der Sitzenden in Zartblau, der der Stehenden in Rosa, die mit filigranen Spitzen besetzt waren. Es hatte ihn immer fasziniert, wie man Porzellan so fein verarbeiten konnte. Die beiden erinnerten sie an die schönen alten Zeiten, an andere Jahrzehnte, in denen man noch Muße gefunden hatte, solche aufwendigen Kunstwerke herzustellen.

Ein batteriebetriebenes Radio hatten sie auch mitgenommen, obwohl schon lange vor ihrer Kellereinquartierung kein Sender mehr zu empfangen gewesen war. Aber man konnte ja nie wissen, vielleicht würde man irgendwann mal irgendetwas hören können: Nachrichten, Musikstücke, eine Quizsendung, ein Hörspiel, irgendwas halt. Egal was. Das heißt, es gab gelegentlich Signale: Wortfetzen, die völlig unverständlich waren, entweder weil sie einer ihnen unbekannten Sprache entstammten oder weil sie absichtlich fragmentarisch waren wie eine Art Geheimcode, den sie nicht entschlüsseln konnten, oder es waren ganz simple atmosphärische Störungen. Jedenfalls konnten sie nichts damit anfangen. Genauso wenig wie mit den zwölfstelligen Zahlenfolgen, die, immer in unterschiedlichen Kombinationen, durchgegeben wurden mit der dringenden Aufforderung, sie an die zuständige Stelle weiterzuleiten. Sie wussten aber weder, welches diese Stelle sein sollte, noch wie sie die Information hätten weiterleiten können. Ihre Handys hatten schon längst ihren Dienst aufgegeben, es gab keinen Empfang, und die Akkus konnten nicht aufgeladen werden.

Die Welt war aus den Fugen geraten. Die Apokalypse hatten die Menschen gründlich besorgt, und Ella hatte begonnen, den Verstand zu verlieren, als sie immer wieder deklamierte: »Der Herr ergießt seinen Zorn über uns und die Welt. Vom Himmel wird er seine apokalyptischen Reiter mit flammenden Schwertern aussenden, begleitet von sieben Engeln mit mächtigen Posaunenklängen. Riesen werden die Städte mit ihren gepanzerten Stiefeln zertrampeln. Berge werden zum Leben erweckt und kriechen auf die Täler zu, um sie unter sich zu begraben. Gigantische Ungeheuer aus den Tiefen der Meere werden an die Ufer drängen und Boote, Fahrzeuge und Straßen vertilgen. An den Küsten bekommen die Schiffe Flügel und flattern über die Erde. Blinde unterirdische

Monster heben das Land und werden ans Licht drängen. Aus dunkelvioletten Wolken werden Feuer, Hagel und Blut fallen. Alles Leben wird vernichtet ...« Irgendwann hörte er nicht mehr zu.

Am Fenster hatte er vorsichtig die Eisenstangen vor dem Verschlag gelöst und sie behutsam auf den Boden gelegt. Die Stangen hatte er schräg abgefeilt, sodass sie von außen, sollte jemand einbrechen wollen, nicht so ohne Weiteres zu entfernen waren. Er hatte gelauscht, und als alles still geblieben war, hatte er vorsichtig die Balken und Bretter sowie das Gestrüpp entfernt, das den Einstieg tarnte. In der Morgendämmerung war es weniger gefährlich, draußen zu sein, als an den sonstigen Tageszeiten. Die Wölfe, die wilden Hunde und die Marodeure schliefen, müde von ihren nächtlichen Streifzügen und ihren Überfällen. Manchmal töteten sie sich gegenseitig, und das war gut so, weil es die Gefahren für ihn verminderte.

»Gehst du schon? Wie spät ist es?«, hatte Ella gefragt.

Er war wohl doch nicht leise genug gewesen, oder ihr Schlaf wurde immer leichter, immer schwankender, immer lichter.

»Hast du Hunger?«, hatte er sie gefragt, obwohl er wusste, dass sie nie Hunger hatte. Er musste sie immer eindringlich ermahnen, etwas zu essen. Auch mit dem Trinken tat sie sich schwer, wie alle alten Leute. Er ging zu ihr und hielt ihr die Schnabeltasse an den Mund und forderte sie auf, ein paar Schlucke von der kalten Brühe, die er gestern gekocht hatte, zu schlucken. Sie folgte seiner Aufforderung, aber nach kurzer Zeit sank ihr Kopf nach hinten und sie dämmerte wieder weg.

Er war zurück zum geöffneten Kellerfenster geschlichen, auf den Schemel gestiegen und hatte begonnen, sich hochzuziehen. Was seinen Beinen an Kraft fehlte, hatte die Armmuskulatur mit der Zeit wettgemacht. Außerhalb ihres halbverfallenen Hauses hatte er in alle Richtungen Seile gespannt, um sich an ihnen kriechend entlangzuziehen, denn er wollte in der Nähe des Hauses nicht durch aufrechtes Stehen oder Gehen gesehen werden. Kriechend wurde er eins mit dem kargen Boden, durch dessen Furchen er, an den Seilen ziehend, vorwärtsrobbte. Einst waren hier Felder gewesen, die Weizen, Raps und Gerste trugen, jetzt waren es sonnengegerbte braune Flächen, trockener Staub und wellige Wüste.

Er hatte die Richtung nach Norden eingeschlagen, in der Hoffnung, in einer seiner dort aufgestellten Fallen ein zappelndes Kaninchen zu finden, eine jammernde Katze oder einen tobenden Wildhund. Unterwegs wollte er nach Pflanzen mit ihrem kümmerlichen Wuchs Ausschau halten, die er für eine Brühe oder als Gewürze nutzen konnte. Manchmal hatte er das Glück, einen dürren Weizenkeim zu finden, ein paar Brennnesseln zu pflücken oder gar eine vertrocknete Rübe ausbuddeln zu können. Man braucht schließlich Vitamine.

Es war noch angenehm warm gewesen, die übliche Tageshitze würde erst ab Mittag über das Land herfallen. Er hatte seine erdfarbene Kappe aufgesetzt, um seine kahle Kopfhaut vor der Morgensonne zu schützen. Auch seine Kleidung war erdfarben, der Tarnung wegen. Dennoch machte er sich keine Illusionen, er würde einem aufmerksamen Beobachter allein durch seine Bewegungen auffallen. Wilde Tiere hielt er mit seinem Pfefferspray auf Abstand. Mit Menschen war das schwieriger. Sobald er welche entdeckte, stellte er sich tot in seiner Erdfurche. Selbst wenn sie ihn entdeckten, ließen sie ihn in Ruhe und fassten ihn nicht an aus Angst, sich anzustecken. Die Seuche hatte, so gesehen, auch ihre Vorteile.

Aufpassen musste er immer auf die Wolken, denn die Unwetter kamen plötzlich und mit großer Wucht, und er lief dann Gefahr, in einer Erdrinne zu ersaufen. Sobald er eine dunkle Wolkenballung am Horizont erblickte, machte er immer schnell kehrt und kroch und humpelte zurück zu ihrem Kellerloch. Dieses ganz dicht zu kriegen, war ihm nie gelungen, sodass bei den Überschwemmungen auch der Keller teilweise volllief. Er machte das Beste daraus und sammelte das Nass in Gefäßen, um für einige Zeit Wasser zu haben.

Die Krähe Huckebein flog hoch über ihm, flatterte manchmal auf den Boden, pickte etwas auf und startete wieder in die Lüfte, während er sich kriechend durch das Gelände bewegte. Natürlich hätte er im aufrechten Gang schneller vorankommen können, obwohl er wegen seiner seitlichen Lähmung krückengestützt nur mühsam gehen konnte. Er kroch lieber. Zum einen, weil er wegen dieser Fortbewegungsart schlechter zu entdecken war; zum anderen mochte er die Erde, ihren Geruch, ihre Substanz, auch ihre metaphysische Bedeutung. Schließlich bedeutet Erde = Boden, Heimat, Scholle, Mutter und Grab. Nicht, dass er an diese Dinge dachte, wenn er an seinen Seilen durch die

Erdfurchen zog, es war eher etwas Unbewusstes, ein verschwommenes Verbundenheitsgefühl, ein Sehnen nach Geborgenheit.

Was haben wir dieser Erde nur angetan, dachte er. Kein Wunder, dass sie uns verstoßen hat, sich an uns gerächt hat, uns verachtet und uns wie Schädlinge behandelt, die es auszurotten gilt.

Von Zeit zu Zeit hatte er angehalten und vorsichtig den Kopf gehoben, um sich umzublicken. Stille lag über dem Land, nur gelegentlich unterbrochen vom Krächzen seiner Krähe oder vom Rufen der Möwen, die vom nahen Meer kamen, vom Meer, das dort früher nicht war, sondern Heidelandschaft. Daher nannten sie es zu Beginn der Flutungen das »Heidemeer«. Dort hatten sich flache Boote und Flöße bewegt, um die Infrastruktur einigermaßen aufrechtzuerhalten. Das funktionierte auch, bis alles zusammenbrach: wegen der zunehmenden Versorgungsengpässe, des Verfalls staatlicher Gewalt, der Bürgerkriege und der Seuchen. Besonders wegen der Lähmungsseuche, deren Ursache man nicht fand und die die Menschen unterschiedlich schädigte. Auch Ella und ihn.

Er war weitergekrochen und hatte eine seiner Fallen erreicht. Im Fangeisen hing der Hinterlauf eines Hasen, mehr nicht. Wölfe, wilde Hunde oder hungrige Streuner hatten den Rest des Tieres abgerissen und mitgenommen. Er löste das Bein aus der eisernen Klammer und verstaute es in seinem Rucksack. Das würde zumindest für eine Beilage in einer Suppe taugen.

Er lag in einer Erdfurche und hatte plötzlich das Gefühl, dass die Erde unter ihm erzitterte. War das ein Erdbeben, oder waren es leichte Erschütterungen aus der unterirdischen Stadt, von der früher, als er noch Kontakte zu anderen hatte, gemunkelt wurde? Es hieß, die Reichen hätten sich eine solche mit allen Annehmlichkeiten und allem Luxus gebaut, um der oberirdischen Malaise zu entgehen. Maschinen, Roboter und menschliche Sklaven würden benutzt, um ihren Wohlstand zu erzeugen und zu halten.

Er fühlte sich plötzlich schrumpfen, alle Luft und Energie lösten sich von seinem Körper, er wurde eins mit der Erde, die ihn umgab. Wozu noch kämpfen, dachte er, wozu all die Mühsal? Langsam hob er den Kopf, den er seitlich auf die Erde gepresst hatte, und erblickte neben sich und der Krähe Huckebein etwas Gelbes. Es war ein Löwenzahn. Aber bevor er ihn pflücken konnte, hatte die Krähe sich ihn geschnappt und aufgefressen.

Er wurde wütend und versuchte, sie zu verscheuchen. Aber sein Arm gehorchte ihm kaum noch. Er versuchte, seine Beine zu bewegen und aufzustehen – es ging nicht. Entsetzt registrierte er, dass die Lähmung sprunghaft fortgeschritten war. Davon hatte man immer wieder gehört, und davor hatten alle immer Angst gehabt. Jetzt war es also so weit. Er würde nicht mehr in die Kellerbehausung zurückkehren können, er würde hier sterben, langsam zugrunde gehen, ohne die Möglichkeit, seinen Tod zu beschleunigen. Diese Erdfurche würde sein Grab werden, und sein Körper würde Futter für neues Leben sein.

Und Ella würde ebenfalls sterben ohne ihn, verhungern und verdursten, aber sie würde es kaum merken, sie würde dahindämmern, bis ihr Körper ohne Atmung und ohne Herzschlag wäre, und irgendwann, wenn es jemandem gelänge, in das Kellerloch einzudringen, würde er ihren halb verwesen oder völlig verwesen Leichnam finden und sich schnell wieder entfernen aus Angst, sich anzustecken.

Mit einem Mal überkam ihn eine große Ruhe, die erdige Umwelt verschwamm vor seinen Augen, und er wandte sich der Krähe zu:

»Bald kannst du mit deiner Arbeit beginnen. Du wartest doch schon seit Monaten darauf, mich zu ...«

Er unterbrach sich, als er bemerkte, wie sich die Krähe langsam verwandelte. Sie wuchs und streckte sich und wurde immer größer. Erst der Verzehr der gelben Blume habe sie befähigt, sich zu verwandeln, meinte sie.

»Was geht hier vor? Wer bist du?«, fragte er verwundert.

Das sei etwas kompliziert zu erklären, antwortete Huckebein. Sie schwiegen beide eine Zeit lang, die Krähe nachdenklich, und er neugierig. Er hätte doch früher bestimmt schon einmal etwas von der Existenz eines Multiversums mit parallelen Welten gelesen oder gehört, fuhr Huckebein schließlich fort. Sicher, antwortete er, mit solch wilden Spekulationen hätte er sich manchmal in seinem Philosophieunterricht auseinandersetzen müssen.

Das seien keine Spekulationen, meinte die Krähe. Solche Welten gäbe es tatsächlich, denn sonst wäre sie nicht hier. Aber es verhielte sich nicht so, dass jeden Bruchteil einer Sekunde eine unendliche Zahl von parallelen Welten entstünde, wie manche Kosmologen glaubten – das würde jedes System überfordern, auch ein Multiversum. Die Verzweigungen in parallele Welten fänden nur bei bedeutsamen Ereignissen statt. Also zum Beispiel ... Huckebein überlegte einige Zeit. Also, zum Beispiel gab es eine Spaltung beim Tod Alexander des Großen. In der Alternativwelt ist er nicht 323 vor eurer Zeitrechnung, sondern bereits bei seinem Einmarsch in Ägypten gestorben, sodass sein Eroberungsfeldzug abgebrochen wurde. Oder: Jesus sei nicht zur Kreuzigung verurteilt worden, sondern wurde freigesprochen. Oder: Das erste Schiff Kolumbus' ist mit ihm untergegangen, bevor er Amerika entdecken konnte. Oder: Deutschland und Japan haben den Zweiten Weltkrieg gewonnen – aber darüber hätten ja schon einige in seiner Welt geschrieben. Also das wären jetzt nur einige Beispiele für schicksalhafte Verzweigungen an historischen Knotenpunkten. Ab da gäbe es alternative geschichtliche Entwicklungen, in diesen wiederum neue Abzweigungen, sodass die Zahl der bestehenden Alternativwelten inzwischen tatsächlich unüberschaubar geworden sei. Sie wolle den Begriff ›zurzeit‹ dabei bewusst vermeiden, weil die Zeit in diesem Zusammenhang ziemlich relativ sei.

»Danke für die Vorlesung. Klingt ja alles recht interessant. Aber was hat das mit mir zu tun? Bald bin ich tot, und dann nutzt mir dein Wissen auch nichts mehr. Es ist mir scheißegal«, rief er aus, ergriff eine Handvoll Erde und wollte sie auf die Krähe werfen.

Er solle doch abwarten, meinte diese. Vereinzelt gäbe es zwischen den entstandenen Alternativwelten Durchgänge oder Brücken oder Tunnel oder wie immer man das nennen wolle. Sie sei ein Wesen, das solche Durchgänge benutzen könne. Irgendeine höhere Kraft habe beschlossen, sie solle Kontakt zu ihm aufnehmen, um ihm zu helfen.

»Ziemlich abwegig. Wer denkt sich denn so was aus?«, fragte er die Krähe.

Das wisse sie nicht. Sie sei nur ein ausführendes Organ, eine Dienerin, eine Vollstreckerin, so was in der Art halt.

»Warum solltest du ausgerechnet mit mir Kontakt aufnehmen?«

Auch das wisse sie nicht. Die Algorithmen des Multiversums seien ihr völlig fremd. Aber auch hier, in seinem Universum, gäbe es zwar eindeutige Naturgesetze, sie erinnerte nur an Newton und Einstein, aber es gäbe auch verdammt viele Zufälle bei der Entstehung von Sternen, ihren Bewegungen, den Planetenbahnen und der Entstehung von Leben. Von der Entwicklung intelligenten Lebens ganz zu schweigen. Und die Quantenmechanik wolle sie hier nur nebenbei erwähnen.

»Jetzt komm endlich zur Sache!«, insistierte er.

Die Krähe entschuldigte sich und fuhr fort: In seiner Weltgeschichte hätte es unter anderem einen Knotenpunkt bei der Ressourcenausbeutung im Zuge der Industrialisierung gegeben. Während seine Welt alles auf Wachstum, Konsum und Profit gesetzt und dabei die Schätze des Planeten rücksichtslos abgebaut und ihn hemmungslos ausgebeutet hätte nach dem Motto: Jeder immer mehr und zwar jetzt!, wäre in einer alternativen Welt von vornherein auf echte Nachhaltigkeit gesetzt worden: Nimm nur so viel aus und von der Erde, wie du auch ersetzen kannst. Und eine Weltregierung habe das Wachstum der Weltbevölkerung strikt begrenzt. Denn das sei das zentrale Problem in seiner Welt gewesen: die exponentielle Vermehrung des Menschengeschlechts. Und alle wollten Reichtum und Luxus. In anderen Welten hieß der moralische Imperativ: Sei bescheiden und vernünftig und lebe im Einklang mit der Natur!

»So was gibt's«, fragte er erstaunt, »dass Menschen nicht auf Gier und Besitz, sondern auf die Vernunft gesetzt haben?«

Ja, sicher, von diesen Welten gäbe es viele. Natürlich gäbe es einige, die noch schlimmer seien. Obwohl, was sie hier erlebt und gesehen habe, meinte die Krähe ... das sei schon eine der schlimmsten.

Nach einer Pause fuhr sie fort, sie könne ihm anbieten, ihn in eine solch bessere Welt zu transferieren. Sie könne ihn auf eine Erde ohne Klimawandel und Umweltzerstörung bringen, in eine bessere Welt. Er solle sich keine Sorgen machen, sie hätte das schon mehrmals gemacht.

»Was ist mit meiner Lähmung?«, wollte er wissen. Ach, dort gäbe es hervorragende Ärzte, die das schnell heilen könnten.

»Was ist mit Ella?«

Für die gälte das Gleiche, wenn er wolle. Natürlich wollte er. Er spürte den Boden unter sich beben und dann einen scharfen Stich im Gehirn, als die auf zwei Meter gewachsene schwarze Gestalt sich bückte, ihn mühelos aufhob und zu der Kellerwohnung und zu Ella brachte.

Ella und er saßen auf der Terrasse eines stattlichen Holzhauses. Über ihnen strahlte eine milchige Sonne von einem wolkenlosen bläulichen Himmel. Sie sahen sich an und lächelten, ihre Lähmungen waren fast völlig verschwunden. Die Bewohner des Nachbarhauses winkten ihnen freundlich zu. Mia und Pia, die sie betreuten, brachten ihnen Kekse und Tee. Sie bewunderten deren schneeweiße Haut und ihre weiten Röcke, der eine blassblau, der andere zartrosa. Mia hatte immer ein Buch bei sich, und dass Pia der rechte Unterarm fehlte, störte sie nicht.

DAS LETZTE BUCH
von Uli Bendick

Freitags versammelte sich, wie seit jeher, die Gemeinde um den einzigen Baum in der weiten Savannenlandschaft der einstigen Wetterau. Jeder hatte etwas von seiner täglichen Wasserration aufgespart und spendete sie nun dem Baum als Zeichen ihrer Verehrung von Mutter Erde. Die Wälder von Taunus und Vogelsberg waren längst verbrannt, die Bäche und die meisten Quellen versiegt, und die Dörfer und kleinen Städte waren unbewohnbare Ruinen. Unversehrt hatte nur der Adolfsturm die Zeit überstanden und streckte sich unbeirrt dem staubtrüben, schwefelgrauen Himmel entgegen, wie ein erhobener Zeigefinger, der mahnend nach oben wies.

Überlebt hatte auch die Gemeinde.

Heute war Mahut Winklers großer Tag. Der Tag, an dem er zum ersten Mal zu der Gemeinde sprechen durfte und die Gedenkfeier leitete. Es war das Privileg der 16-Jährigen, diese Aufgabe zu übernehmen. Mahut hatte sich für heute ein ganz besonderes Thema ausgesucht, wollte nicht, wie alle seine Altersgenossen, über die Zeit des Wandels sprechen. So nach und nach waren auch die Letzten der Gemeinde angekommen. Einige hatten ihre Instrumente, Trommeln, Knochenflöten, einer hatte sogar eine Geige, ein anderer eine Gitarre mitgebracht, Instrumente der Vorväter, die noch intakt waren. Es würde bestimmt wieder eine tolle Session werden, an deren Ende, gemäß der alten Gebräuche, alle gemeinschaftlich das Glaubensbekenntnis singen würden. Mutter Erde würde gewiss mit ihnen zufrieden sein, wenn sie ihr zeigten, dass sie in ihrem Rhythmus waren.

Um sich besser auf seine Rede konzentrieren zu können, sagte er im Stillen das Glaubensbekenntnis auf: »Es gibt nur einen universellen Schöpfergeist. Er hat viele Gestalten und viele Namen, ist aber immer der Eine. Du sollst ihn in seiner Gestalt als Mutter Erde ehren, sie erhalten und behüten. Denn sie war es, die dir das Leben schenkte und in sie wirst du zurückkehren, um so ewig zu leben bis ans Ende aller Zeit.«

Mahut betrat den Rednerfels, hob die Arme und verharrte so, bis sich alle gesetzt hatten und Ruhe einkehrte.

»Gelobt sei der Schöpfergeist und Mutter Erde!«, begrüßte er traditionell die Anwesenden, und die Gemeinde antwortete: »Bis ans Ende aller Zeit.«

Mahut räusperte sich. »Nun, liebe Schwestern und Brüder, in manchen Nächten setze ich mich vor meine Strohhütte und schaue in den schwarz-grünen Nachthimmel. Links unterhalb des Mondes leuchtet dort seit über dreihundert Jahren ein von unseren Vorvätern erschaffener Stern am Himmel. Meine Großeltern erzählten mir als Kind Geschichten von früher, Geschichten, die sie einst selbst von ihren Großeltern erzählt bekamen. Eine dieser Geschichte handelte von diesem Stern. Vielleicht war es nur ein Märchen, aber man sagt auch, dass in jeder Geschichte ein Körnchen Wahrheit steckt. Ich verstand viele der Worte, die meine Großeltern benutzten, nicht, aber ich erzähle euch die Geschichte, Wort für Wort, so wie sie mir erzählt wurde.

Also, vor mehr als dreihundert Jahren vereinigte ein gewisser Noe McMaller, einer der reichsten hundert Menschen der damaligen Welt, vier weitere Superreiche unter seiner Führung und gründete die ›Survive Cooperation‹ mit dem Ziel, eine riesige Raumstation im höheren Erdorbit zu bauen. Sie beschäftigten die fähigsten Ingenieure, KI- und Robotikspezialisten, Techniker und Physiker, um die Konstruktionspläne auszuarbeiten. Gleichzeitig sammelte ein Tochterunternehmen alles Erbgut der damaligen Fauna und Flora, aber auch von Menschen. Außerdem speicherten sie das gesamte Wissen der Menschheit, sowie alles aus Literatur und Film.

In ihren Produktionshallen entstand derweil eine kleine Flotte an wiederverwendbaren Transportraketen, die Bauteile für die Raumstation wurden vorgefertigt und einige hundert Montageroboter liefen vom Band. Was auch immer das heißen mag.

All das dauerte Jahre, Jahre, in denen der Wandel spürbar wurde. Irgendwann war es schließlich soweit und man transportierte alles in den Orbit. Die Roboter, einige Astronauten vor Ort sowie ein Team, das von der Erde aus die Roboter steuerte, montierten die Teile für die Station zusammen. Danach wurden die gesammelten Materialien hochgebracht, eingelagert und die Station in Betrieb genommen.

Inzwischen vergingen weitere Jahre. Der Wandel und seine ersten massiven Auswirkungen waren unübersehbar, da starteten die letzten Raketen mit 120 auserwählten Menschen an Bord, die künftig auf der Station leben und arbeiten sollten.

Die Station wurde ›Arche 2.0‹ genannt.

Meine Großeltern hatten mir auch erzählt, dass die Erbauer der Arche 2.0 sich vorgenommen hatten, im Weltraum die Zeit des Klimakollapses sicher abzuwarten, aber vor allem das Erbe der Menschheit und die Vielfalt von Mutter Erde zu sichern, um eines Tages zurückzukehren und uns einen Neustart zu ermöglichen. Tja, so endet die Geschichte.

Was aus ihnen geworden ist? Wir wissen es nicht, bis zum heutigen Tag kam keiner von ihnen zurück. Aber vielleicht sind sie ja immer noch dort oben, schauen ab und an zu uns herunter und warten nur auf den richtigen Zeitpunkt.

Ich möchte den heutigen Freitag dazu nutzen, um mit euch gemeinsam nicht nur Mutter Erde zu ehren, sondern auch dieser Menschen zu gedenken. Ihr Streben war dem Ziel gewidmet, die Vielfalt des Lebens und das Wissen der Menschheit für die Zukunft zu erhalten.

Ich finde, diese Geschichte ist eine Geschichte der Hoffnung. Hoffnung auf eine bessere Zeit. Es ist die Geschichte einer neuen Chance. Der Chance, alles wieder gutmachen zu können, sobald sich Mutter Erde erholt hat und wir ihr ihre Kinder und Früchte zurückgeben.

Ich möchte diesen Menschen danken für den Mut, den sie durch ihre Idee und ihr Handeln uns geben. Mut weiterzumachen, Tag für Tag, die Hoffnung nicht aufzugeben, denn ohne Hoffnung gibt es keine Zukunft!

Zum Ende meiner Rede, bevor wir mit der Session beginnen, möchte ich euch bitten, irgendwann in den Nachthimmel zu schauen, links unterhalb des Mondes, dort seht ihr den Stern der Hoffnung, und dann erzählt ihr euren Kindern von der Arche 2.0 und dem Schatz, den sie hütet.

Gelobt sei der Schöpfergeist und Mutter Erde!«

Und die Gemeinde antwortete: »Bis ans Ende aller Zeit!«

Käpt'n Noe 6 rief alle Abteilungsleiter und »Alpha«, wie sich die primäre KI nannte, zur großen Besprechung.

Sie waren inzwischen die sechste Generation, die siebte wuchs heran, die in der Arche 2.0 lebte und arbeitete. Eine lange Zeit, die sie aber nicht ungenutzt ließen. Im Gegenteil, sie hatten viel erreicht, hatten den großen Plan seines Urahns umgesetzt. Und jetzt war es endlich soweit. Deswegen auch die Besprechung.

»Liebe Freunde, wir sind am Ziel! Ich weiß, ihr alle kennt unsere Geschichte, lasst sie mich trotzdem kurz zusammenfassen: Es gab von Anfang an zwei Pläne. Plan A besagte, abzuwarten, bis sich die Erde wieder von den Schäden der Klimakatastrophe erholen würde, um sie dann neu zu befruchten und zu besiedeln. Wir werden die diesbezüglichen aktuellen Daten und Analysen nachher vorstellen.

Plan B hatte eine gänzlich andere Ausrichtung. Nachdem die erste Generation die Arche 2.0 errichtet hatte und in die Station eingezogen war, widmete sie sich der Konstruktion einer lernfähigen, sich selbst optimierenden KI, basierend auf Asimovs Robotergesetzen und ausgestattet mit unserem Wissen. Das Ergebnis«, er wies auf die KI, »ist unser treuer Freund und Berater Alpha. Heute sind die meisten KIs individuelle Persönlichkeiten mit den gleichen Rechten und Pflichten wie wir auch.

Die zweite Generation errichtete auf dem Mond eine KI-gesteuerte Industrie, und gemeinsam konstruierten sie die ›Explorer‹, unser erstes mit dem Impulstriebwerk ausgerüstetes Raumschiff. Mit der ›Explorer‹ erkundeten wir den Asteroidengürtel, auf der Suche nach dem größten und erzhaltigsten Felsbrocken, der dort zu finden war.

In der dritten Generation bauten wir die Mondkolonie zu einem lebenswerten Ort aus, in dem zur Zeit 274 Menschen und 102 KIs leben. Sie waren es auch, die das Brandhorst-Teleskop bauten und an den Rand des Sonnensystems schickten. Seitdem sendet es uns Daten über die uns am nächsten liegenden Sterne mit Planeten innerhalb der habitablen Zone. Aber auch dazu später mehr.

Nachdem wir im Asteroidengürtel einen geeigneten Felsen gefunden hatten, der sogar gefrorenes Wasser enthielt, arbeiteten die vierte und die fünfte Generation daran, den Asteroiden auszuhöhlen und zu einem interstellaren Raumschiff auszubauen.

Sie entwickelten auch die ›Lebens-Bomben‹, ausgestattet mit allen biologischen Elementen, die eine karge Welt braucht, um Leben zu entwickeln, und testeten sie auf dem Mars. Knapp 100 Jahre ist das jetzt her, und auf dem Mars registrieren wir die ersten Reaktionen. Langsam, aber sicher steigt der O2-Gehalt der Atmosphäre und erste Flechten breiten sich aus.

Und damit sind wir im Hier und Jetzt angekommen. Das Projekt, das wir ›Pathfinder‹ nennen, ist vollendet. Wenden wir uns also den aktuellen Fakten zu.«

Seit Mahuts Rede ließ Lorin der Gedanke an die Arche 2.0 nicht mehr los. Es war Nacht und er starrte hoch zur Station. Er wollte unbedingt mehr darüber wissen. Am nächsten Tag sprach er den alten Bruder Josch an. Josch war der Klügste von ihnen, er konnte sogar lesen und schreiben, munkelte man. Bruder Josch berichtete dem jungen Lorin von seiner Wanderung durch die Frankfurter Trümmerwüste und auch davon, dass es dort eine riesige Bibliothek gegeben haben soll.

»Weißt du, was eine Bibliothek ist, Lorin?«

Lorin wusste es nicht, woher auch.

»Es war ein Ort, an dem Bücher verwahrt wurden. Bücher waren aus Papier, das man beschrieb. Oh, ich seh schon, Papier sagt dir auch nichts.«

Lorin schüttelte verständnislos den Kopf.

»Papier wurde aus dem Holz von Bäumen hergestellt.«

Lorin schrie entsetzt auf: »Aus heiligen Bäumen! Das ist Sünde! Wussten die das nicht?«

»Bäume gab es zu Millionen. Sie wuchsen ja fast überall. Egal, für uns ist nur wichtig, dass es eine Bibliothek in Frankfurt gegeben haben soll. Alles Wissenswerte wurde damals in Büchern festgehalten. Wenn, dann müsstest du ein Buch finden, in dem es um diese Arche 2.0 geht. Aber woher sollst du wissen, ob es in einem Buch wirklich um diese Arche geht, wenn du nicht lesen und schreiben kannst. Wenn überhaupt nur ein einziges Buch all die Zeit heil überstanden hat.«

Lorin dachte lange über die Worte des Alten nach und kam zu dem Schluss, dass der Alte recht hatte und es zumindest nicht schaden würde, lesen und schreiben zu lernen.

Zwei Jahre später, Lorin war jetzt fast 16, trat er vor den Gemeinderat und bat um die Erlaubnis, zur Frankfurter Trümmerwüste zu wandern und sich dafür für eine Woche Wasser mitnehmen zu dürfen.

Der Rat erlaubte es Lorin. Junge Menschen wollten schließlich immer die Welt kennenlernen. So machte Lorin sich auf den Weg und ließ die zum Abschied winkende Gemeinde Schritt für Schritt hinter sich.

Am Nachmittag des nächsten Tages endete die Savannenlandschaft. Der Boden unter seinen Füßen war steiniger geworden und vor sich erstreckte sich bis zum Horizont die Trümmerwüste, aus der immer wieder die Ruinen ehemaliger Gebäude hervorragten wie die abgebrochenen Zähne eines alten verwilderten Köters. Hier war es heißer als in der Savanne. Die Steine strahlten Tag und Nacht die Hitze ab, und er musste höllisch aufpassen, sich nicht an den rostigen Metallstangen, die in manchen Steinen steckten, zu verletzen.

Planlos kämpfte er sich durch die Trümmerwüste. Lorin musste auf seinen Wasservorrat achten. Kalkulierte er den Rückweg ein, so blieb ihm im besten Fall noch für einen Tag Wasser.

Etwas reflektierte in der Sonne und blendete ihn für einen Moment. Neugierig ging er dort hin. Vor ihm lugte ein von der Zeit geschliffenes Blech aus den Trümmern. Lorin befreite es aus dem Schutt und betrachtete es. Er konnte die Reste einer blauen Farbe und einige schwach erhaltene weiße Buchstaben darauf erkennen:

».ibli.t.ek 300. .inks«

Aus den Geschichten, die man sich am abendlichen Lagerfeuer erzählte, wusste er, dass die Vorväter früher überall Schilder aufgestellt hatten. Schilder mit seltsamen Symbolen und Schilder mit Worten. Sein Fund musste eines dieser Schilder sein. Er überlegte, was es wohl bedeutete, er hatte da schon so eine Ahnung. Offensichtlich war Mutter Erde an seiner Seite und führte ihn.

»Abteilung Erde, euer Bericht, bitte«, sagte Noe 6.

»Okay, machen wir es kurz. Durchschnittstemperaturen liegen zwischen 39° und fast 50°C, maximale Windgeschwindigkeiten 250 km/h, zunehmende Stürme in dieser Stärke. Niederschlagsmenge im Jahresschnitt 10 bis 50 l/m^2, in manchen Regionen aber auch das Zwanzigfache, kaum Grundwasserreserven,

Polkappen abgeschmolzen, Meeresspiegelanstieg sechs Meter, zunehmende Algenbildung in den Meeren, generell alle Meere komplett vermüllt und vergiftet, keine existente Tierwelt in den Meeren, die ehemaligen Küstengebiete überschwemmt, zunehmende Wüsten- und Savannengebiete, Atmosphäre: steigende CO_2- und Methanwerte, geschätzte aktuelle menschliche Population: unter zwei Millionen, keine Zeichen des Gebrauchs von Elektrik und Technik, vorbäuerliche Kulturen, Stammesbildung, Jäger und Sammler, menschliche Lebenserwartung maximal 40 Jahre, normal sind 25 bis 30 Jahre. Die Menschheit auf der Erde stirbt in den nächsten 100 bis 150 Jahren unwiderruflich aus.«

Und mit den Worten: »Eine Renaturisierung ist unter diesen Bedingungen leider nicht realistisch«, beendete Harun 6, der Abteilungsleiter Erde, seinen Bericht.

»Und wir haben leider auch nicht die Kapazität, sie zu retten!«, merkte Noe 6 an.

»Abteilung ›Pathfinder‹, wie ist der Stand?«

Norah 4, mit 143 Jahren eine der Ältesten von ihnen, erhob sich.

»Wir sind bereit. Alle Abteilungen funktionieren wie geplant und sind bereit zur Aktivierung. Die Decks sind ausgebaut und stehen zum Einzug zur Verfügung, Die Hydroponik produziert bereits. Die Ressourcen des Asteroiden sind ausreichend für mindestens einhundert Jahre. Die zwölf stärksten Impulstriebwerke sind montiert. Probeflug war positiv. Die Hälfte allen irdischen Erbgutes ist eingelagert. Die andere Hälfte verbleibt, wie verabredet, auf der Arche für die hoffentlich intelligente Spezies, die einmal das Erbe der Menschheit antreten wird. Mit einem Wort: Es steht uns nichts mehr im Wege, wir können los!«

»Danke Norah 4, das wollten wir hören. Abteilung Mond, wie steht's bei euch?«

»Alles gut, meine Freunde. Wir expandieren. Demnächst erwarten wir acht Geburten«, verkündete Luna 6 freudig und streichelte ihren Bauch. »In Kürze wird ein neues Habitat fertiggestellt, das wir zur Schweine-, Rinder- und Hühnerzucht benutzen wollen. Schade, ihr werdet bei unserem ersten Grillfest nicht dabei sein können, aber vor allem werdet ihr nicht in den Genuss des Lunar-Bräu kommen. Macht euch also keine Sorgen um uns!«

»Ja Luna 6, wirklich schade! Alpha, hast du noch etwas für uns?«

»Wir haben die aktuellen Daten des Brandhorst-Teleskops analysiert und eine entsprechende Route festgelegt. Es sind nach wie vor drei vielversprechende Kandidaten darunter. Je näher wir diesen Welten kommen, umso mehr Daten erhalten wir, die wir auswerten können. Das ermöglicht es uns, gegebenenfalls noch rechtzeitig den Kurs ändern zu können. Die nötigen Informationen hierfür stammen von den drei Sonden, die wir vor sieben Jahren vorausgeschickt haben.

Noch eins, nach unseren Berechnungen liegt die Wahrscheinlichkeit einer erfolgreichen Mission bei 97,493 %. Die verbleibenden 2,507 % sind ausschließlich auf nicht kalkulierbare kosmische Ereignisse zurückzuführen.«

»Möchte dazu jemand noch etwas beitragen?«, fragte Noe 6 und blickte in die Runde.

»Ja«, antwortete Harun 6. »Die fünf platinbeschichteten Obelisken sind fertig und startklar. Sie wurden in den wichtigsten irdischen Sprachen beschriftet sowie mit einer mathematischen Symbolsprache. Der Text schildert unser Vorhaben, enthält unsere geplante Route, falls irgendwann irgendwer uns suchen sollte, und den Plan zur Konstruktion eines Funkgerätes, mit dem man mit der Arche oder dem Mond Kontakt aufnehmen kann. Zum Zeitpunkt unserer Abreise werden sie automatisch gestartet, und auf jedem Kontinent wird ein Obelisk verankert.«

Unweit der Stelle, an der Lorin auf das Schild gestoßen war, entdeckte er unter sich überlagernden Betonplatten einen in die Tiefe führenden Gang. Der Gang lag in einem diffusen Licht, das durch unzählige Spalten und Risse drang und eine seltsame Szenerie schwach ausleuchtete. Der Gang hatte sich zu einem unübersichtlichen Raum erweitert, dessen hinterer Teil im Dunkeln lag, angefüllt mit Gestellen, auf denen eindeutig Bücher gelagert wurden. Es war staubig hier unten. Ehrfurchtsvoll trat er näher an eins dieser Gestelle. Als er ein Buch herausziehen wollte, zerfiel es in seiner Hand zu Staub. Ungläubig stierte er auf seine Hand, er schluckte, und dann ging sein Blick zu den anderen Büchern. Zunächst sehr zögerlich berührte er mit dem Zeigefinger das nächste Buch. Auch das löste sich in Staub auf. Mit dem ausgestreckten Finger strich er so durch alle Bücher des Gestells. Was blieb, war eine Staubwolke.

Mit den weiteren Regalen verfuhr er genauso, schneller und immer schneller, und irgendwann rüttelte er nur noch heftig an den Stützen, währenddessen die Staubwolke unaufhörlich mächtiger wurde. Nachdem die Wolke sich gelegt hatte, stand er vor dem letzten Gestell.

Da stand ein Buch, das seine blinde Zerstörungswut überstanden hatte. Vorsichtig griff er danach … und es hielt. Er sah es staunend an. Es war fest, stabil und es glänzte, selbst in diesem Licht. Vorsichtig steckte er es in seinen Ledersack, den er am Rücken trug.

Zwei Tage später war er wieder in seinem Dorf. Jeder hatte Verständnis dafür, dass er sich erst einmal ausruhen wollte. Sie geduldeten sich bis zum Abend, dann würden sich sowieso alle um das Lagerfeuer versammeln.

Lorin ließ sie nicht warten, schließlich wollte er selber seine Geschichte allen erzählen. Am Ende griff er in seinen Ledersack, holte das Buch heraus und ließ es reihumgehen. So etwas hatte noch keiner von ihnen gesehen, selbst Bruder Josch mit seinen 36 Jahren noch nicht.

Der Transport der Besatzung der Arche 2.0 war vollzogen, alle waren auf ihren Positionen und warteten auf das Zeichen von Käpt'n Noe 6.

»Setzt die Segel in den Wind!«, zitierte Noe 6 frei aus »Moby Dick«.

Langsam löste sich die »Pathfinder« aus dem Asteroidengürtel, beschleunigte und verließ am nächsten Tag endgültig das Sonnensystem, flog einer neuen Welt entgegen.

Von der Arche 2.0 entfernten sich 5 strahlende Lichtpunkte in Richtung Erde.

Auf der Erde saß Lorin zur gleichen Zeit in der Hütte von Bruder Josch und bemerkte nicht, dass eins dieser strahlenden Lichter irgendwo in der Frankfurter Trümmerwüste landete.

Das Buch war in einer Art durchsichtigen, weichen, aber stabilen Haut gehüllt. Allerdings war das Äußere des Buches mit der Zeit so verblichen, das keiner von ihnen etwas unter der Haut lesen konnte.

»Es muss diese Haut sein, die es vor dem Zerfall geschützt hat«, meinte der Alte. »Wir müssen es häuten, wenn wir wissen wollen, was darin geschrieben ist. Willst du das machen Bruder Lorin, deine Augen sind jünger?!«

Bedächtig nahm Lorin es in die linke Hand, während er mit der rechten sein Steinmesser zog.

Vorsichtig schlitzte er die Haut auf und zog sie ab, als würde er einem Tier das Fell über die Ohren ziehen.

Dann öffnete er es irgendwo in der Mitte und begann vorzulesen.

Die ersten Worte lauteten »Als der Herr aber sah, dass der Menschen Bosheit groß war auf Erden und alles Dichten und Trachten ihres Herzens nur böse war immerdar, da reute es den Herrn, dass er die Menschen gemacht hatte auf Erden, und es bekümmerte ihn in seinem Herzen, und er sprach: Ich will die Menschen, die ich geschaffen habe, vertilgen von der Erde.«

BEICHTE EINER NACHT AUF EINEM ANDEREN PLANETEN

von Rico Gehrke

Wenn ich etwas an Manaus nicht mochte, so war es das ungewohnte Wetter. Vormittags und nachmittags zur besten Zeit zogen regelmäßig schwere dunkle Wolken auf, und ein über Ort und Stelle kreisendes Gewitter ließ im Laufe mehrerer Stunden die zuvor aufgesogenen Wasser des Regenwaldes wieder hinabstürzen. Ein ewiger Kreislauf, der in Verbindung mit der gleichmäßigen schwülen Hitze die grüne Lunge der Erde am Leben und dieses in allen Facetten reichlich gedeihen ließ.

Tamara Auguste Villeroy, Expertin für präkolumbianische Kulturen des Südamerika-Institutes bei den Vereinten Nationen, hatte mich vor gut zwei Wochen von ihrem Quartier hier in Manaus angerufen und mich um Rat zu einem ganz außerordentlichen Fund gebeten, einem Artefakt, das ihr bei Forschungsarbeiten zur historischen Entwicklung des Stadtgebietes im Archiv des Museu do Índio in die Hände gefallen war. Sie hatte mir weiterhin von Doña Maria Silva, der Direktorin des Museums, erzählt, der sie das aus einem muffigen Kellerverlies zutage geförderte Stück präsentiert hatte, und wie diese abwiegelnd erklärt habe, dass sich dieser Gegenstand laut Inventarkatalog schon im Besitz des Museums befand, als ihr Großvater noch in die Wälder zog, um künstlerisch verzierte Gebrauchsgegenstände der Indios gegen Eisenwaren einzutauschen. Sie kenne natürlich die Legenden, wie jedes Kind hier, Legenden eben, Märchen, Fälschungen gab und gäbe es wie zu allen Zeiten. Wobei sie als Direktorin natürlich eine offene Haltung zu allem Interessanten einnehme, aber die Moabatica ruinierten die Glaubwürdigkeit der ganzen Sammlung. Persönlich halte sie das ganze Gehabe um die Sachen für vollkommenen Quatsch.

Gestern nun, ich hatte mir in Baltimore für ein paar Tage Urlaub genommen, bekam ich Gelegenheit, mir selbst eine Meinung zu bilden, und ich musste mir eingestehen, als langjährige Anthropologin glaubte ich bisher, mit fast allen Wassern gewaschen zu sein, aber offensichtlich nicht mit dem des Amazonas. Laut Tamara handelte es sich bei dem Exponat wohl um einen zu diversen rituellen Zwecken benutzten Kopfputz der Tikuna vom Oberlauf des Flusses im Bezirk Santo Antonio do Içá nahe der Grenze zu Kolumbien. Zusammen waren wir dann zu der Ansicht gekommen, dass es sich sehr wahrscheinlich um den uralten Überrest eines Druckanzuges, nämlich der Helmschale, handeln musste. Als ich ihn mir später im Original ansehen sollte, hatte ich ein ganz eigenartiges Empfinden: Es war mir so, als wäre es nichts, was im Weltraum benötigt wurde, sondern eher der Datenhelm eines 4-D-Playeranzuges. Das sagte ich natürlich niemanden, auch weil ich mich dabei ganz komisch fühlte, als hätte ich ein Déjà-vu. Und die erste Vermutung hielten sowieso alle für zu abenteuerlich, um es öffentlich zu machen, aber Tamara kannte einen gerissenen, zwielichtigen Kerl, Jorge Teixeira laut eigener Rede, einen Schmuggler und Lieferanten gutbetuchter wie gleichermaßen unbedarfter Sammler vom nördlichen Teil des Doppel-Kontinentes, den hatte sie eingeweiht. Und eben jener Jorge berichtete, wie erwartet, dass und wo es noch einige andere gleichermaßen seltsame Dinge in den Urwäldern zu holen gab, für deren Echtheit er selbstverständlich garantieren könne. Schwören auf die Mutter Gottes, täte er.

Wie viel Tamara ihm gezahlt hatte, verriet sie nicht, doch zufällig wusste Jorge dadurch, dass gerade jetzt ein gewisser Gerardus Maria van Roosmalen mit seinem Kompagnon Bacharel Gomes do Rego eine Tour für Handelswaren und spezielle Touristen in das Reservat Lago do Correio zu den Tikuna und Kokama ausrüstete. Nur gegen einen geradezu unverschämten Betrag in amerikanischen Dollars waren die Herren bereit, uns auf ihrem Boot mit dem stolzen Namen *Almirante do Brasil* mitzunehmen, nicht zuletzt wegen Tamaras hervorragender Sprachkenntnisse in Tupi, einer Art Esperanto der Indios, welches von Peru bis nach Belém an der atlantischen Küste verstanden wurde.

So kam es, dass ich, Deborah Quinn aus Baltimore, unter einer aufgespannten Zeltplane an Bord eines Schiffes, dessen beste Zeiten auch schon länger zurücklagen, den Amazonas aufwärtsreiste und bei bester Entdeckerlaune die Zeit durch ausgiebige Konversation mit einem Herrn Arthur Weis, vom Fach her ebenfalls Anthropologe und leitender Mitarbeiter des Staatsarchivs Estado do Amazonas und des Governo da Cultura do Amazonas, totschlug. Nebenbei sprangen für mich erstklassige authentische Aufzeichnungen für mein mich wie stets begleitendes Kladdenbüchlein heraus, hervorragendes Rohmaterial für eine kleine Reisereportage, die ich nach meiner Rückkehr nach Baltimore zu Papier zu bringen gedachte.

Natürlich wusste niemand außer uns an Bord, warum wir uns wirklich auf den Weg in die Wildnis begeben hatten. Ich musste zugeben, unter diesen Umständen ganz froh zu sein, in diesem Arthur Weis einen kompetenten Reisebegleiter dabeizuhaben, der immer wieder nur bestätigen konnte, wie gut doch die Zusammenarbeit mit den Institutionen meines Landes in wissenschaftlicher Hinsicht funktioniere.

Unterwegs lernte ich eine Menge nützlicher Dinge, angefangen von unserer wichtigsten Arznei, *Quinin*, eine aus der Rinde des Cinchona-Baumes gewonnene Medizin gegen Malaria, bis zu den wichtigsten Brocken Tupi, kennen. Van Roosmalen empfahl mir, mir schon im Vorfeld einen indigen Namen zuzulegen, und Tamara taufte mich sodann guarassy-aba, was so viel wie Haar der Sonne bedeutete und meinem Äußeren schon nahekam.

Unsere Ankunft an der Grenze des Reservates gestaltete sich zunächst schwierig, da die Indianerbehörde FUNAI (Fundação Nacional do Índio) recht rigoros alles und jeden aussiebte, der erstens aussah, als trüge er Ärger ins Reservat, und zweitens nicht genügend *Eintrittsgeld* bei sich führte.

Wie sich herausstellte, hatten die Behörden offenbar erhebliche Bedenken, zwei Frauen ins Gebiet zu lassen, da es sich bei den Tikuna um ein kriegerisches Tribu (Stamm) handelte, ein Wai-Ki, was Tamara mit *Totmacher* übersetzte.

Van Roosmalen war tatsächlich bereit, zwei Tage mit uns zu warten, bis mit dem Postflieger aus Manaus ein autorisierendes Schreiben aus der Rua Duque de Caxias, No. 356, unterzeichnet von Doña Maria Silva, vorlag und insbesondere mir die Passage ins Territorium ermöglichte. Tamara betonte mir gegenüber mehrmals, dass sich unsere anfänglich hohe Investition doch auszahlte.

In den zwei Tagen in der Brettersiedlung, die sich rings um den Militärposten gebildet hatte, erfuhr ich dank meiner hartnäckigen Neugier allerlei Legenden um die Tikuna und Kokama. Die Caboclos warnten mich, Weiße, die sich der Siedlung der Tikuna näherten, würden nicht zum ersten Mal mit einem giftigen Pfeil empfangen, zu schlecht waren wohl die Erfahrungen der Indios mit Abenteurern und Schatzsuchern. Dann erzählten sie mir von merkwürdigen Dingen, die im Dschungel passierten, und von der Verehrung für Ailā, einer Gottheit, die dem Stamm neben allerlei wunderlichen Gerätschaften auch das Versprechen gegeben hatte, die Tikuna in höchster Not zur *y-apyra*, dem *Ursprung oder Kopf des Flusses* zu holen. Was genau darunter zu verstehen sei, verbarg sich in Erzählungen, die die Caboclos nicht kannten oder nicht deuten konnten. Ich kam in Versuchung, ihnen die Fotos dieses Artefaktes aus dem Museum in Manaus zu zeigen und zu fragen, ob es solcherart sonderbare Dinge bei den Tikuna gäbe, doch riet mir Tamara davon dringend ab, da sie den Caboclos auf keinen Fall vertraute und diese in einem denkbar schlechten Ruf als Diebe und Schlimmeren stünden.

Am ersten Tag unseres nicht ganz freiwilligen Aufenthalts, weil wir auf die behördlichen Papiere warten mussten, lud uns van Roosmalen ein, gegen Zahlung einer weiteren Spesenauslage natürlich, die Gegend zu erkunden, die angeblich einige sehr interessante, um nicht zu sagen: sensationelle Sehenswürdigkeiten beherberge, die – wie könnte es anders sein – natürlich vor uns noch kein Weißer zu sehen bekommen hatte. Zu Fuß machten wir uns auf den Weg, einer hinter dem anderen gehend, wie eine Kolonne Ameisen auf ihrer unsichtbaren Straße.

Ich bemerkte, wie Arthur Weis hinter uns näher kam. Der Mann hörte sich an wie ein Elefant im hohen Gras. »Hoffnungslos«, sagte er. Das Gelände war vollkommen überwachsen. Falls es einmal einen Weg oder Pfad gegeben hatte, so war davon nun nichts mehr zu sehen.

»Betreten verboten«, schlug Tamara vor, dabei die Stimme von Doña Maria Silva imitierend. Wir lachten, aber nur leise und unecht, als wären wir eingeschüchtert.

Wir gingen unter herabhängenden Zweigen und abgebrochenen Ästen weiter in die vermutete Richtung, und bald sahen wir, dass die anderen ein stattliches, beinahe intaktes Gebäude inspizierten, das größer als eine durchschnittliche Hütte der Indio-Familien war. Es war kreisförmig, vollständig aus grauen Flusssteinen errichtet und hatte ein kegelförmiges Dach. Außerdem konnten wir einen Türrahmen sehen, der von Pflanzen überwuchert war.

Felix do Rego schnitt sich einen Weg zum Eingang frei. Er entfernte einiges von dem Gestrüpp, ehe wir in den Innenraum vordrangen. Erst van Roosmalen, dann do Rego, dann einige Caboclos.

Das Gebäude bestand innen aus einem einzigen Raum mit einer ungewöhnlich niedrigen Decke, dazu gab es Nischen. Sämtliche Wände waren mit floralen Elementen verkleidet, hauptsächlich sehr, sehr welken Blüten und Blumen. Tamara und ich berührten versuchsweise das Dekor und sie zerbröselten zu schmierigen Staub, was uns einen rügenden Blick von Arthur einbrachte.

Es roch modrig. Teixeira hatte sich nun ebenfalls durch die Tür gezwängt und sich zu Boden gehockt, um nicht gebückt stehen zu müssen. »Sieht nicht so alt aus«, bemerkte er und legte eine Hand auf den Boden, um sich abzustützen.

Van Roosmalen stand neben einem primitiven Tisch. »Was meinst du?«, fragte er und legte die Finger auf das Möbelstück. »Ist das ein Altar oder ist das kein Altar?«

Sämtliche Menschenrassen hatten das Konzept der Religion bereits zu einem frühen Zeitpunkt ihrer Geschichte entwickelt. Tamara erinnerte sich, E. Roths klassische Abhandlung »Aspekte der Intelligenz« gelesen zu haben, in der er darlegte, dass bestimmte Arten der Ikonographie bei allen bekannten indigenen Gruppen anzutreffen seien. Sonnensymbole und Monddarstellungen beispielsweise waren zwangsläufig überall zu finden, ebenso wie Blitze oder Feuersymbole. Oft gab es einen oder mehrere Märtyrergötter, und beinahe jede Population schien einen Altar hervorgebracht zu haben.

»Ja«, sagte do Rego. »Ich glaube, es steht außer Frage, was das ist.«

Wir drängten nun auch nach vorn. Bei dem Altar handelte es sich um ein grobschlächtiges Gebilde aus zwei soliden Klötzen, die von Bolzen zusammengehalten wurden. Arthur ließ den Lichtstrahl seiner Taschenlampe darüber gleiten, wischte die Oberfläche ab und studierte sie.

»Was suchen Sie?«, fragte van Roosmalen.

»Flecken. Altäre lassen auf Opfergaben schließen.«

»Oho«, ließ sich do Rego vernehmen.

»Wie hier.«

Alle traten vor, um ebenfalls einen Blick darauf zu werfen. Van Roosmalen trat in ein Loch im Boden, aber do Rego fing ihn auf, bevor er fallen konnte.

Da waren tatsächlich Flecken.

»Könnte auch Wasser sein«, sagte er.

Weis kratzte eine Probe ab, tütete sie ein und steckte sie in seine Weste.

Teixeira verlagerte unbehaglich sein Gewicht und sah sich um. Ihm war langweilig. Wenn es hier weiter nichts gab, machte dieser Ort für ihn keinen Sinn. Er suchte nach kleinen Dingen, die sich auf irgendeine Art und Weise zu Geld machen ließen.

»Er steht auf einem Podest«, stellte van Roosmalen fest. Drei kleine Stufen führten zum Altar hinauf.

Arthur starrte mehr oder weniger intensiv auf das Objekt.

»Die Dschungelkapelle«, sagte er. »Was meinen Sie, Tamara, was ist aus dem Gott geworden, der hier gewohnt hat?«

Ich richtete meine Lampe auf eine Ecke. »Da drüben.« Ich ließ mich auf ein Knie nieder, wischte Schutt und Erde beiseite und hob ein Bruchstück eines blauen Steins hoch. »Sieht aus wie ein Teil einer Statue.«

»Hier ist noch mehr«, verkündete do Rego.

Ein ganzer Haufen Scherben lag auf dem Boden. Van Roosmalen und die Caboclos sammelten sie auf, legten sie auf den Altar und Arthur und Tamara nahmen sie akribisch aus verschiedenen Blickwinkeln mit ihren Kameras auf. Dann probierten wir alle gemeinsam, die großen Bruchstücke irgendwie provisorisch zusammenzusetzen.

»Die Fragmente stammen von mehreren einzelnen Statuen«, erklärte Tamara ein paar Minuten später. »Die hier scheint annähernd vollständig zu sein.«

»Gut«, ließ sich plötzlich Teixeira aus dem Hintergrund vernehmen. »Kann ich sie mal sehen?«

Van Roosmalen winkte ihn heran. Teixeira, der große Übung im Fälschen und Improvisieren besaß, hatte auf Anhieb erkannt, dass die Statue kein indigenes historisches Gebilde war, wie man es aus den einschlägigen Museen kannte. Ich hatte sofort den Eindruck, diesen Gegenstand zu kennen, aber ich kam nicht darauf, wozu man ihn benutzte. Er nahm die fast fertige Statue auseinander, wühlte in den herumliegenden Teilen anderer Objekte und setzte sie flink und geschickt zusammen, sodass diesmal keine Bruchstellen unpassend blieben. Tatsächlich hätten sich die vorherige und die jetzige Figur nicht mehr voneinander unterscheiden können: Diese hatte keine Federn mehr. Aber sie hatte gestielte Augen. Einen langen, dünnen Hals, der einen eiförmigen Schädel trug. Auf der Stirn einen vertikalen Spalt. Keine Ohren, keine Nase, einen kreisrunden Mund, mit der Andeutung von hakenförmigen Zähnen. Grün gemaserte Gesichtshaut, die Kopfhaut blau, falls die Farben nicht verblasst oder oxidiert waren. Schmale, vierfingrige Hände, dürre Beine, Kugelbauch, ansonsten geschlechtslos.

Sie sah ein bisschen unheimlich aus. *Verdammt*, dachte ich, *was soll das bedeuten?* Der Gedanke an eine Puppe, an eine Spielfigur für Kinder schoss mir durch den Kopf. Konnte es denn sein, dass ich in einem Baltimorer Spielwarenkaufhaus so eine ähnliche Figur bereits gesehen hatte? Star Wars? Star Trek? Besaß mein Sohn Maurice nicht auch so etwas Ähnliches? Ich grübelte so angestrengt, dass mir ein wenig schlecht wurde.

»Soll das ein Mensch sein?«, fragte van Roosmalen irritiert.

»Das eine oder andere Detail hat vermutlich einen mythologischen Hintergrund. Oder visionär«, sagte do Rego.

»Die Stielaugen sind klar. Der große Rest ist als Ikone anzunehmen, so wie ich das sehe. Frage: Welcher Teil repräsentiert die Eingeborenen?«

Das war typisch Tamara. Selbst hier entfachte sie sofort eine Fachdiskussion.

Stirnrunzelnd betrachtete Arthur Weis die Statue.

»Ich würde sagen, die ganze Figur ist geheimnisvoll.«

»Warum?«, hakte ich nach.

»Weil«, sagte Reis, »die Statue, das Bild meine ich, was sie abgibt, die Erhabenheit eines angenommenen Opfers besitzt. Einen im Himmel wohnenden Gott würde man sicher nicht mit abgeschnittener Nase und Ohren und mit hervorquellenden Augen darstellen. Ich denke, hier wurde ein gemarterter Feind nachempfunden. So wie es hier eben üblich ist.«

Oder wie es bei Merchandising-Artikeln üblich ist: ein bisschen gruselig, viel fremdartig, stark fantasiebetont, dachte ich. Kinder wie Maurice müssen so ein Ding einfach haben! Komisch, dass keiner der anderen auf den Gedanken an eine Puppe kam. Nur: Wieso war sie aus Keramik und nicht aus Kunststoff?

Tamara atmete hörbar aus. »Ist das nicht ein kulturell bedingtes Vorurteil?«

»Das macht es nicht weniger wahr. Wobei ich dir natürlich darin zustimme, dass Vorurteile grundsätzlich nutzlos sind, egal in welcher Disziplin.«

Ich sah kurz zu Tamara und sagte: »Also, wenn ihr mich fragt, das ist eindeutig eins von diesen Aliens, wie sie in diversen Weltraumabenteuern vorkommen; ich nehme sogar an, einer der sich in Kinosälen herumtreibenden Art.«

Die anderen sahen mich zunächst verwundert an, ich zuckte mit den Schultern, allgemeines Kichern.

»Wäre ein Himmelsgott nicht eher wahrscheinlich? Die Dschungelbewohner fürchteten doch sicher den offenen Himmel mehr als den gewohnten Dschungel«, entgegnete Tamara, völlig ernst.

»Wo man hinschaut – Experten«, meinte van Roosmalen in genervtem Ton. Dann drehte er sich zu Teixeira und den Caboclos um und hieß sie, alles, was es hier an Scherben gab inklusive der Statue einzupacken.

Zuerst wollte ich protestieren, aber Tamara und auch Arthur bedeuteten mir, dass es keinen Zweck hatte, und ich bekam den Eindruck, dass es den beiden auch nicht unrecht war. Sie wollten sicherlich weitere Studien daran vornehmen, ich übrigens war dem natürlich – aus gewissen Gründen – auch nicht abgeneigt. Ich sah also zu, wie die Männer die Statue vorsichtig auseinandernahmen und die Scherben einzeln in grobe Tücher wickelten.

»Was denkst du?«, fragte mich Tamara.

»Keine schlechte Arbeit«, mischte sich in diesem Moment Weis ein. »Sie hätte es verdient, dass man sich ihrer annimmt. Eine Restaurierung scheint sinnvoll und machbar.«

Tamara war voll und ganz seiner Meinung. Sie beobachtete mit sorgenvollem Blick, wie die Männer um Teixeira den Fund fortschleppten, und ich erriet, wie sie darum betete, den kleinen Gott bald im Museu do Índio in Manaus in den Händen zu halten.

Wir blieben bis zum Schluss. Arthur steckte noch einige in den Nischen gefundene Scherben in einen Kunststoffbeutel, van Roosmalen und do Rego diskutierten draußen bereits ein anderes Thema. Tamara sah sich ein letztes Mal um und ging hinaus. Arthur blieb am Eingang stehen und drehte sich zu mir um. »Kommen Sie?«, fragte er.

»Der Platz hier ist vermutlich schon ein paar Jahrhunderte verlassen«, sagte Tamara, als wir uns unter einem grünen Baldachin aus hohen Baumkronen stellten, um einen der minütlich herunterprasselnden Regengüsse abzuwarten.

»Meinen Sie, die Bewohner sind schon so lange tot?«, fragte Weis.

»Es könnte Nachfahren geben. Irgendwo draußen im tiefen Urwald. Vielleicht haben sie sich mit anderen Stämmen vermischt. Anzunehmen wäre es jedenfalls.«

»Ehrlich gesagt, bin ich da skeptisch. Sehr sogar«, gab ich zu.

»Und weshalb?«, fragte Tamara.

»Also, wenn du mich fragst, ich habe den Eindruck, als wäre Roosmalens Truppe alle paar Wochen hier, um hilflosen Touristen diesen präparierten Ort vorzuführen und ihnen dann dafür Geld abzunehmen. Diese Figur – was fällt dir da auf? Nichts? Für mich sieht sie aus wie eine handelsübliche Puppe für Kinder, ein Spielzeug. Vielleicht schleicht dann einer zurück und drapiert eine neue dort, für die nächsten Neugierigen.«

Arthur Weis schüttelte den Kopf.

»Das ist doch Unsinn. Wie kommen Sie denn *darauf*? Wir haben es eindeutig mit einer verlorenen Kultur zu tun. Alles, was für sie je von Bedeutung war, ist fort. Jedes Wissensfragment, jede heldenhafte Tat, jede Familientragödie, jede gute Jagd. Jede philosophische Frage. Es ist, als hätte es all das nie gegeben. Verstehen Sie mich?«

»Ändert das etwas?«, fragte Tamara so schnell zurück, dass ich vermutete, sie wollte mich nicht weiter zu Wort kommen lassen.

»Vermutlich nicht«, sagte Arthur, und wir setzten uns langsam in Bewegung, do Rego und van Rossmalen liefen vor uns her. »Aber ich wünschte mir, zu glauben, dass einmal die Geschichte hinter den Dingen übrig bliebe, und nicht nur die üblichen Gesteinshaufen und schmutziges Wasser.« Jetzt sah er sich zu mir um. »Oder gar alberne Fälschungen.«

Tamara sagte: »Ich weiß, ich weiß.« Sie klang fast erleichtert.

Arthur drehte sich nochmals kurz im Gehen um und schwang den Beutel mit den Scherben.

»Der Gott. Wer ist hier, um den Gott zu retten?«

Ich sah über Tamaras Schulter hinweg das traurige, gedankenvolle Lächeln auf seinen Lippen.

»Wir!«, rief ich. »Wir nehmen ihn mit nach Hause. Egal, wer oder was er ist.«

»Wo er keinen seiner Gläubigen antreffen wird«, antwortete Arthur.

Es vergingen ein mit wissenschaftlichen Diskussionen gespickter Abend und eine schwül-heiße Nacht, in der zumindest ich kaum ein Auge zugemacht hatte. Am zweiten Tag unseres Aufenthaltes schlug van Roosmalen vor, eine indigene Siedlung zu besuchen, die nur zwei Stunden Fußmarsch entfernt sein sollte.

»Noch niemals war ein Amerikaner dort, oder eine Amerikanerin, oder überhaupt Wissenschaftler wie Sie«, behauptete er. »Gelegentlich Touristen, ja, alle möglichen Spinner und Abenteurer, klar. Die Einheimischen haben sich darauf eingestellt, wir werden willkommen sein. Dennoch ist natürlich Vorsicht geboten, wie bei allem, was man hier tut. Sie erwarten allerdings etwas dafür, Tauschhandel, verstehen Sie?«

Er musterte mich, als wäre ich eine Antiquität. Dann meinte er: »Ihre Armbanduhr, ich hoffe, sie war nicht sehr teuer oder ein Erbstück – die würde meinen Freunden gefallen. Die lieben so etwas. Und, damit Sie keine falsche Vorstellung von ihnen hegen: Sie wissen, was das ist und wozu man es trägt. Wundern Sie sich also nicht, wenn Sie einem Indio mit Transistorempfänger begegnen.«

Sein Lachen wenigstens klang ehrlich. Ich lächelte und zermarterte mein Hirn, ob es mir einfiele, wo ich diese Uhr gekauft und wie viel sie gekostet hatte. Ein paar Dollar bei Walmart, kein Verlust. Nun hoffte ich, dass auch die anderen etwas geben würden.

Wir paddelten. Das heißt, van Roosmalen und do Rego übernahmen diese Arbeit, einer hinten und einer vorn, während Tamara und ich in der Mitte saßen und den Waldrand beobachteten. Manchmal auch den Himmel, der sich endlich großzügig wölbte, nach all den Tagen durch grüne Enge behinderter Sicht, oder das undurchsichtige Wasser. Arthur Weis hatte sich entschlossen, die mysteriöse Figur, die durch uns zu einem zweiten Leben erwacht war, im Lager unter provisorischen Bedingungen so gut wie möglich zu untersuchen. Einmal glaubte Tamara in der grünen Wand oberhalb des Ufers eine schnelle Bewegung ausgemacht zu haben, aber dann stachen die Paddel doch nur wieder zu beiden Seiten des Bootes ein. Wirbel gurgelten vor den treibenden Blättern,

rissen trübgrünen Mulm, der auf dem warmen, schwärzlichen Wasser schwamm, für Augenblicke aus schlaffer Reglosigkeit. Schwaden lebender Pflanzen lösten sich vom Rand der Treibinseln ab. Modriger Dunst, Plätschern, Moskitos. Hinter dem Boot die Spur der Blasen, die immer noch nicht platzten, wenn sie hinter der nächsten Biegung des Flusses sich unserem Blick entzogen. Das Wasser stand. Und stieg. Unmerklich langsam, seit Jahrzehnten, der Ozean hatte sich mit einer wahnsinnig breiten Zunge über Hunderte Kilometer den Amazonas hinaufgefressen und ließ die Nebenläufe rückwärts fließen.

Tamaras Karte hatte längst ihren Sinn verloren, do Rego vorn im Bug ließ uns wortlos, mit einer Handbewegung, von Zeit zu Zeit wissen, dass wir noch nicht unser Ziel erreicht hatten. Dann bogen wir überraschend in einen Seitenarm ab, der rasch schmaler wurde, und die Kronen der Urwaldriesen schlossen sich über unseren Köpfen bis auf einen schmalen Spalt, durch den sporadische Sonnenstrahlen über dem Wasser einen blaugrünen Dämmer erzeugten. Do Rego bewegte jetzt das Paddel nur noch sehr langsam und sah aufmerksam zum Ufer. Ich drehte mich um und fragte van Roosmalen, ob wir gleich da wären. Der Holländer schwieg eine Weile. Er hielt die Lippen ein wenig geöffnet, eine Menge Gold erglänzte zwischen unregelmäßigen Zähnen. Er sah bleich aus. Mit der Rechten rieb er den blonden, vierzehntägigen Bart. »Dreihundert Meter«, sagte er und stach das Paddel wieder ins Wasser.

Der Pflanzenvorhang rechts riss ab, sobald die Flusskrümmung passiert war, und man sah ein Hochufer mit einem schmalen Einschub rötlicher Erde. Das Boot steuerte darauf zu. Als sie sich dem Ufer näherten, platschten Hornfrösche ins Wasser; hoch oben im Geäst erhob sich ein wildes Schreien der Horden von Pinseläffchen und Tamarine, dazwischen freundlich klingendes Gezwitscher von allerlei Sittichen. Do Rego sprang als Erster an Land, van Roosmalen schob das Boot – im Wasser stehend – vom Heck her durch den Uferschlick und auf den Sand hinauf, dann erst stiegen Tamara und ich aus. Gut zweihundert Meter nach links schmiegte sich Kuppel an Kuppel nahe an der Wasserlinie aneinander; dahinter stieg die grüne Mauer täuschend nahe wieder an. In der Mitte gab es zwei größere Hütten, wohl an die zehn Meter im Durchmesser, viel kleinere standen am Rand der Siedlung, es mochten mindestens dreißig sein. Mit rundem Umriss ragten die Dächer in die freie Luft, als wollten sie der Sonnenwärme die größte Fläche bieten. Ich bemerkte das Fehlen der typischen und von mir erwarteten Rauchfahnen über den Hütten, und van Roosmalen bestätigte meine Beobachtung mit dem Fernglas in der Hand.

Plötzlich schrie do Rego mit seiner spröden Stimme in den Raum zwischen den Hütten und uns hinaus, Laute in einer Sprache, die weder Tamara noch ich verstanden.

Der Schrei tönte von drüben zurück, klang im Echo über dem nahezu fest wirkenden Wasserspiegel nach, aber mit dem Ersterben des letzten Widerhalls brach Stille über uns herein. Schmetternde Stille, betäubend wie ein Alarmruf.

»Ich glaube, sie wollen nicht reden«, sagte do Rego, hockte sich abwartend nieder und spähte mit seinem Feldstecher hinüber. Ich war fassungslos. Wozu waren wir dann hergekommen?

»Sie haben gewusst, dass sie nicht mit uns reden wollen«, sagte Tamara ärgerlich.

»Nein«, kommentierte van Roosmalen den Vorwurf. »Rede ist auch ein Schrei und ist auch Schweigen, um zu hören, was der andere spricht. Rede ist Sinn. Sie hören dem Wald und dem Wasser zu. Wir halten uns für klüger, obwohl wir nichts wissen.«

Er reichte mir das Fernglas. Zwischen den Hütten war niemand zu sehen. Kein Blatt wuchs zwischen ihnen. Sonst war außer schwarzer und roter Erde nichts zu sehen.

»Das Dorf ist klein«, meinte ich dann.

Ein Klang durchbrach die Stille. Dünn schwangen sich die Töne herüber, aber bald schwollen sie kraftvoll an. Eine einzige permanente Frequenz, die, vermutete ich, durch ein blasrohrartiges Instrument hervorgebracht wurde.

»Ihre Antwort«, sagte do Rego. Seine Augen lächelten.

»In den Hütten ist niemand. Sie stecken im Wald und beobachten uns«, sagte van Roosmalen und sah wieder durch das Fernglas.

»Haben sie die Feuer gelöscht, als wir kamen?«, fragte Tamara.

Ohne das Glas abzusetzen, sagte van Roosmalen: »Nein. Heute haben sie gar keins entfacht.«

»Wieso?«

»Sie wussten, dass wir kommen. Fragen Sie nicht, woher, sie wussten es einfach. Es ist ihr Geheimnis.«

Da verstummte der Ton. Nachhall. Dann Stille.

Do Rego überprüfte den Sitz seines langen Messers, fast schon eine Machete.

»Wir gehen rüber, bleiben eine halbe Stunde, und dann verschwinden wir wieder.«

»Und was ist mit meiner Uhr? Sie sagten ...«, stammelte ich vor Aufregung.

Van Roosmalen schien die Frage erwartet zu haben. »Lassen Sie sie einfach dort. Ich habe hier noch einen zweiten Kompass, den lege ich dazu.«

Im Ufersand vor uns waren keinerlei Spuren zu sehen. Die kreisförmige Lichtung, bestanden mit zwei Dutzend Hütten, die kegelförmige Dächer besaßen; kleine Felder mit Maniok an der Peripherie, eher Gärten, dazwischen Trampelpfade, und ringsherum dichter Dschungel. Zwischen den Hütten nur vereinzelt hochaufragende Bäume, von deren Zweigen kuglige Nester von Stärlingen herabhingen.

»Niemand hier«, das wollte van Roosmalen doch betonen, keine Seele, wie er es vorausgesagt hatte. »Sehen Sie selbst«.

Die Hände in den Taschen verborgen glitten meine Augen immer wieder über die verlassene Siedlung. Nur grüne Flügel, schwarze Schnäbel und blaue oder gelbe Brustlätze flatterten lärmend über dem verlassenen Ort. Eine leichte Brise bewegte die Palmenwedel auf den Dächern. Der nächste Wolkenbruch kündigte sich an.

»Es ist unmöglich«, presste do Rego zwischen den Lippen hervor, »zu denen gibt es keinen Weg.«

Er verstummte und sank auf eine sonderbar ungelenke Weise auf den Boden nieder. Ich wollte etwas sagen, aber er winkte ab und richtete wortlos an seinen Stiefeln die Absätze.

»Es ist so«, sagte van Roosmalen endlich, dabei Tamara nicht aus den Augen lassend, die systematisch von Hütte zu Hütte ging und hineinsah. »Sie gehen alle zugrunde. Das Wasser wird steigen, Zentimeter für Zentimeter, bis das Tiefland ein neues gewaltiges Binnenmeer bildet, vom Süden Venezuelas bis Bolivien. Der Wald stirbt bereits am Brackwasser.«

Er zeigte auf das gegenüberliegende Ufer, wo große Flecken abgestorbener Bäume in allen Stadien der Verwesung sichtbar waren, vom toten schwarzen Holz bis zu graugrünen schlaffen Vorhängen aus leblosem Laub.

»Man kann diesen Prozess nicht mit evolutionärer Elle messen, es gibt dafür kein Maß. In nur einer Generation wird die Welt eine andere sein. Wo wir dann sind ... und sie ...«

Damit war seine Kraft erschöpft. Und ich war ratlos; ratlos, warum wir überhaupt hierhergekommen waren, an einen Ort, wo die Anzeichen der globalen Klimaagonie besonders markant hervortraten. Ich wusste es ja: Eines Tages würde der Todesstoß kommen – in Gestalt einer unvorstellbaren Flutwelle, wenn sich das in den Hochtälern Perus gestaute Schmelzwasser der Gletscher einen Durchschlupf gegraben haben würde.

Tamara rief etwas. Ich sah auf. Sie winkte vom Eingang einer der beiden zentralen Häuser. »Hier ist es!«, verstand ich. Im Gegensatz zu den einfachen hölzernen Behausungen war es vollständig aus grauen Flusssteinen errichtet und hatte ein kegelförmiges Dach.

Do Rego erhob sich schwankend und trottete hinter mir und van Rossmalen her. Irgendein fremder Gedanke ging mir in diesem Moment im Kopf herum: Köder. Dieser Ausflug ist ein Köder für Tamara und mich. Wollten die zwei Männer uns an die Wilden ausliefern? Ich erschrak über mich selbst. Ich hatte tatsächlich den Begriff *Wilde* gedacht.

In der Hütte war es fast finster. Kein Feuer brannte, es roch auch nicht nach kaltem Rauch. Ich brauchte ein paar Augenblicke, um mich zu orientieren. Das Gebäude bestand innen aus einem einzigen Raum mit einer ungewöhnlich niedrigen Decke, dazu gab es Nischen. Sämtliche Wände waren mit floralen Elementen verkleidet, hauptsächlich sehr, sehr welken Blüten und Blumen. Tamara und ich machten den Versuch und sie zerbröselten zu schmierigen Staub, was uns einen rügenden Blick von do Rego einbrachte. Wieder beschlich mich das Gefühl eines Déjà-vu. Auch ein Altar war da, ein grobschlächtiges Gebilde aus zwei soliden Klötzen, die von Bolzen zusammengehalten wurden. Van Roosmalen ließ den Lichtstrahl seiner Taschenlampe darübergleiten, wischte die Oberfläche ab und studierte sie.

»Wir müssen die Geschenke irgendwo hinterlegen, sie beobachten uns und erwarten das. Am besten in eine Nische.« Er zeigte mit dem Finger, wohin.

Mit einem Seufzer schob ich meine Zehn-Dollar-Uhr über die Hand und trat an die dunkle Höhlung. Ich sah hinein und begriff nichts. Da lagen aufgetürmt zu einer kreisrunden Pyramide zahlreiche Uhren übereinander und zwischen den einzelnen Stufen blitzten goldene Ketten und Armbänder hervor. Ich war vor Verwunderung wie gelähmt. Zuerst betrachtete ich den Chronometerhaufen nur mit Verständnislosigkeit, aber dann – wie in feurigen Wellen – trat ein Erkennen in mein Bewusstsein, wie es verstörender nicht sein konnte: Ich begriff, dass das alles meine Uhren waren, die hier lagen, jede einzelne. Diese Gewissheit ließ mich schwindeln. Was sollte das bedeuten? War ich verrückt geworden? Ich drehte mich um. Der Altar ... Der Schock erfasste mich augenblicklich: Der da lag, die Augen starr zur Decke gerichtet, steif und starr und doch ein zufriedenes Lächeln im Gesicht – das war Maurice! Mein Maurice! Vor mir lag mein kleiner Sohn! Und auch diese Puppe erkannte ich wieder: langer, dünner Hals, der einen eiförmigen Schädel trug, mit dem vertikalen Spalt in der Stirn. Keine Ohren, keine Nase, ein kreisrunder Mund, mit der Andeutung von hakenförmigen Zähnen. Grün gemaserte Gesichtshaut, die Kopfhaut blau, schmale, vierfingrige Hände, dürre Beine, Kugelbauch. Mein Grauen war unvorstellbar. Ich begann zu zittern und sah nach den anderen.

Meine Gefährten hatten sich auf eine seltsame, angsteinflößende Weise verändert: Sie standen im Kreis um mich herum, und sie sahen mich freundlich und nachsichtig an, als wäre ich von einer langen gefährlichen Krankheit genesen, als verstünden sie, was hier vorging und hätten es von Anfang an gewusst. Ich spürte den Boden unter mir wanken, dann schrie ich. Das Letzte, was ich bemerkte, war, dass ich wie eine von ihrem Sockel stürzende Statue kerzengerade nach vorne umfiel.

»Hallo, Debby«, sagte mein Mann über das Visiophone, als er die Wohnwabe betrat. Ich sah ihn an und stellte fest, dass er graublaue Augen besaß und für einen knapp Achtzigjährigen durchtrainiert schien. Sein Haar war kurz geschnitten, seine Gesichtszüge markant. Er gefiel mir.

»Es ist schön, dich wiederzusehen«, grüßte ich mit einem flauen Gefühl im Magen zurück. Und sagte gleich hinterher: »Es tut mir leid, aber ich musste es tun.«

»Hast du mir etwas mitzuteilen?«, fragte Joe gespielt gleichgültig und warf mir den erwarteten scheelen Blick zu. »Etwas über gestern Nacht vielleicht?«

Ich nickte, sah aber nicht zu Boden. »Ja ... ich ... muss«, stotterte ich und suchte einen Einstieg in das, was nun unweigerlich folgen würde. »Ich habe dir etwas zu beichten, Joe.«

»Das glaube ich allerdings auch.« Er ging zu unserer Minibar, vorbei an den alabasterartigen Artefakten, die er von der Erde mitgebracht hatte und die schon viel länger zu ihm gehörten als ich.

»Es geschah unerwartet«, versuchte ich den Beginn einer Rechtfertigung, blieb dann aber im Satz stecken. Ich wusste es, er wusste es, jeder wusste es: Ich hatte eines der illegalen Cybernetzwerke in einem stillgelegtem Wohntower in Marsianopolis besucht, denn ich war süchtig. Süchtig, die Erinnerung an meinen Sohn Maurice aufleben zu lassen, auch wenn es jedes Mal in einem Alptraum endete. Ich hatte die letzte Nacht auf einem *anderen* Planeten verbracht. Das Wort Erde zu verwenden galt als Fauxpas.

Joe zog die Jacke aus und kam ins Wohnzimmer, denselben Raum, in dem wir vor fünfzig Jahren zum ersten Mal ein solches Gespräch hatten. Es knackte zweimal scharf, wie von brechenden Ästen, dann erschienen Flammen im Kamin. Es war schon lange her. Da, wo ich aus letzter Nacht herkam, hatte es echtes Holz zum Verbrennen gegeben, und so wartete ich irrigerweise auf den Geruch.

Nun war ich zurück und hatte plötzlich das Gefühl, niemals fort gewesen zu sein.

»Joe?« Es lag etwas beinahe Wehmütiges in meiner Stimme. Mir war bewusst, dass ich ihn mit meinen fortwährenden Regelverstößen verletzte, denn er war es, der mich vor den Behörden decken musste, falsche Alibis programmierte.

»Ja, Debby, was ist?«, fragte er ohne Zorn.

»Du musst etwas wissen, Joe.«

Das Visiophone blinkte, irgendwelche Nachrichten trafen ein, aber keiner von uns beiden schenkte ihnen Beachtung.

»Ja?«

»Ich erinnere mich nicht an diese Nacht. Es wurde alles gelöscht. Bis zu den Emotionen runter. Ich könnte nicht einmal sagen, ob ich traurig, neugierig oder froh gewesen bin.«

Seine Reaktion blieb aus, als warte er, dass ich fortführe.

»Joe, so ist es doch jedes Mal gewesen, oder? Mein Gedächtnis ist gelöscht.«

»Ja, und das ist auch notwendig, wenn du als Mensch überleben willst. Du warst entsetzt bis zum Wahnsinn, Deborah. Eine Minute länger, und es wäre möglich gewesen, dass du nicht wieder aufwachst. Dann wärst du in dieser virtuellen Hölle gefangen gewesen. Du bist doch wieder diese Deborah Quinn gewesen, die am Amazonas herumfuhrwerkt, richtig? Dein altes Ich!«

Er nahm sich einen Drink, ohne mir auch einen anzubieten.

»Und diese Tamara war sicher auch mit von der Partie. Wann wirst du mir glauben, dass sie alle, wirklich alle seit einem halben Jahrhundert tot sind? Wann, Debby?«

Er stürzte den Whiskey hinunter, als verbrenne er innerlich.

»Ich weiß es doch nicht, Joe. Alles, was ich wollte, war, Maurice noch einmal zu begegnen, ihn noch einmal zu sehen, in den Arm zu nehmen ... Ich kenne ihn doch gar nicht!«

Die Tränen drückten mir bereits in die Augenwinkel.

»Außerdem weiß ich gar nicht, wer das sein soll, diese Tamara.«

Joe unterbrach mich unwirsch.

»Wie oft muss ich dir noch sagen, dass das Cyberia erst im Entstehen ist, dass es noch in einer vagen Experimentalphase ist, unberechenbar, hochgefährlich ... Du vergisst es ja doch wieder ... Langsam weiß ich nicht mehr, was ich noch machen soll, um dich von diesen Trips abzuhalten, Debby, wirklich nicht.«

»Woher weißt du das alles so genau, Joe? Sag mir, woher?«

Ein weiterer Drink tauchte in seiner Rechten auf.

»Weil ich es programmiert habe. Das hast du natürlich auch vergessen. Wenn du dich nicht ständig löschen müsstest, wüsstest du das alles. Ich arbeite an den Simulationen. Es sind Vorbereitungen ...«

»Auf was denn, Joe? Um Gottes willen!«

»Auf unsere Entkörperlichung, Deborah. Wir werden es als Rasse nicht schaffen, auf dem Mars dauerhaft zu überleben. Darum hat die Regierung schon vor einiger Zeit beschlossen, dass wir – damit meine ich die Menschheit – in ein virtuelles Dasein wechseln. Herrgott noch mal, das erzähl ich dir nun zum wievielten Male?«

»Für mich ist es das erste Mal.«

»Ja, für dich. Mir hängt es zum Hals raus. Maurice starb mit den anderen seiner Gruppe in der Welle. Sie war neunzig Meter hoch oder noch höher. Der Brei, der sich bis zur ehemaligen Küste wälzte, enthielt nicht nur den Regenwald, sondern auch fünf Millionen Leichen und ein Drittel der gesamten Biomasse des Planeten. Daraufhin kollabierte der Atlantik und vergiftete die halbe Erde. – Ach, lass ... «

Nur ein paar Hundert der zweihundert Millionen Erdflüchtlinge waren damit beschäftigt, Cyberia zu bauen. Der große Rest glaubte tatsächlich, wir könnten den Mars urbar machen und kolonisieren. Aber nach zehn Jahren unsäglicher Anstrengungen war klar gewesen, dass wir es nicht schaffen würden. Joe, ich und einige andere wissen, was der Menschheit bevorsteht; ich habe das Glück, es regelmäßig vergessen zu dürfen. Man sieht es uns äußerlich nicht an, dennoch, es hat uns verändert. Das trennt uns von den anderen Menschen.

»Das muss aufhören, Deborah, ich habe nur dich. In den letzten fünfzig Jahren hast du dich so oft in die Simulation davongestohlen und wärst beinahe gestorben, das halte ich nicht länger aus. Versetz dich doch nur einmal in meine Lage: Da wartet zu Hause eine Frau, die meine Frau ist, und sie erkennt mich nicht, weiß nichts von mir. Sie hat nur die grauenvollen Erinnerungen an diesen *Planeten*, und diese lebt sie immer und immer wieder aus, als sei sie nie mit mir hier angekommen.«

»Es tut mir leid, wirklich, Joe, und ja, ich hoffe immer noch, die Erinnerung an Maurice zu behalten, irgendwann wird es klappen.«

Eine Weile sagten wir beide nichts, starrten in das Hologramm des Kaminfeuers. Mir war nicht gut, mein Kopf schmerzte. Am liebsten wäre ich in diesem Moment genauso tot gewesen wie Maurice.

»Die Illegalen haben dich informiert, bevor sie dich heute Morgen aus der Quarantäne entlassen haben?«

Ich wusste, was er meinte.

»Ja, sie haben es mir gesagt«, gestand ich ein. »Sie haben versucht, meine Erinnerungen zu kopieren und in mein Bewusstsein zu spiegeln. Die Kindheitserinnerungen. Es hat so weit funktioniert. Der große Rest ist vollständig gelöscht. Aber du solltest dir keine Sorgen machen. Ich komme zurecht.«

»Wie hast du mich erkannt?«, fragte er in einem beherrschten Ton, als wolle er demnächst das Thema wechseln.

»Sie haben mir natürlich Bilder gezeigt, alle möglichen, und erzählt, pausenlos. Ich will dir damit sagen, dass ich von uns weiß, von unserem Leben, aber keine Erinnerung daran habe.«

»Ist das nicht dasselbe?«

»Erstens, nein, und zweitens überwiegen die Löcher.«

Ich dachte, er würde noch etwas sagen, aber er blieb stumm. Wie es weitergehen sollte mit uns, hier auf dem Mars, überhaupt – mein Kopf war zu leer, um eine Antwort zu finden.

»Okay«, sagte Joe plötzlich, als läute er die letzte Phase meiner Beichte dieser und der vielen Nächte zuvor ein. »Wie ist es mit Maurice? An wie viel erinnerst du dich noch?«

»Ich weiß, dass ich ihn geliebt hätte. Ich bin so stolz auf ihn. Ich tröste mich damit, ihn bekommen und verloren zu haben. Aber nein, ich erinnere mich nicht an ihn, nicht wenn ich hier draußen, in der Realität bin. Versteh doch, genau das ist der Umstand, der mich immer wieder ins Netz zwingt.«

Einige Minuten saßen wir schweigend da, beobachteten uns gegenseitig. Langsam verstand ich, dass es nur noch um meine Gefühle ging. Und dass ich es bin, die wirklich zu diesem fremd gewordenen *anderen* Planeten zurückgekehrt war, obwohl ich schon fünfzig Jahre hier gewohnt hatte. Und wir, besser gesagt Joe, ich weiß davon ja nichts, haben die Wohnwabe nie verändert. Wir haben Maurices Zimmer wieder so hergerichtet, wie es früher auf der Erde in Manaus gewesen war. Nach den wenigen Fotos, die wir gemacht hatten. Den Rest habe ich geraten. Oder es war Intuition. Ich habe es mir beschreiben lassen. Vor fünfzig Jahren überlebten einige Freunde von Maurice, die habe ich gefragt. Aus irgendeinem Grund traute ich Joes Erinnerung nicht hundertprozentig. Aber er meinte, ich hätte es sehr gut gemacht. Es kam mir sehr komisch vor, etwas zu wissen, woran ich mich nicht erinnern kann.

»Ich bin mir nicht sicher, ob es mir hier noch gefällt«, sagte ich an einem Nachmittag, ein Jahr später, zu Joe. »Warum, weiß ich auch nicht.«

In diesem einen Jahr war ich abstinent vom Netz geblieben.

»Wieso?«, fragte Joe mich misstrauisch.

»Zu viele Möbel, Schränke voll mit Sportsachen, Schuhen und Jacken, die Maurice nie wieder trägt, bis zur Decke gestapelte Autozeitschriften, die vor fünfzig Jahren ausgelesen wurden, Tüten mit Kinderkrimskrams. Jeder Raum ist wie ein Karton voll mit altem Gerümpel«, klagte ich.

»Dann erzähl mir, wie du dir sein Zimmer vorstellst.«

»Ein Teppich und eine Tagesdecke auf seinem Bett – bunt – würden meinen Augen schon gefallen. Mehr aber nicht.«

Und dann geschah es. Wir spürten beide, dass jetzt der Augenblick gekommen war, auf den wir mehr als fünfzig Jahre gewartet hatten: Wir – ich – nahmen Abschied von Maurice.

Wir weinten beide. Joe nahm mich in den Arm, das erste Mal wieder seit meinem letzten Ausflug zur alten Erde. Ganz altmodisch, menschlich, während draußen der gelbgraue Sandsturm tobte.

»Würdest du gerne auf der Erde am Amazonas leben?«, flüsterte er mir ins Ohr. »Wenn du dich entscheiden müsstest, nehmen wir mal an.«

»Das soll wohl ein Witz sein?«, erwiderte ich scharf. Wollte er grausam sein?

»Ganz und gar nicht. Hör zu! Deborah ...«, sagte er und hatte Mühe, die Stimme zu halten.

»Die anderen haben sich für ferne Planeten eingetragen, fantastischen Welten, unglaublich schön und ...«

»Du weißt doch selber ganz genau, was dein Herz möchte, wo es dich hinzieht, heute und für alle Zeit, bitte Deborah!«

Er klang fast flehentlich.

»Die Erde ist tot«, beharrte ich.

Unsere Rollen schienen sich umgekehrt zu haben.

»Nicht, wenn ich das Cyberia entsprechend gestalte. Ja, ja, ich weiß, was du sagen willst, niemand außer uns würde sich für dort entscheiden. Doch denke darüber nach, es gibt nur eine einzige Möglichkeit, seinen Platz ein für alle Mal zu bestimmen. Wenn auch der letzte Mensch eingespeist ist, gibt es niemanden mehr, der etwas ändern, etwas umprogrammieren könnte. Nicht einmal die Maschinen, die über uns wachen werden, können das. Und wenn eines unendlich fernen Tages tatsächlich Außerirdische kämen, ist es sehr fraglich, ob sie die Cyberia-Anlage tief im Sockel des Olympus Mons entdecken würden und uns befreien. Die Ewigkeit kann die Hölle sein.«

»Aber es ist doch heiß dort! Und das Wasser steigt! Und so tot wie auf dem Mond! Du hast doch Amazonas gesagt, nicht wahr?«

»Im Cyberia ist es überhaupt nicht heiß. Ich mache alles so, dass es von den Bedingungen her angenehm ist. Sagen wir mal, der Zustand von 1979. Hör zu ...!«

QUALLENGEFLÜSTER
von Anne Grießer

In einem seichten Tümpel, der eigentlich einmal ein stattliches Meer, vielleicht sogar ein Ozean gewesen war, hingen drei Quallen. Der Tümpel befand sich auf einem Planeten, den sie Meerde nannten und der traditionsgemäß zu zwei Dritteln mit salzigem Wasser bedeckt war. Die Quallen, die innerhalb von nur wenigen Jahrmillionen eine bombastische Zivilisation entwickelt hatten, benötigten das Salzwasser zum Überleben. Es war deshalb ziemlich blöd für sie, dass sie die Sache mit dem Methan so lange übersehen hatten. Als sich der Planet um ein paar Grade erwärmte, war das zunächst sehr angenehm für sie. Sie badeten gern in Hitzestrudeln. Doch als die Meere immer kleiner wurden, das Wasser verdunstete und in den Weiten des Universums verschwand, von wo es vermutlich vor einigen Äonen gekommen war, begriff auch die letzte Qualle, dass es an der Zeit war, etwas zu unternehmen.

Die drei Quallen, die in besagtem Tümpel hingen, waren Spezialisten für Legenden und die Entwicklungsgeschichte ihres Planeten. Und sie waren die Letzten ihrer Art. Sie waren zusammengekommen, um die Welt, das Leben und alles andere zu retten, vor allem aber, um ihre eigene Spezies vor dem Aussterben zu bewahren. Natürlich war ihnen bewusst, dass ihre Chancen eher schlecht standen und sie vielleicht ein wenig zu lange mit der Rettung gewartet hatten. Doch die positive Grundstimmung und die Zuversicht, die ihrer Gattung eigen war, hielten sie aufrecht und ließen die Hoffnung nicht versiegen. Sie hingen in dem Tümpel herum, um aus ihrer Geschichte zu lernen und alles besser zu machen als ihre Vorgänger, die auf der Meerde so einiges vermasselt hatten.

Genau genommen wussten die drei gar nicht, ob sie tatsächlich die Letzten ihrer Art waren, oder eventuell nur die Vorletzten oder die Vorvorletzten, denn niemand konnte mit Gewissheit sagen, was in den anderen seichten Tümpeln vor sich ging.

Die Namen der drei Quallen waren abartig kompliziert, selbst für ihre eigene Spezies nur schwer zu merken und noch schwerer auszusprechen, sie nannten sich also der Einfachheit halber Qualle Eins, Qualle Zwei und Qualle Drei.

Die Hoffnung der Quallheit – sofern diese noch existierte – beruhte auf dem unendlich großen Wissensschatz der drei, die die Formel für das Überleben finden sollten. Zu diesem Zweck hatten sie Geschichten aus der Vergangenheit des Planeten ausgegraben.

Qualle Eins räusperte sich.

»Wir müssen weit, weit zurückreisen, wenn wir das Leben als solches begreifen wollen«, sagte sie mit einem bedeutungsschwangeren Timbre in der Stimme. »Es gab einmal ein Meerdzeitalter, das hieß Ordovizium.«

»Gab es damals schon Haie?«, fragte Qualle Zwei und blickte sich ängstlich nach dem Feind ihrer Spezies um. Seit die Quallen an Masse zugelegt hatten, standen sie weit oben auf dem Speiseplan des Räubers.

»Ähm ..., also ... ich ...«, Qualle Eins war aus dem Konzept geraten. »Ich glaube nicht. Höchstens ein paar unbedeutende Saugwürmer, aus denen sich im Laufe der Evolution die Haie entwickelt haben. Aber die spielen in dieser Geschichte keine Rolle.«

Qualle Zwei stellte alarmiert ihre Tentakel auf, wie immer, wenn das böse Wort mit *H* ausgesprochen wurde.

»Also, in diesem Ordovizium lebten in den Meeren jede Menge Trilobiten und Brachiopoden. Sie ...«

»Brachio was?«

»Poden. Ähm. Armfüßer.«

»Ach so. Aber keine Haie?«

»Nein. Keine Haie. Darf ich jetzt endlich weitererzählen?«

Qualle Eins klang ein wenig ungeduldig.

»Die Trilobiten und Brachiopoden und noch ein paar andere Würmer und merkwürdige Wesen lebten glücklich und zufrieden im Ozean, bis ein paar vorlaute Moose und Pilze auf die irrwitzige Idee kamen, das Wasser zu verlassen und es mit dem Leben auf dem Land zu versuchen.«

»Bescheuert.« Qualle Drei schüttelte befremdet den Schirm.

»Extrem hirnverbrannt, aber genau selbiges fehlte ihnen, man kann ihnen also kaum einen Vorwurf machen. Jedenfalls entzogen sie den Böden eine Menge chemische Elemente, mit dem Resultat, dass die Landmasse verwitterte, mit atmosphärischem Kohlenstoffdioxid reagierte und allmählich dafür sorgte, dass die Temperaturen auf der Meerde um fünf Grad zurückgingen. Es kam zu einer Eiszeit.«

Alle drei Quallen schüttelten sich.

»Das mit dem Kohlenstoffdioxid habe ich nicht ganz verstanden«, gestand Qualle Zwei.

»Ähm, na ja. Möglich, dass ich das nicht richtig wiedergebe. Ich hätte einen Chemiker fragen sollen, aber ich konnte keinen mehr finden. Deshalb ...«

»Was geschah mit den Trilobiten und den Saugwürmern?«, hakte Qualle Drei ungeduldig nach.

»Fünfundachtzig Prozent aller Arten sind von der Meerde verschwunden, darunter fast alle Brachiopoden.«

»Wie grässlich. Konnten sie nichts dagegen tun?«

»Nein. Sie waren dumm wie Mikroplastik.«

»Das ist schrecklich traurig!«

Alle drei Quallen weinten nun, was bei ihrer Spezies jedoch nicht weiter ins Gewicht fiel, denn ihre Tränen waren im Wasser schwer bis überhaupt nicht erkennbar.

»Was ist mit den Moosen und Pilzen geschehen?«, wollte Qualle Zwei wissen.

»Oh, die haben überlebt. Wenn ich mich nicht irre, gibt es sie bis heute.«

Qualle Drei seufzte abgrundtief.

»Ich sehe aber nicht recht, wie uns diese Geschichte aktuell weiterhelfen könnte«, bemerkte sie.

»Ähm, na ja. Gar nicht«, gab Qualle Eins zu. »Ich wollte euch nur zeigen, dass wir mit unseren Problemen nicht ganz alleine dastehen. Diese Aussterberei gab es schon immer. Manchmal hilft es ja, wenn man sieht, dass andere ein ähnlich trostloses Schicksal ... Ich meine ...« Sie verstummte nach einem Blick auf die skeptischen Schirme der anderen beiden, wobei bemerkt werden muss, dass nur Quallen selbst in der Lage sind, den Schirmausdruck ihrer Artgenossen zu interpretieren.

»Ich glaube nicht an dieses Kohlenstoffdioxid«, respondierte Qualle Zwei.

»Ich glaube, es waren die Haie.«

Eine drückende Stille legte sich über den seichten Tümpel. Niemand sprach. Die Sonne schickte ihre unbarmherzigen Strahlen auf die Wasseroberfläche und erwärmte die Lache so sehr, dass die drei Quallen mächtig ins Schwitzen gekommen wären, wenn sie diese Kunst beherrscht hätten.

Schließlich räusperte sich Qualle Zwei.

»Seid ihr bereit für meine Story?«

Die anderen beiden zuckten ein wenig deprimiert mit den Tentakeln.

»Warum nicht? Wir haben ja gerade nichts Besseres zu tun.«

Qualle Zwei schwamm in die Mitte des Tümpels und blähte sich auf.

»Nun«, begann sie. »Es waren einmal zwei Meerdzeitalter, die hießen Jura und Kreide ...«

»Wie kann man nur so heißen!«, kicherte Qualle Eins.

»Dank des unsinnigen und verantwortungslosen Verhaltens der Moose und Pilze hatte sich an Land eine Menge Leben entwickelt: riesige Farne und Schachtelhalme und dazu Tiere, die in den Himmel wuchsen. Man nannte sie ...«

»Dinosaurier.« Qualle Drei gähnte. »Das weiß doch jedes Kind.«

»Viele Saurier lebten an Land, ein paar aber auch im Wasser und einige flogen sogar durch die Luft.«

»Sagt man. Genau weiß es keiner.«

»Manche von ihnen waren so groß, dass nicht einmal die Haie ihnen etwas anhaben konnten.«

»Damals gab es noch keine Haie.«

»Also, wenn du alles besser weißt, Qualle Drei, dann kannst du ja die Geschichte zu Ende erzählen. Ich hab langsam keine Lust mehr.«

Qualle Zwei wandte sich beleidigt ab und ließ Luft aus ihrem Schirm entweichen.

»Schon gut«, ruderte Qualle Drei zurück. »Mach ruhig weiter. Vielleicht kommt ja noch was Interessantes.«

»Also, Haie gab es schon im Jura, das steht fest. Sie sind so alt wie die Quallheit!«

»Na ja. Und was geschah mit den Dinosauriern?«

»Sind ausgestorben. Viele Jahrtausende lang glaubten die Wissenschaftler, aus dem Universum wäre ein großer Steinbrocken auf die Meerde gefallen und hätte so viel Staub aufgewirbelt, dass sich die Sonne verdunkelte und nichts mehr wuchs – außer den Moosen und Pilzen, die nicht so viel Licht brauchten – und dass die Saurier deshalb verhungert wären. Aber inzwischen weiß man es besser.«

Qualle Eins stöhnte.

»Komm uns jetzt bloß nicht wieder mit diesem komischen Kohlenstoffdioxid!«

»Nein, die Saurier sind an ihrer eigenen Größe gestorben! Die mächtigsten unter ihnen erreichten die Ausmaße eines Tentakelballstadions und ihr könnt euch sicher vorstellen, dass sie damit nicht sonderlich wendig oder kontrolliert in ihren Bewegungen waren. Deshalb kam es sowohl an Land als auch im Wasser zu gigantischen Zusammenstößen. Die kleineren Saurier gerieten zwischen die Fronten und wurden von ihren riesigen Artgenossen bei den Kollisionen zerquetscht. Das setzte eine schreckliche Kettenreaktion in Gang: Zuerst starben die Fleischfresser, weil sie keine portionierbare Nahrung mehr fanden. An die großen Pflanzenfresser kamen sie nicht ran, weil diese immer größer wurden. Eine Zeit lang ging es denen also prächtig. Aber da sie keine natürlichen Feinde mehr hatten, vermehrten sie sich wie die Amöben und hatten bald die ganze Meerde kahlgefressen. Im Ozean lief das ganz ähnlich. Hätte es damals schon mehr Haie gegeben, hätten sie die Entwicklung vielleicht stoppen können. Aber wenn man sie einmal braucht!«

Qualle Eins kamen schon wieder die Tränen.

»Sind wirklich alle Saurier ausgestorben?«, schluchzte sie.

»Nein. Ein paar haben überlebt. Die, die fliegen konnten. Man nannte sie später Vögel.«

»Na, endlich wird's spannend!«

Qualle Drei beugte sich erwartungsvoll nach vorne.

»Wie ist ihnen das gelungen?«

»So genau weiß man es nicht. Man vermutet, sie hatten einfach den besseren Überblick, weil sie die Welt von oben betrachten konnten.«

Qualle Drei schnaubte entrüstet.

»Das ist alles? Mehr gibt es dazu nicht zu sagen?«

»Also, ähm ...«

»Super! Eine wirklich tolle Geschichte! Soll uns das etwa auch mental aufbauen, wie die Sache mit den Brachiodingsbums? *Geteiltes Leid* und so ein Quatsch?«

»Natürlich nicht!«

Qualle Zwei blies einen entrüsteten Strudel ins seichte Wasser.

»Die Lösung für unser Problem liegt doch klar auf der Tentakel! Wir müssen nur fliegen lernen!«

Die beiden Zuhörer schwiegen verblüfft. Sollte es so einfach sein?

»Wie lange haben diese Vögel denn gebraucht, um das zu lernen?«

Qualle Eins klang zaghaft, sie schämte sich noch immer für die eigene Geschichte, die nicht sonderlich gut angekommen war.

»Och ...«, stotterte Qualle Zwei. »So drei, vier Millionen Jahre, glaube ich.«

Der Schirm von Qualle Drei färbte sich korallenrot, ihre Tentakel bildeten Knoten.

»Hey, Kumpel, aber toll, dass wir uns drüber unterhalten haben!«, presste sie zwischen den Geleelippen hervor. »Hat wirklich Spaß gemacht, dir zuzuhören! Eine klasse Sache, dieses Fliegen, echt jetzt. Am besten, du fängst gleich damit an!«

Sie schwamm drohend auf Qualle Zwei zu, die sich jetzt entrüstete:

»Wieso machst du mich so an? Was kann ich denn dafür, dass vor mir noch niemand auf diese geniale Idee gekommen ist? Mit einem Evolutionsbeschleuniger hätten wir die Sache in ein paar tausend Jahren durch. Solange also noch einige von uns am Leben ...«

»Drei«, konkretisierte Qualle Eins düster. »Solange noch drei von uns am Leben ...«

»Wir haben keinen Evolutionsbeschleuniger«, brummte Qualle Drei, die langsam wieder eine durchsichtige Farbe annahm. »Der letzte ist mit dem Pazifik ausgetrocknet.«

»Na schön, dann eben nicht.«

Qualle Zwei zog sich gekränkt zurück.

»Wenn du eine bessere Idee hast ...«

»Zumindest habe ich eine bessere Geschichte!«

Es dauerte eine Weile, bis sich alle wieder weitgehend beruhigt hatten und bis Qualle Drei ihre verknoteten Tentakel sortiert hatte, die sie dringend für eine lebendige und anschauliche Erzählung benötigte.

»Irgendwann«, begann sie, »im Pleistozän und Holozän gab es ein paar drollige Wesen, die sich Menschen nannten. Sie waren große Erfinder und kreierten so lustige Dinge wie Schuhwichse, Mobiltelefone und Currywurst mit Pommes.«

»Schuhwichse?«, wunderte sich Qualle Eins. »Was ist denn das?«

»Keine Ahnung. Aber eine gute Geschichte braucht schließlich ein wenig Ausschmückung, oder? Also, diese Menschen lebten an Land, wo sie ihre Schuhwichse und noch viele andere amüsante Sachen erfanden. Sie waren schrecklich viele und manche bereisten sogar den Ozean.«

»Konnten sie schwimmen?«

»Ein bisschen. Aber nicht lange. Deshalb bauten sie große Kästen, die im Wasser trieben. Von dort aus konnten sie mit riesigen Netzen Fische fangen, die sie brieten und verspeisten. Manche von ihnen aßen sogar Quallen.«

Eine Schockwelle durchlief die Zuhörer.

»Das ist ja entsetzlich«, stöhnte Qualle Zwei. »Ich weiß nicht, ob ich länger zuhören will. Waren diese Menschen eine Art ... Haie?«

»Nun unterbrecht mich doch nicht dauernd! Wie soll ich da zum Kern der Sache kommen?«

»Da siehst du mal, wie das ist.«

»Die ganze Erfinderei hatte nur einen Haken«, fuhr Qualle Drei unbeirrt fort. »Sie brauchten dafür jede Menge Energie und die holten sie sich durch das Verbrennen von alten, gepressten und verflüssigten Pflanzen, die sie *Kohl in Öl* nannten oder so ähnlich. Dadurch entstand Kohlenstoffdioxid ...«

»Nicht schon wieder!«

»... und die Temperatur auf der Meerde stieg an.«

Qualle Eins und Qualle Zwei sahen sich bedeutungsschwanger an.

»Äh, und dann ging den Menschen langsam das Süßwasser aus. Sie konnten nämlich kein Salzwasser trinken, aber weil alles Eis weggeschmolzen war und die Meere immer weiter anstiegen und weil immer weniger Land da war und, äh ... weil sie überhaupt so schrecklich viele waren ... Ach, das ist alles furchtbar kompliziert! Jedenfalls sind sie dann ausgestorben.«

»Ich glaube nicht an dieses Kohlenstoffdioxid«, protestierte Qualle Zwei. »Ich glaube, es waren ...«

»Konnten sie denn nichts Schlaues erfinden?«, wollte Qualle Eins wissen. »Konnte die Schuhwichse ihnen nicht helfen?«

»Sie haben es versucht. Als nur noch ganz wenige von ihnen übrig waren, haben sie ihre brillantesten Wissenschaftler an einen sicheren Ort gebracht und sie beauftragt, eine Formel zur Rettung der Welt, des Lebens und allem anderen zu entwickeln.«

Qualle Eins und Qualle Zwei nickten. Das kam ihnen bekannt vor.

»Dieser Ort lag unter der Erde in einem Land namens Frankreich. Dort gab es noch genug zu trinken, allerdings kein Wasser, sondern eine Flüssigkeit aus vergorenem Traubensaft, der in den dunklen Kellern lagerte. Das Gesöff hatte eine merkwürdige Wirkung auf diese drolligen Wesen: Wenn sie zu viel davon tranken, wurden sie noch lustiger, als sie sowieso schon waren, sie taten seltsame Dinge, wie Singen, Tanzen und dummes Zeug reden. Manchmal fielen sie auch einfach um und schliefen ein. Aber gelegentlich verhalf ihnen dieses Getränk zu großartigen Geistesblitzen, die wahre Quantensprünge in ihrer Evolution bewirkten.«

Qualle Zwei schwieg nachdenklich, während sich Qualle Eins gespannt nach vorne beugte.

»Und?«, fragte sie. »Haben die drei Wissenschaftler die Lösung gefunden?«

Qualle Drei machte eine tiefgründige Pause, dann flüsterte sie:

»Eines Tages schrie einer von ihnen nach mehreren Flaschen des Wundertrankes laut *Heureka*!«

»Oh! Und was heißt das?«

»Weiß ich nicht, Kumpel. Aber sie riefen es gern, wenn sie eine große Entdeckung gemacht hatten.«

Qualle Zwei schien gar nicht mehr zuzuhören, sie war ganz in ihren eigenen Gedanken versunken. Aber Qualle Eins wurde immer aufgeregter.

»Dann haben sie es tatsächlich geschafft?«

»Yeah, Kumpel. Sie haben die Formel gefunden, mit der sie die Welt, das Leben und alles andere retten konnten.«

»Spann uns doch nicht so auf die Folter! Wie lautet sie?«

»Also das ... äh ... ist leider nicht überliefert. Weil ...«

Ihr Schirm färbte sich gelb, ein Zeichen der Unsicherheit.

»Ihr müsst wissen, dass die Menschen zwar nicht so dumm waren wie die Brachiopoden, aber richtig schlau waren sie auch nicht. In ihrer Kultur war man nämlich arg auf die Männchen fixiert, während die Weibchen immer ein bisschen abseits standen. Deshalb hatten die brillanten Wissenschaftler es versäumt, in den Keller nach Frankreich auch ein paar Weibchen mitzunehmen, die sie dringend für die Fortpflanzung benötigten. Die Historie sagt, dass sich die Wissenschaftler noch einige Zeit an ihrer Formel und dem Wundertrank erfreuten, doch als alle Flaschen leergetrunken waren, ging die Formel mit der Spezies unter.«

In dem seichten Tümpel war jede noch so kleine Welle zu hören, die ans Ufer schlug. Selbst der Wimpernschlag des Phytoplanktons donnerte wie ein Trommelschlag durch den sonnendurchfluteten Nachmittag. Qualle Eins konnte ihr Geleeherz schlagen hören, Qualle Drei wagte keine Bewegung ihrer Tentakel. Es war, als ob die Zeit still stünde.

»Wir sind verloren«, raunte Qualle Eins schließlich. »Ist es nicht so? Uns wird es genauso ergehen wie allen anderen vor uns. Wir werden ...«

»Heureka!«, schrie plötzlich Qualle Zwei. »Ich hab's! Die Formel zur Rettung der Welt, des Lebens und allem anderen. Sie ist ganz einfach. Wir müssen ...«

Was genau sie herausgefunden hat, sollte die Quallheit leider nie erfahren. In dem Moment, in dem Qualle Zwei zu einer Erklärung ansetzte, kam zufällig ein besonders großes Exemplar der Gattung Haie vorbei, die unbemerkt von den Quallen längst eine eigene Zivilisation an Land errichtet hatte, und verspeiste alle drei Forscher genüsslich zum Dessert.

Aber das ist natürlich eine ganz andere Geschichte, die hier nicht vertieft werden soll.

AUTOR*INNEN UND HERAUSGEBER

Uli Bendick, geboren 1954, ist nach über 40 Jahren als Krankenpfleger und später als Pflegedienstleiter eines großen Alten- u. Pflegeheims nunmehr Rentner und lebt in einem kleinen Dörfchen im schönen Vogelsberg. Inzwischen widmet er sich als Autodidakt ausschließlich seinem Hobby: der Acrylmalerei und der Gestaltung von digitalen Collagen. Für Letzteres verwendet er einzelne Bildelemente und fügt sie zu einem völlig neuen Bild zusammen, das in keinerlei Bezug mehr zum Ausgangsmaterial steht. Als Autor betritt er Neuland und veröffentlicht hier seine erste Story.

Ursula Dotzler-Isbel, geboren 1942, wuchs in München auf und studierte zunächst Modegrafik, arbeitete in einem Büro und begann nebenbei, Kindergeschichten zu schreiben. Mehr als 60 Bücher bei den Schneider-Büchern. Daneben übersetzte sie Kinder- und Jugendbücher aus dem Schwedischen und Englischen. Aktuell sind die Titel »Der Zauber von Ashgrove Hall« und »Die Nacht der Feen« als Taschenbuch im S. Fischer Verlag erschienen.

Christian Endres, 1986 in Würzburg geboren, ist freier Autor, Journalist und Comic-Redakteur. Letzte Veröffentlichung: »Sherlock Holmes und die tanzenden Drachen«, Atlantis 2015, sowie Kurzgeschichten in Magazinen wie EXODUS und c't. *www.christianendres.de*

Tino Falke, geboren 1988 in Rostock, seit 2017 als Schlussredakteur in Hamburg. Letzte Veröffentlichung: NOVA 28, p.machinery 2019. *www.tinofalke.de*

Klaus Farin, geboren 1958 in Gelsenkirchen, seit 1980 als Schriftsteller und Lektor in Berlin. Letzte Veröffentlichung: »Wendejugend« (gemeinsam mit Eberhard Seidel), Hirnkost 2019. *https://klausfarin.de/*

Kai Focke, geboren 1977 in Bassum (Niedersachsen), seit 2014 Hochschullehrer in Mannheim. Letzte (phantastische) Veröffentlichung: »Doctor Lacerta und das Monster vom Kristallsee« (Kurzgeschichte in der Anthologie »Gifhorner Märchentage« 2019), Ehrlich Verlag 2019. *www.literaturfragmente.de*

Rico Gehrke, geboren 1966 in Sachsen. Studium der Betriebswirtschaftslehre an der TU Dresden. Erste Veröffentlichungen 1984 und 1985 in der DDR. Nach der Auflösung der DDR 1989 Betriebsprüfer und nach dem Jahr 2000 Vorstandsmitglied in einer Aktiengesellschaft in Frankfurt/Main. 2014 gründete er den Verlag für moderne Phantastik. Autor von Kurzgeschichten und Romanen. Letzte Veröffentlichungen waren der Erzählband »Raumschlacht um Saltan« und der Roman »Burr: geheimnisvolle Welten«. *www.modernphantastik.de*

Anne Grießer, geboren 1967 in Walldürn, lebt als Autorin, Lektorin und Krimi-Entertainerin in Freiburg. Letzte Veröffentlichung: »Der Fluch des Blutaltars«, historischer Roman, Silberburg-Verlag 2019. *www.anne-griesser.de*

Uwe Hermann, geboren 1961 in Sulingen in Niedersachsen, ausgezeichnet mit dem Kurd-Laßwitz-Preis und dem Deutschen Science-Fiction-Preis, schreibt seit 1990 Kurzgeschichten und Romane. Letzte Veröffentlichung: »Userland – Berlin 2069«, Atlantis 2019. *www.kurzegeschichten.com*

Heidrun Jänchen, geboren 1965, lebt seit 35 Jahren in Jena und arbeitet als Physiker in der optischen Industrie. Letzte Veröffentlichung »Baum Baum Baum« in NOVA 25. *heidrunjaenchen.wordpress.com*

Olaf Kemmler, geboren 1966 in Leverkusen, lebt in Wermelskirchen. Hauptberuflich Grafiker. Seine schriftstellerische Karriere begann mit einem gewonnenen Story-Wettbewerb. Es folgten ein Regionalkrimi, eine Science-Fiction-Trilogie und weiterhin Kurzgeschichten in Magazinen wie dem Computermagazin c't. Für die Herausgabe des Science Fiction Magazins EXODUS wurden ihm und seinen Kollegen 2015 der Kurd-Laßwitz-Preis verliehen.

Hans Jürgen Kugler, geboren 1957 in Villingen. Autor und Journalist. Studium der Philosophie und Germanistik in Freiburg. Veröffentlichungen in EXODUS, Phantastische Miniaturen und in verschiedenen Anthologien. Demnächst erscheint der Roman »Von Zeit zu Zeit«, p.machinery. *www.fehlerlos.net*

Marianne Labisch, geboren 1959 in München, ist seit 2010 als Schriftstellerin, Lektorin und Herausgeberin tätig. Letzte Veröffentlichung »Säcke« in der Anthologie »Xeno-Punk« TWENTYSIX 2019. *www.mluniverse.wordpress.de*

René Moreau, geboren 1955, Gründer und Herausgeber des Magazins EXODUS. Hierfür wurde er 2015 mit dem Kurd-Laßwitz-Preis »für die Förderung der SF-Kurzgeschichte« in Deutschland ausgezeichnet. Seit 2019 gibt er (zusammen mit Michael Vogt) mit COZMIC eine neue Albenreihe heraus, die sich als »phantastische Comic-Anthologie« versteht. *www.exodusmagazin.de*

Frank Neugebauer, geboren 1968, wohnt in Jade. Letzte Veröffentlichung: »Entscheidung in Traumhaus 8« in NOVA 27, p.machinery 2019. *Kontakt: RebirthOfTheFlesh@gmx.de*

Monika Niehaus, geboren 1951 in Hinsbeck. Dipl. Biol., Dr. rer. nat., seit 30 Jahren selbstständige Autorin und naturwissenschaftliche Übersetzerin. Letzte Veröffentlichung: »Der Nobelpreisträger, der im Wald einen höflichen Waschbär traf«, Hirzel 2019.

Karlheinz Schiedel, geboren 1959 mitten im Schwarzwald, seit 1988 Redakteur bei der Badischen Zeitung in Freiburg. Schreibt für verschiedene Ressorts und regelmäßig für die Seite *www.schostakowitsch.de*

Friedhelm Schneidewind, geboren 1958. Autor, Musiker und Dozent in Mannheim. Letzte Veröffentlichungen: »Das neue große Tolkien-Lexikon«, Conte-Verlag 2018, »Das magische Tor im Kaukasus«, Karl-May-Verlag 2019. *www.friedhelm-schneidewind.de*

Rainer Schorm, geboren 1965 in Wehr/Baden. Designer (visuelle Kommunikation), Referent für Kommunikation und Öffentlichkeitsarbeit, Schriftsteller. Exposé-Autor der Serie *Perry Rhodan Neo* (aktuell: »Abstieg in die Zeit«, Jan. 2020, »Der Zeitbrunnen«, April 2020).

Erik Simon, geboren 1950 in Dresden, hat SF und Phantastik geschrieben, übersetzt und herausgegeben. Sein jüngstes Buch ist die Anthologie bulgarischer Phantastik »Sternmetall«, hrsg. zusammen mit Juri Ilkow, Verlag Torsten Low 2018.

Ute Wehrle, geboren 1961 in Freiburg. Studierte Touristik-Betriebswirtschaft an der Fachhochschule Heilbronn. Sie arbeitet als freie Autorin und Journalistin. Bisher sind im emons-Verlag sieben Krimis erschienen, die in Freiburg, im Schwarzwald und am Bodensee spielen. Zuletzt erschienen: »Bächle, Gässle, Todesstoß«. www.ute-wehrle.de

Jörg Weigand, Dr. phil., geboren 1940 in Kelheim/Donau. Studium der Sinologie, Japanologie und Politischen Wissenschaft. Ab 1973 ZDF-Korrespondent. Romane, Kurzgeschichten und Sachbücher. Herausgeber von Anthologien. Zuletzt erschienen »Abenteuer Unterhaltung. Erinnerungen an 60 Jahre als Leser, Autor und Kritiker«, Dieter von Reeken 2018, sowie »Das utopisch-phantastische Leihbuch nach 1945«, Dieter von Reeken 2019.

Karla Weigand, geboren 1944 in München. Studium der Pädagogik, Geschichte, Psychologie und Theologie. Neben Erzählungen und Kurzgeschichten veröffentlicht sie historische Romane. Zuletzt erschienen »Loretta. Eine Frau kämpft um ihr Recht«, Fehnland-Verlag 2019, und »Der Elefant des Kaisers. Phantastische Tiergeschichten«, Schillinger 2019.

Wolf Welling ist das Pseudonym für Dr. Wolfgang Pippke, Dozent für Verwaltungswissenschaften. Diverse Kurzgeschichten in EXODUS, NOVA und Anthologien. Letzte Veröffentlichung: »Die Wächterin«, p.machinery 2018.

Werner Zillig, geboren 1949 in Haßlach bei Kronach. Linguist und seit Ende der 1970er Jahre SF-Autor. Kurd-Laßwitz-Preis 1989 für die Erzählung »Siebzehn Sätze«. – Letzte SF-Veröffentlichungen: »Mein Sonntag in Münster«. Science-Fiction-Erzählungen 1978–2014, p.machinery 2017. »Lesebuch Werner Zillig«, Aisthesis 2019. – *www.werner-zillig.de*